U0323544

动画专业“十三五”规划应用型本科系列教材
丛书总主编：周　舟　钟远波　韩　晖

Flash 动画教程

Flash Animation Book

陈　莉　陈娟娟　卢晓红　著

中国传媒大学出版社
·北京·

图书在版编目(CIP)数据

Flash 动画教程 / 陈莉，陈娟娟，卢晓红著. —北京：中国传媒大学出版社，2017. 11
（动画专业"十三五"规划应用型本科系列教材）
ISBN 978-7-5657-2169-4

Ⅰ. ①F… Ⅱ. ①陈… ②陈… ③卢… Ⅲ. ①动画制作软件—高等学校—教材
Ⅳ. ①TP391. 414

中国版本图书馆 CIP 数据核字（2017）第 266009 号

Flash 动画教程

Flash DONGHUA JIAOCHENG

著　　者	陈　莉　陈娟娟　卢晓红
总 主 编	周　舟　钟远波　韩　晖
策　　划	冬　妮
责任编辑	张　旭
特约编辑	陈　默
封面设计	风得信设计・阿东
责任印制	曹　辉
出版发行	中国传媒大学出版社
社　　址	北京市朝阳区定福庄东街 1 号　邮编：100024
电　　话	86-10-65450528　65450532　传真：65779405
网　　址	http://www.cucp.com.cn
经　　销	全国新华书店
印　　刷	北京中科印刷有限公司
开　　本	787mm×1092mm　1/16
印　　张	黑白 16.5　彩插 2
字　　数	363 千字
版　　次	2018 年 2 月第 1 版　2018 年 2 月第 1 次印刷
书　　号	ISBN 978-7-5657-2169-4/TP・2169　定　价　59.00 元

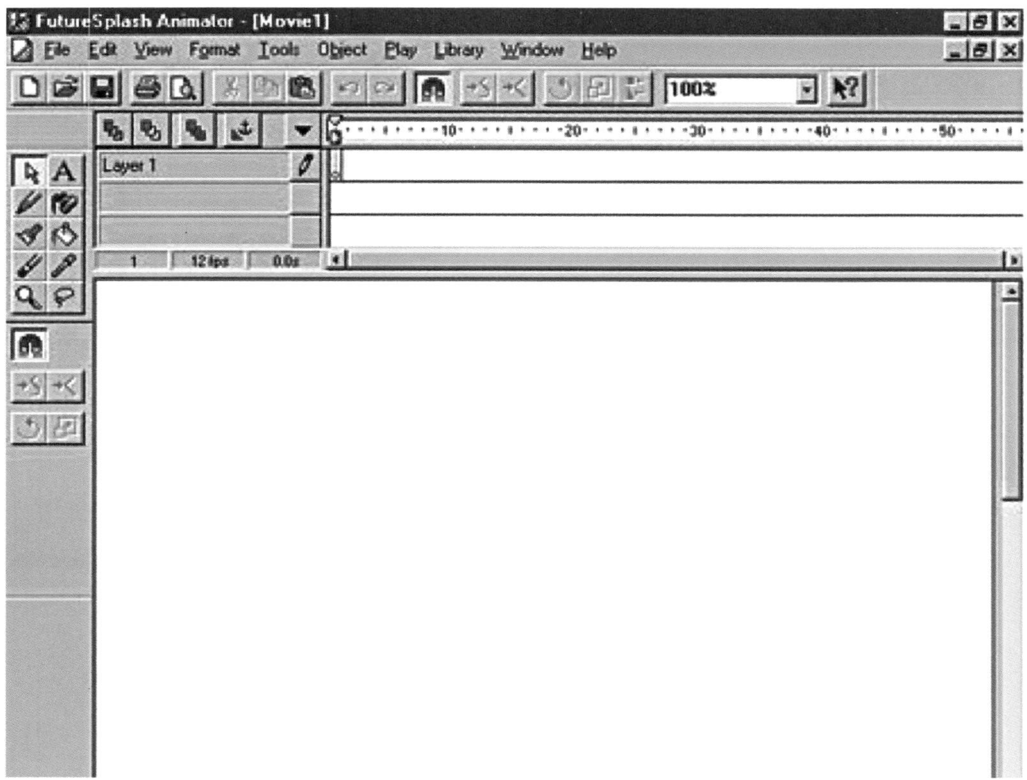

图1　Future Splash Animator软件

图2　闪客作品截图

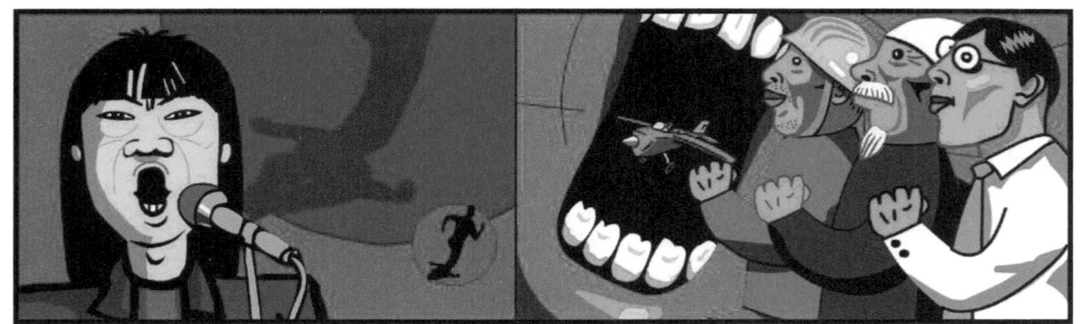

图3　老蒋代表作品

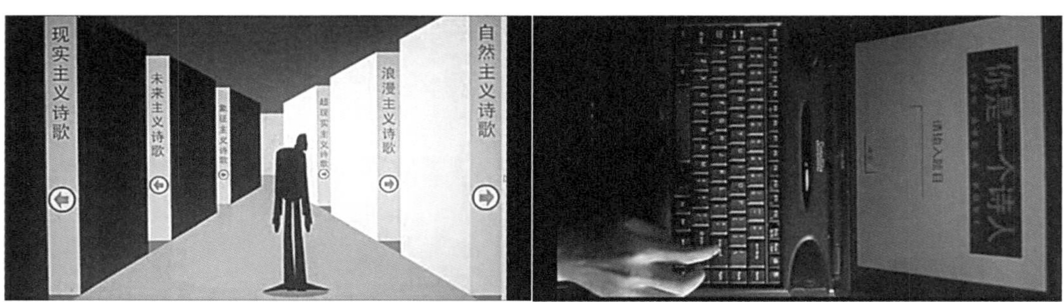

图4　皮三动画

图5　《中秋背媳妇》

图6　《心扉所属》

图7 《哐哐日记》

图8 《快乐东西》剧照（制作：北京其欣然数码科技有限公司）

图9 《功夫兔与菜包狗》（制作：将将将动画工作室）

图10　不同接合方式的图形

图11　操作界面

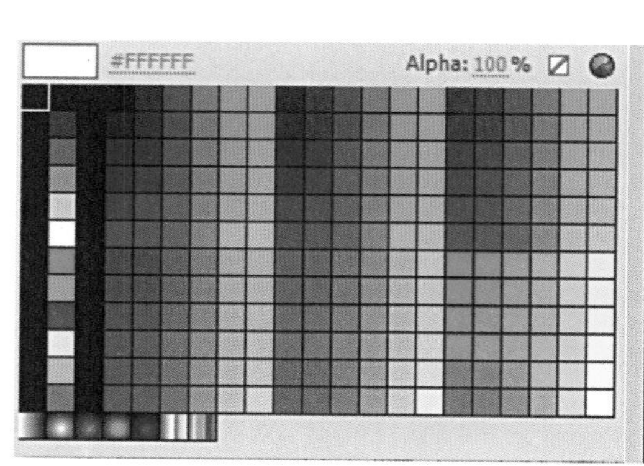

图12　色板

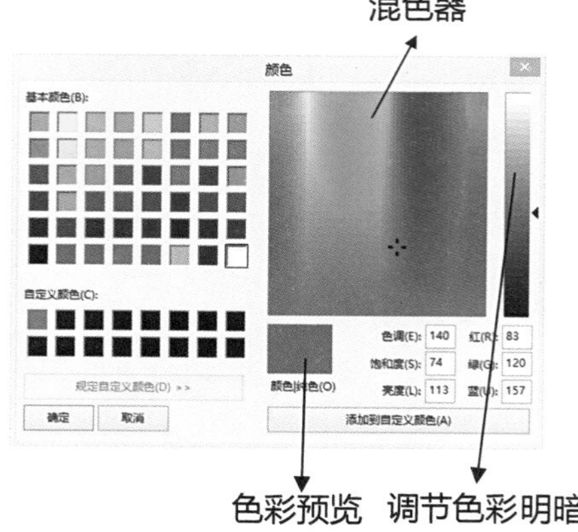

图13　颜色选择器

图14　刷子工具的5种模式的绘制效果

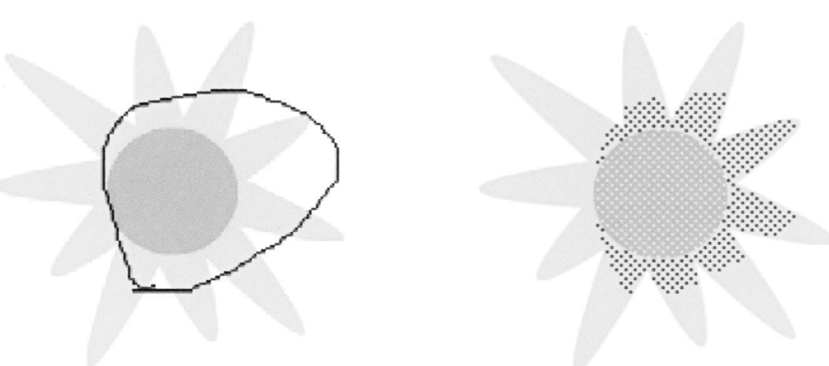

图15　绘制选区　　　　图16　选区内的图形被选中

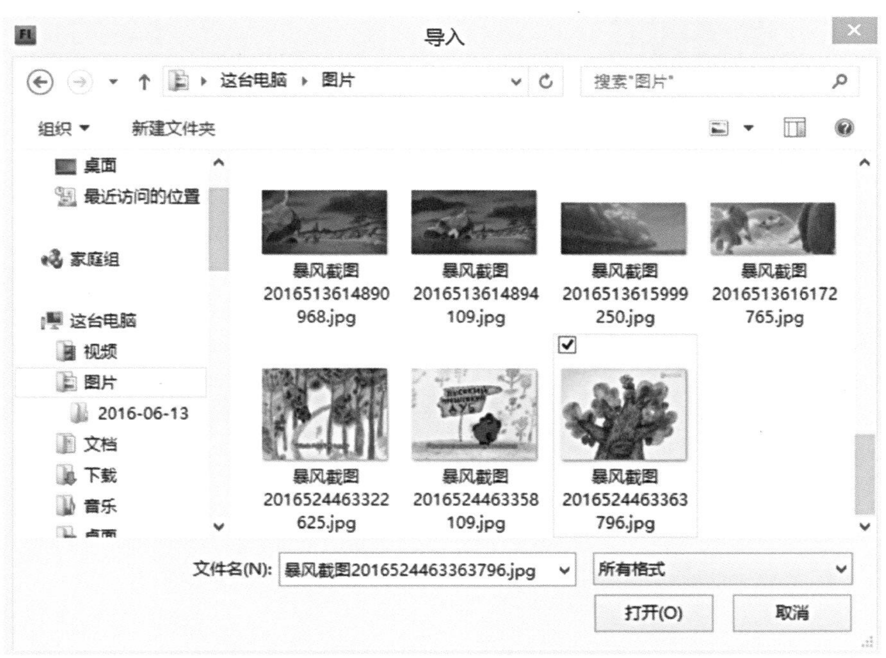

图17　导入对话框

图18　选择导入舞台的位图

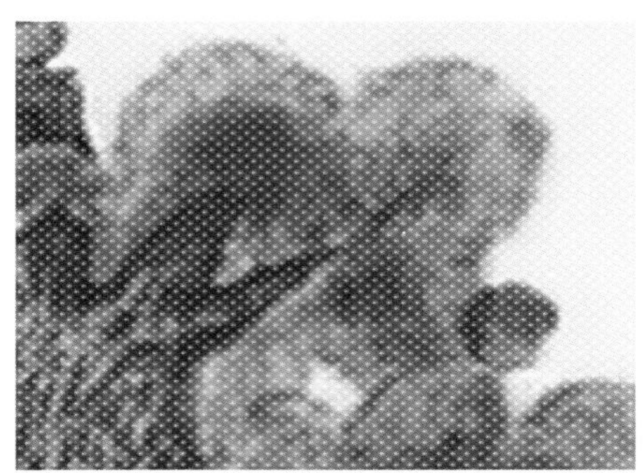

图19　图片被分离（局部）

图20　处理后的图片

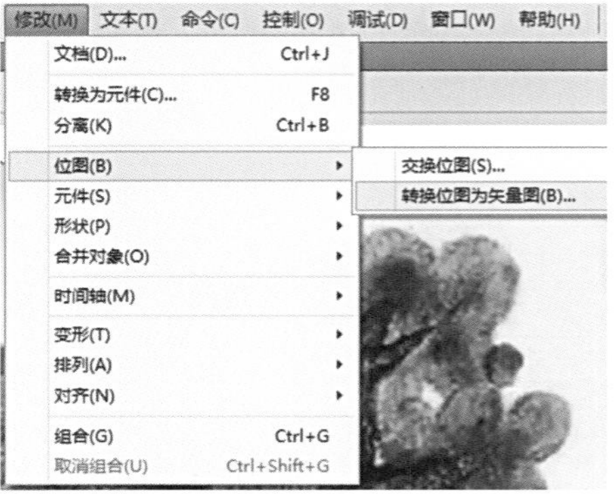

图21　调取转换位图为矢量图对话框

图22　颜色阈值为100

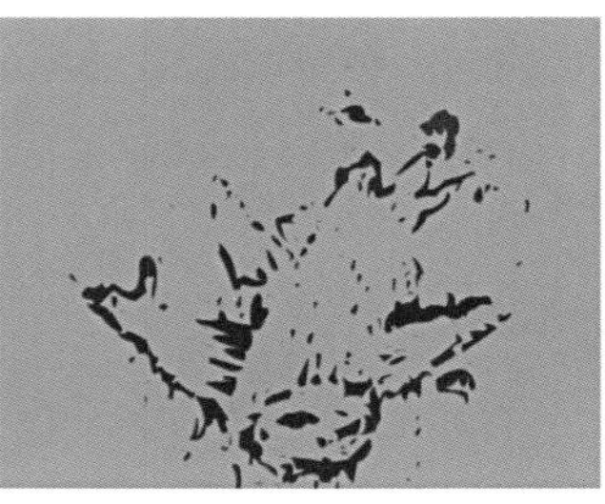

图23　颜色阈值为500

图24　删除背景

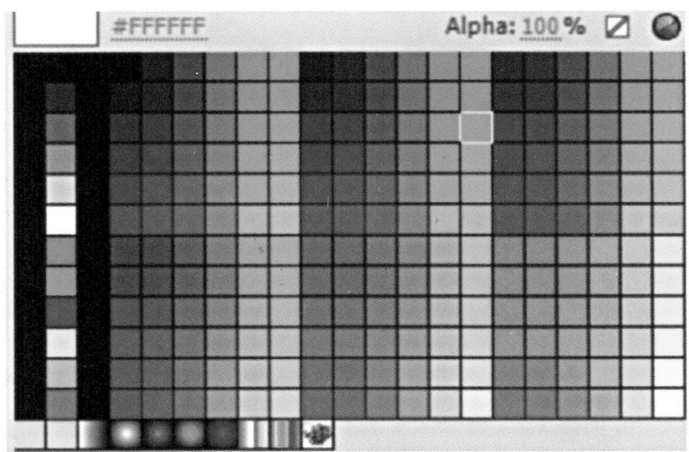

图25　色彩面板

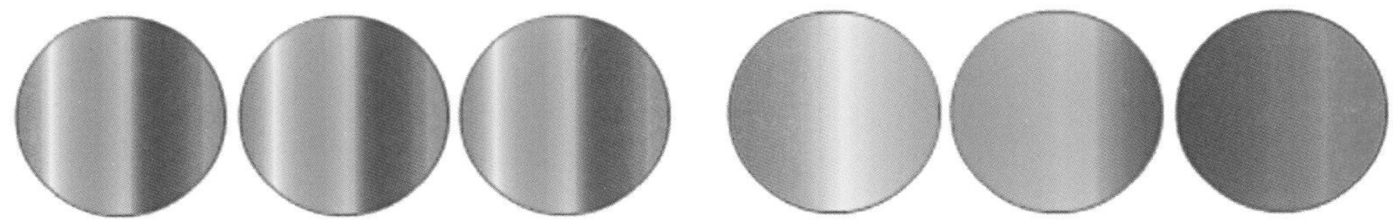

图26　取消锁定填充状态　　图27　点击锁定填充按钮

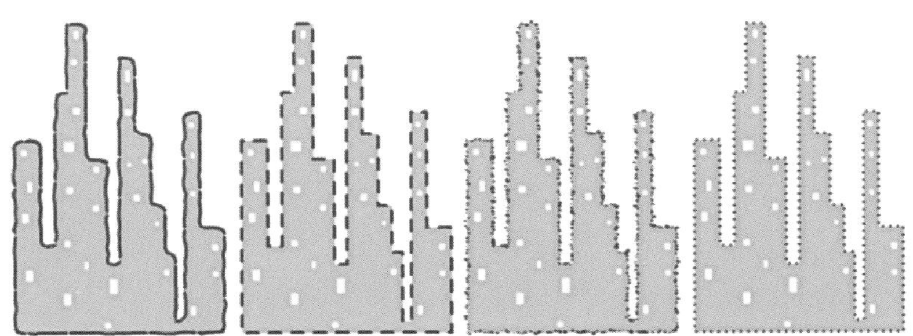

图28　修改笔触

图29　添加骨骼

图30　《飞天小女警》主角

图31　《小马宝莉》角色合集

图32 《泡芙小姐》剧照

图33 《地铁大逃杀》剧照

图34 《南方公园》剧照

图35 《德克斯特实验室》剧照

图36　《七色战记》角色图

图37　学生作品中的角色剧照

图38　《夜场》角色颜色定稿

图39　为口罩填充颜色

图40　《七色战记》剧照

图41　角色的几种常用表情

图42　侧面走路分析

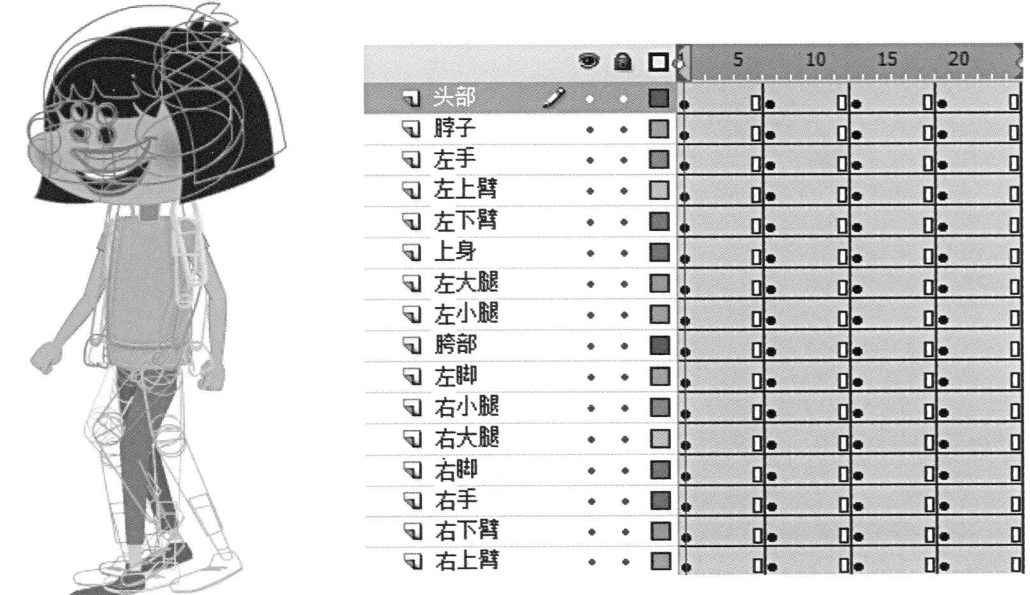

图43　制作手臂、上身和头部的动作

图44　《新大头儿子与小头爸爸》第1集截图

图45　电影版《十万个冷笑话》截图

图46 《智子心理诊疗室》截图（制作：上海贺禧动漫公司）

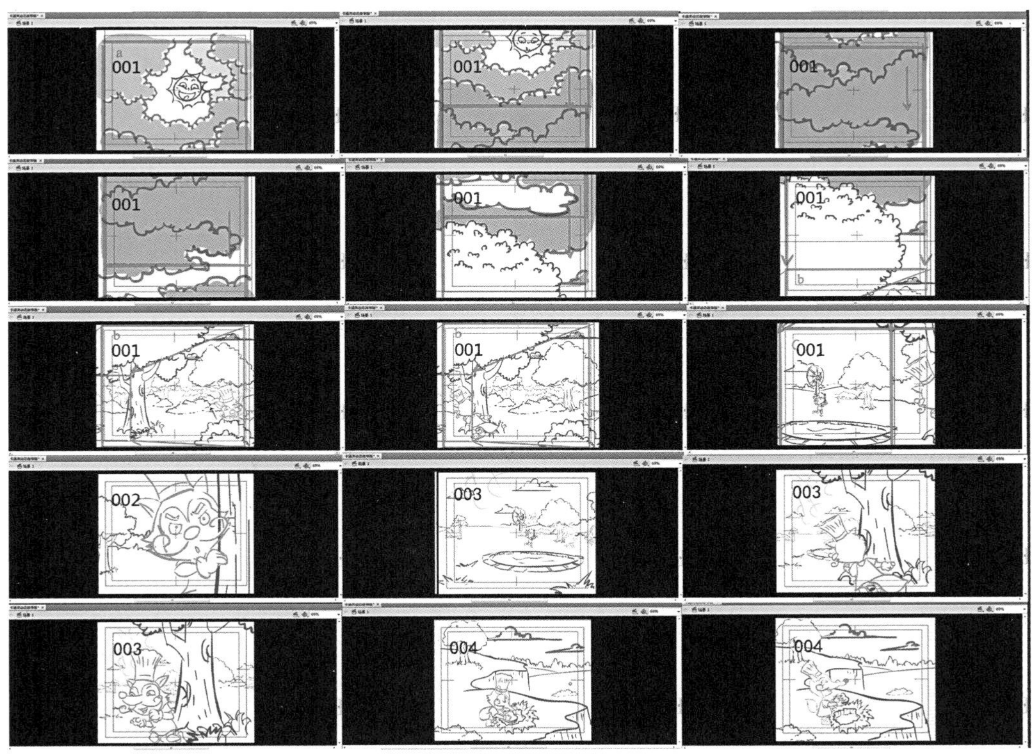

图47 卡通类动态故事板

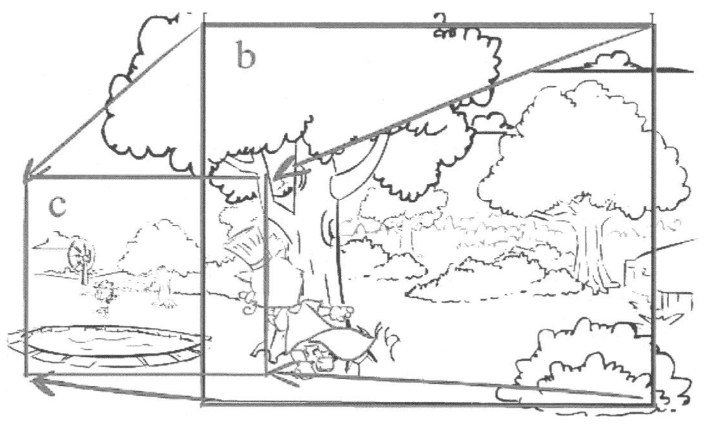

图48　推镜头

图49　*Another One Bites the Dust* 截图 （来源：福州大学数字媒体艺术专业毕业设计作品）

图50　《南方公园》截图与康定斯基作品

图51　《小米的森林》（制作：娃娃鱼动画工作室）

图52　网络动画《小破孩之景阳冈》（制作：拾荒动画工作室）

图53　《黑白无双》（制作：娃娃鱼动画工作室）

图54　三分法则

图55　添加柔光的整体效果

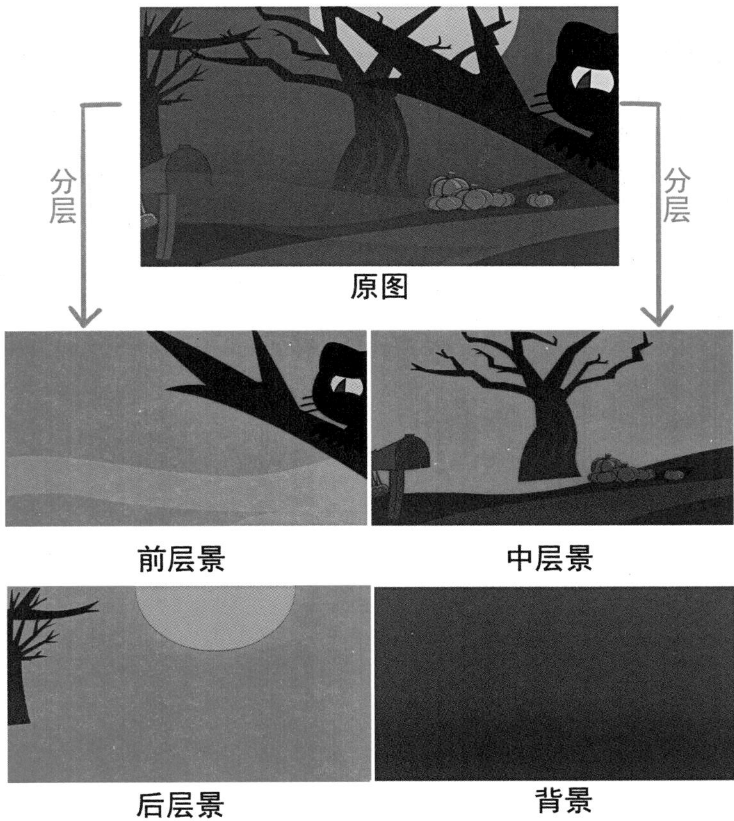

图56　纵深构图

图57　“温馨与爱情”的背景效果

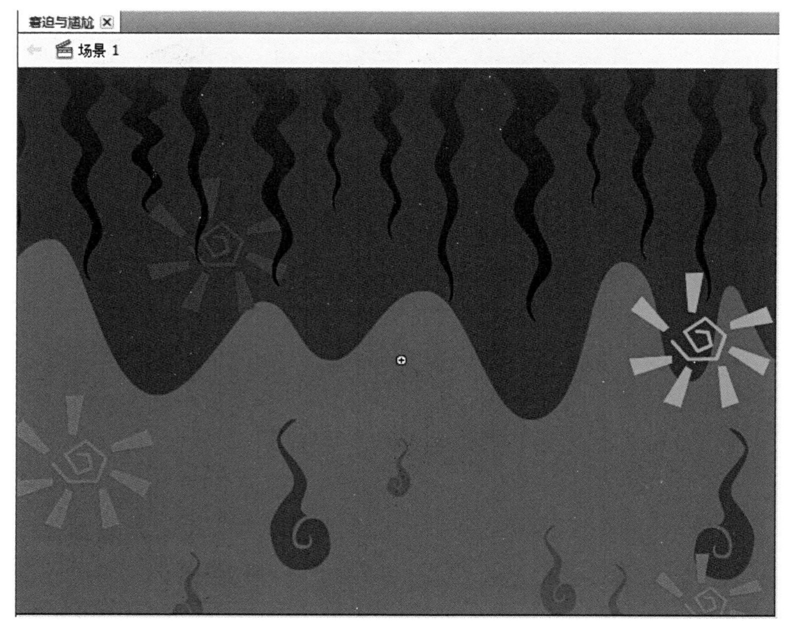

图58　“窘迫与尴尬”的背景效果

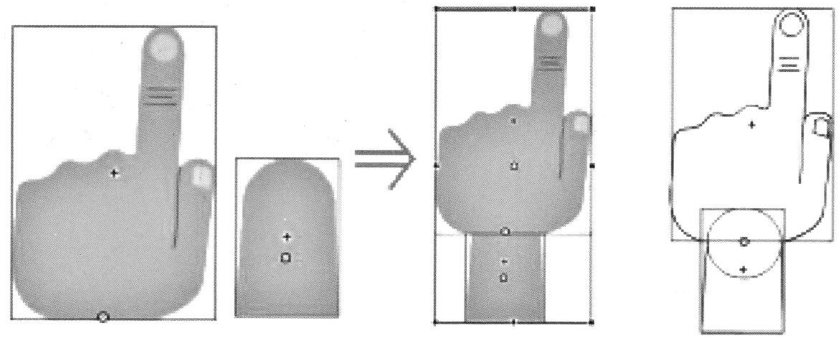

图59　拆分与组合元件

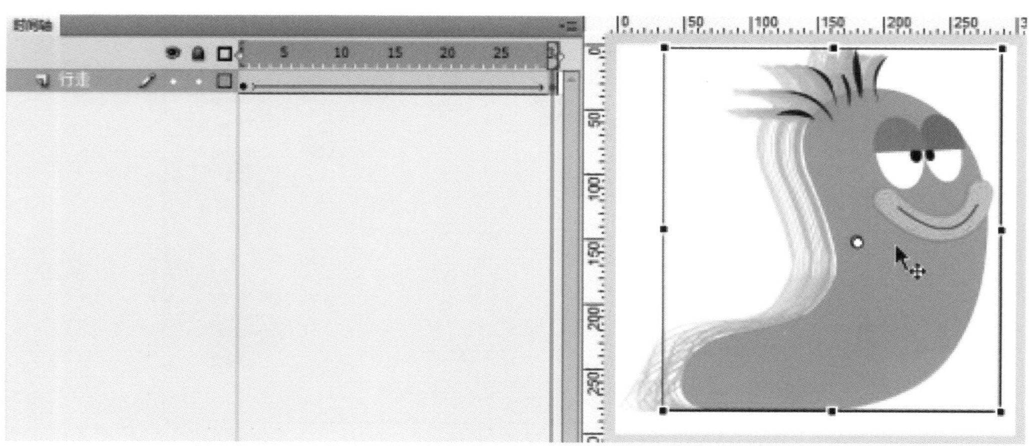

图60　添加位移的传统补间动画

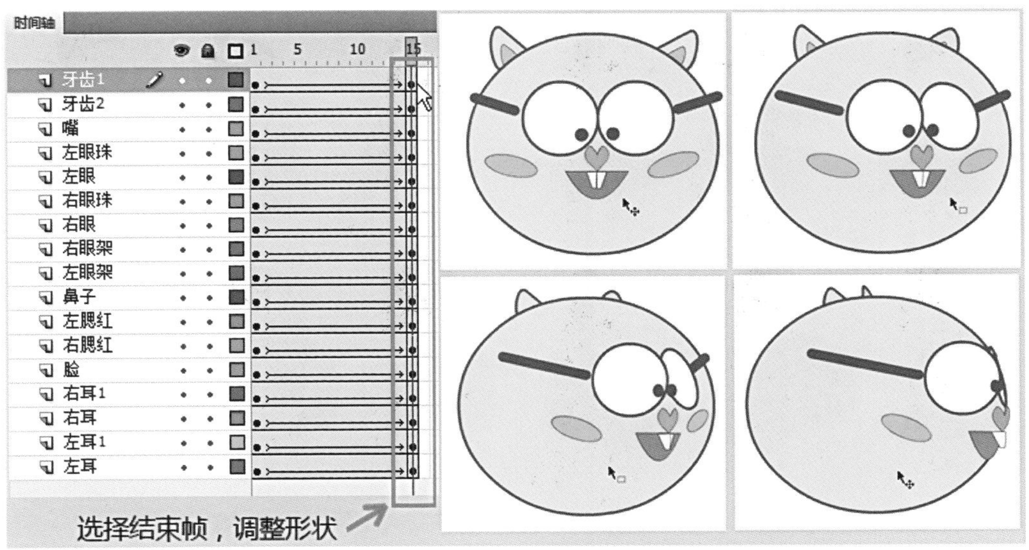

图61　整体插入结束帧

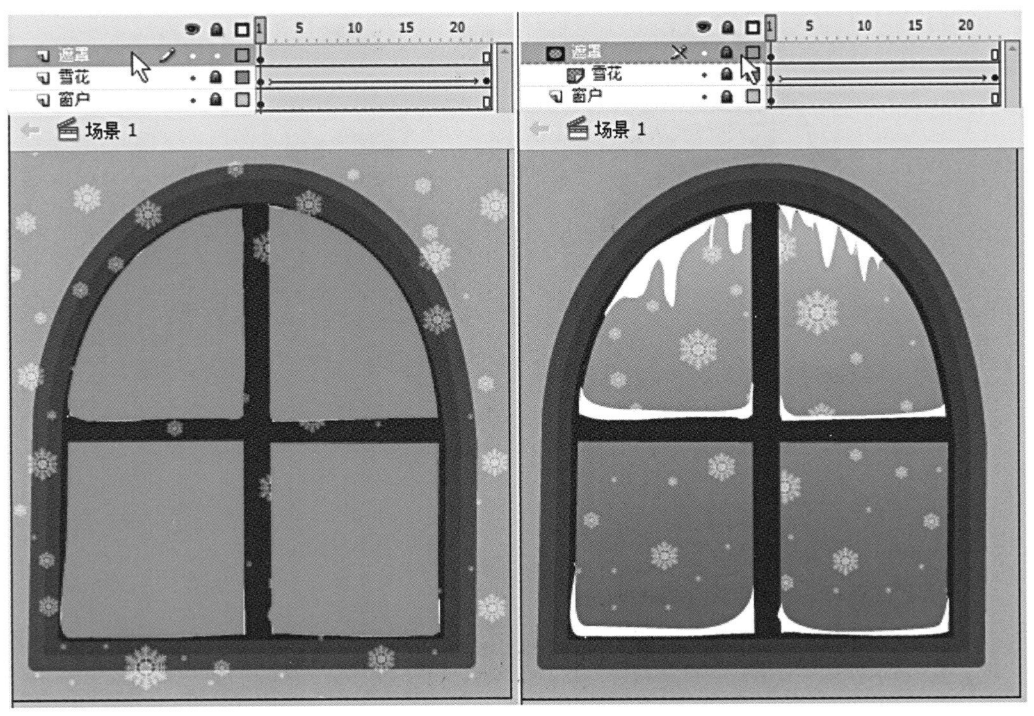

图62　创建遮罩层

图63　换装前与换装后

图64　帧设置

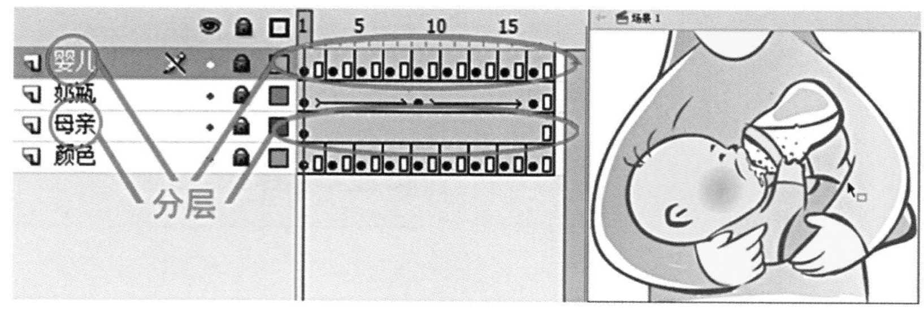

图65　分层可以缩小文档的占用空间

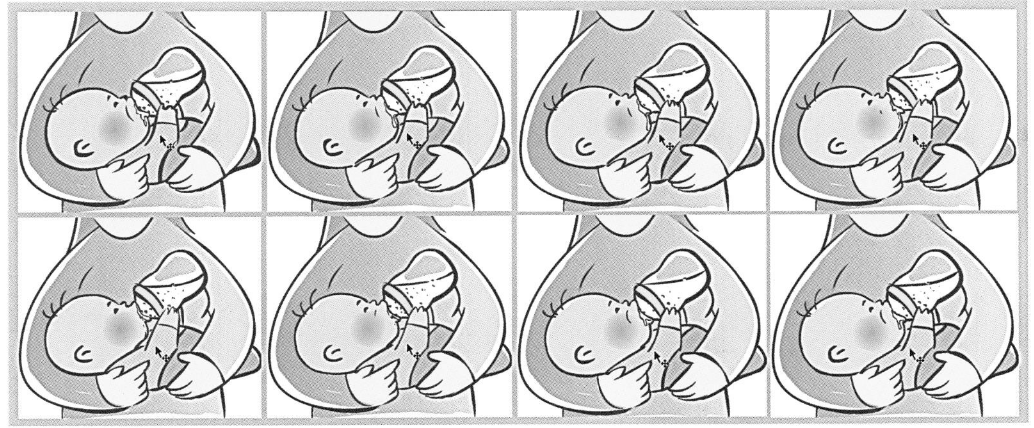

图66　最终动画效果

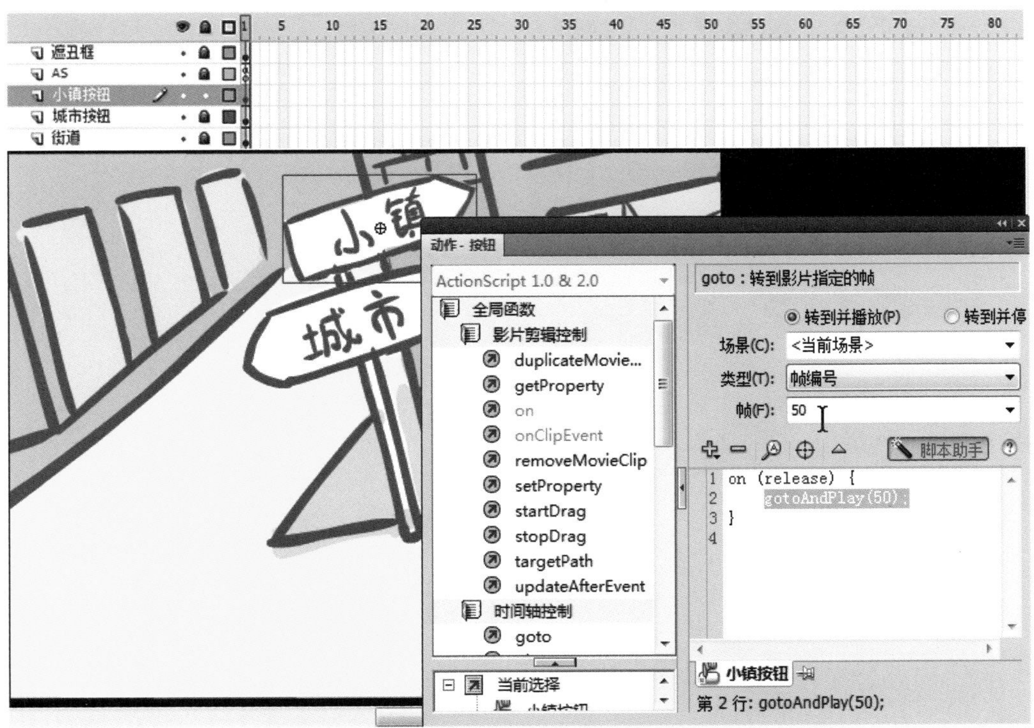

图67　新建“小镇”图层并添加停止动作

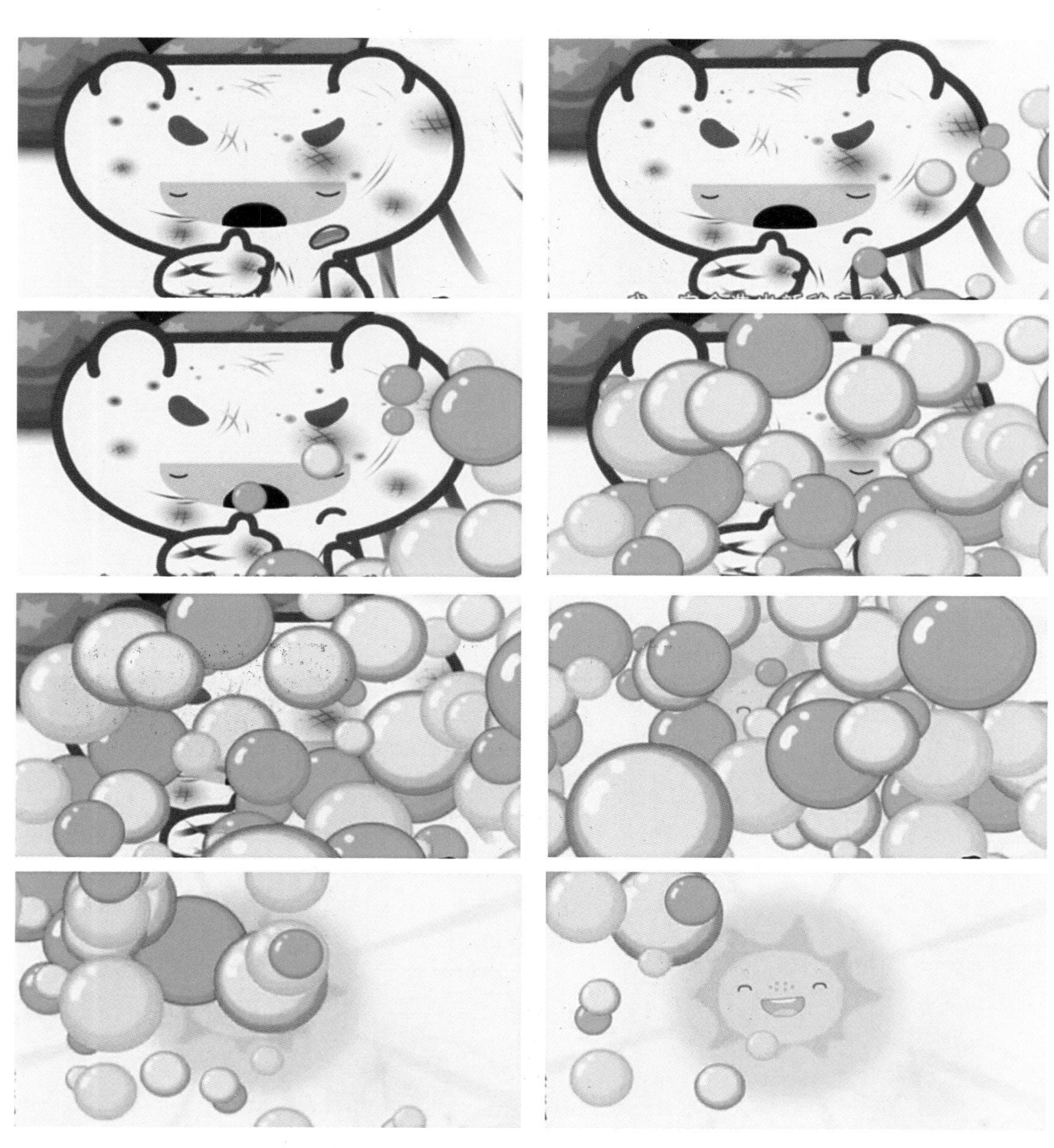

图68　利用泡泡特效动画转场（《快乐心心》截图）

图69　利用爱心特效动画转场（《快乐心心》截图）

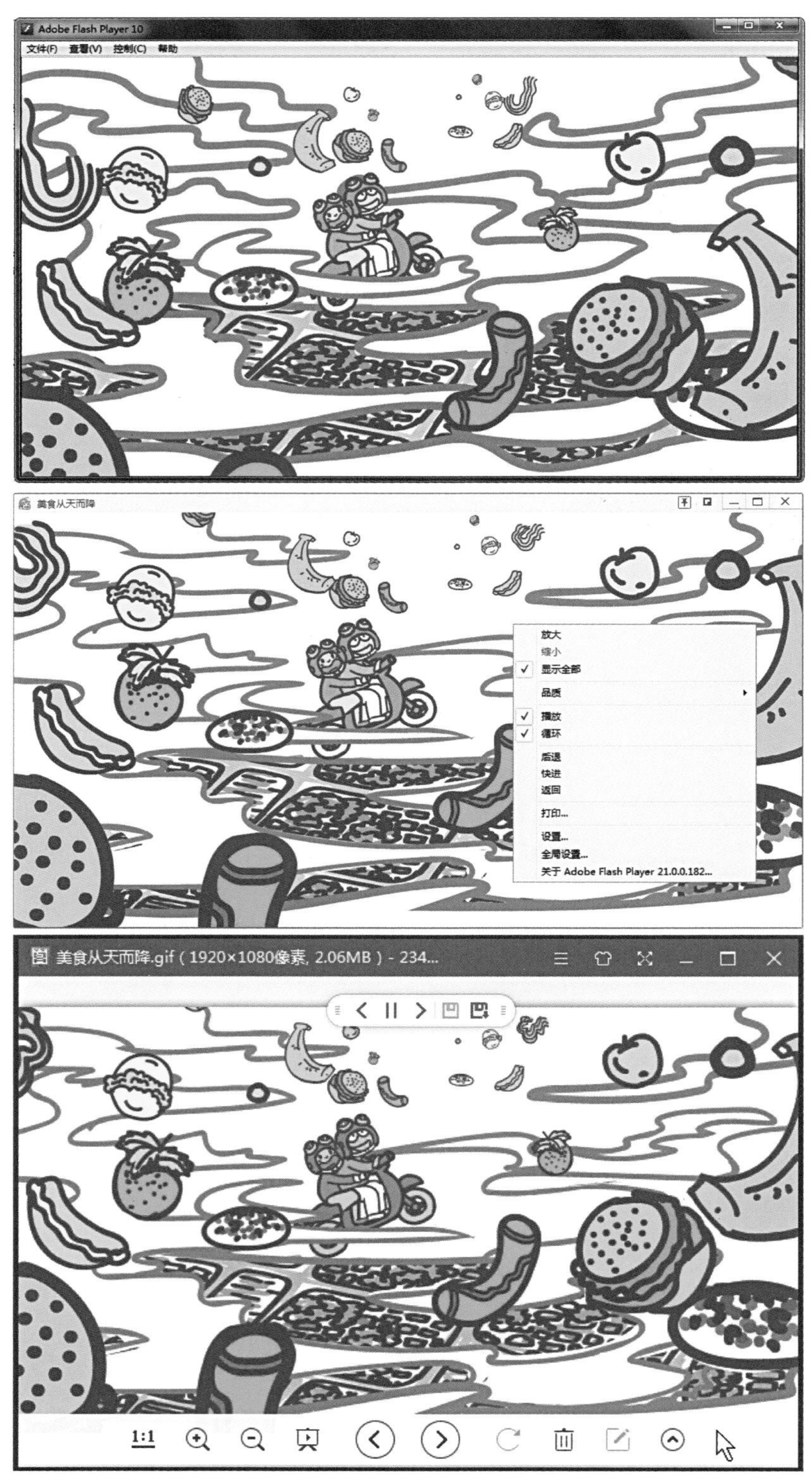

图70　打开SWF格式、HTML格式和GIF格式的文件

总 序

一种态度

2007或者2008年的时候，院系领导曾经和某大学出版社签订了一整套动画教材的出版合同，我也接到撰写定格动画教材的任务。那会儿动画专业正发展得热火朝天，各个高校齐头并进地开设动画专业，市面上也出现了许多相关教材、软件教程。

对于这些书，特别是软件类的，比如3ds Max、Maya、Softimage等，以前我也买过不少。我并不是一个软件白痴，但是天晓得作者在教程里有意无意地漏了哪一步，我总是做不出他们的效果，这让我腹诽了好一阵子。有的动画书用的不是迪士尼的图例就是日本、欧洲的某些动画图例，有着明显的草率成书的痕迹，也许这是部分高校教师为自己评职称凑的材料吧。

所以我对写教材有着一种深深的畏惧或回避情绪。我想，要写也应该是在自己有了丰富的教学经验、创作经历后再写，所采用的实际操作图例也应该由作者自己创作，甚至应该是作者使用过的。所以接到这项任务后，我就边教学，边整理制作图。但是时间和市场不会等我，所以那套书唯独缺了我的《定格动画》，违约了好多年。幸好当时的编辑和出版社能宽容、理解我。

之后院系又接了上海相关出版社的类似任务，也是《定格动画》，我仍旧以“拖”字诀拖延了下来，算下来，也有十年了吧。实际上，要交稿出版也是完全可以的，但是始终觉得还有许多未尽之处，不愿意就这么亮出来。

这次受中国传媒大学出版社张旭编辑与西南民族大学周舟老师之约做主编，我抱着诚惶诚恐的心情参与其中，更多时候是在编辑微信群里做万年潜水员。多年的接触使我深知周舟老师是一位责任心极强、务实的好老师，张编辑负责的“动画馆”系列丛书更是这么多年来我唯一认可并推荐给学生的动画理论书籍，他们在全国高校教师中约请的撰稿作者，都有着丰富的一线教学经验，更有着一种认真的态度。

这是一套好书！

韩 晖

2017年9月27日

于杭州

目 录

扫一扫
获取在线学习资源

contents

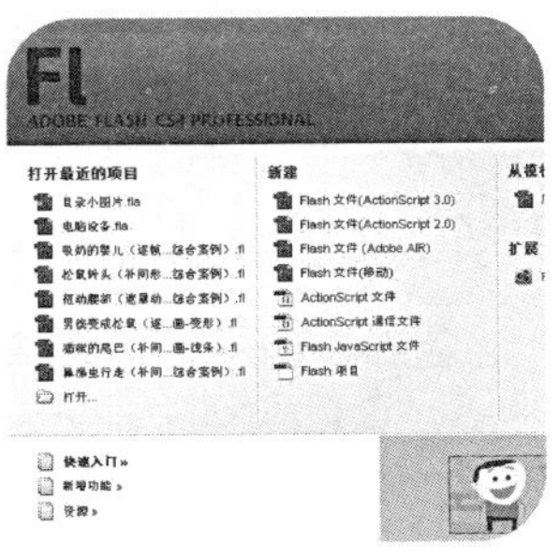

001

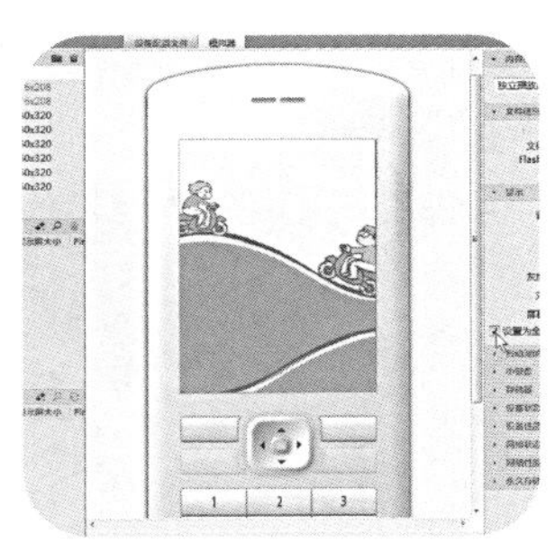

前　言

Flash系列软件经过20年的更新与发展，逐步从最初的小型插件完善成为集动画创作与应用程序开发于一身的创作软件。Flash系列软件于2016年8月开始弃用Adobe Flash Professional CC 2015 的名称，并正式更名为Adobe Animate CC 2015.2。虽然Flash动画再也不“Flash(闪)”了，但对于运用这款软件进行创作的人来说，如果能够熟练掌握这款软件的操作方法，就会变成人群中最“闪亮”的那一颗星，因为他已经战胜了工具、克服了困难，可以创作出令自己满意的动画作品了。

新媒体艺术家皮三在其著作《Flash：是技术还是艺术》中提到：没有一个应用软件会像Flash一样，抽离了它自身的工具属性，为众多的媒体和追随者所包围和塑造，最终被神化成一个极易褪色的流行符号。“闪客时代”让人们爱上这个操作简单却又灵活多变的动画制作软件。当人们开始蜂拥而至的时候，软件本身的优点被遮住、缺陷被无限放大，Flash 动画一度沦为“低劣动画”的代名词。Flash只是创作动画的工具。掌握合理的使用方法，才能让工具“服从”于我们，并正确地传达出我们的心中所想，而这正是本书所讲述的核心内容。Flash动画教程是动画专业进行2D数字动画创作的一门软件基础课程。作为系列软件，Flash有二十几个版本，本书通过介绍目前国内动画公司最常用的软件——Flash CS4在数字动画创作过程中的实际运用，使学生系统地掌握2D数字动画的制作基础知识，为他们进行2D动画创作打开方便之门。

书中不仅有详细的实例演示过程，而且还匹配了具体实例的操作视频，初学者可通过扫描二维码边观看边学习。真心希望这本书能够成为您学习Flash动画的最佳工具书。另外，由于篇幅有限，所以本书没有涉及Flash CS4在网页、游戏和编程领域的作用，希望读者理解。

如果想要了解更多的内容，请您学习完本书后关注书后声明处的二维码和链接，欣赏更多的动画作品。

编　者

2017年10月24日

第一章 Flash动画概述

——前世与今生

本章知识点

闪客时代；现代Flash动画；准备工作

学习目标

了解Flash动画的简史；提前准备所需工具

在21世纪前期的今天，Flash动画有广义和狭义之分，广义的Flash动画仅仅将Flash作为中期动画制作环节的应用软件，它在前期设定和后期制作过程中会与其他软件合作，最终完成的动画非常精美和多样化；而狭义的Flash动画会依据软件特性而创作，整个制作过程都在Flash软件里进行，从而形成独特的矢量动画艺术风格。为了更好地学习软件，我们首先要了解Flash动画的简史。

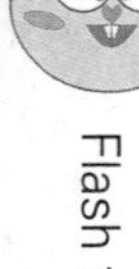

第一节 闪客与闪客时代

作为外来“物种”，“闪”是 Flash翻译成中文的意思，代表新事物出现时令人耳目一新，同时也意味着转瞬即逝，正如那个百花齐放的闪客年代。

Flash的起源，要从一名叫乔纳森·盖伊的天才程序员说起。他在高中时代就成功设计了两款游戏，并于1993年创办了Future Wave公司，致力于研究声音和图像的关系。由于他年少时积累了许多经验，公司成立后不久就开发出了Future Splash Animator软件（见图1–1），这就是Flash的雏形。虽然此时它的功能还很简单，但其首创的矢量动画、关键帧技术和流式播放技术，却成为日后Flash在交互动画领域的制胜法宝。三年以后，Macromedia公司并购Future Wave，于是软件正式改名为Macromedia Flash 1，在接下来的五年时间里，补间动画、库和元件的概念相继被创造出来，这时候的Flash软件的功能与今天相比，已经没有太多区别了。

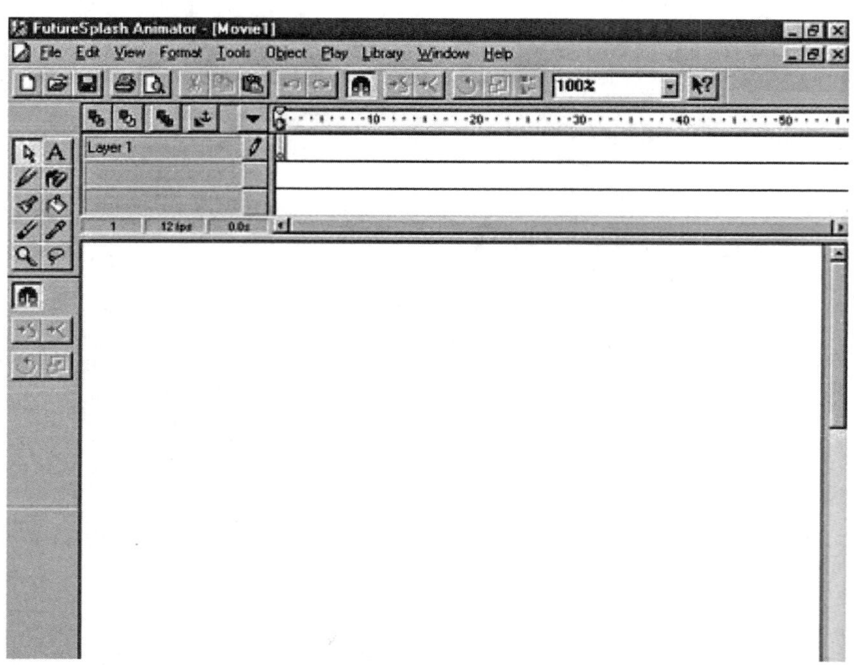

图1–1 Future Splash Animator软件

既然Flash是美国人开发的软件，那么它是什么时候传入中国的呢？据最早的闪客（网名边城浪子）回忆，在1997年时上海就已经有了Flash代理商，他通过自学Flash等众多网页设计软件，创建了软件学习和应用的交流网站——回声资讯。当时的网页设计软件种类繁多，令人眼花缭乱，而当拥有美术基础或者计算机背景的人加入学习Flash的大潮中，并相继创作出大量的MV、动画短片和电影动画片段（见图1-2）时，Flash便从众多的软件中脱颖而出了。它独有的流式播放技术解决了互联网技术不成熟带来的播放卡顿问题。因为在互联网刚建立起来的年代，视频很少，更多的是静态图像或者GIF图片，人们很乐意在网页中欣赏Flash动画。

图1-2　闪客作品截图

闪客时代的Flash动画具有三个特征，即个性化、符号化和全民化。闪客通常集导演、美术、动画和配音于一身（少数是团队集体创作），少则一天，多则几个月，就可以完成一个动画片段的制作。每个作者都有自己符号化的表现方式，观众仅通过画面就可以判断出作者。易学易操作的Flash，让许多对传统纸绘动画望而却步的年轻人实现了动画理想。

老蒋毕业于中央美术学院版画系摄影专业，从1999年12月开始，他创造性地将版画美学运用到Flash动画中，简练而又强烈的风格拓展了矢量绘画的表现形式，也对中国的Flash动画风格产生了深远的影响。如图1-3所示，老蒋的动画作品具有强烈的版画风格，他擅长将写实的人或者物进行抽象化表达，画面中的角色造型具有潦草和简单的轮廓，里面填充着浓重而又醒目的颜色，比如黑色和红色。当人们第一次在网页中见到工人、农民和摇滚歌手的卡通形象在表演时，动画呈现出了真人所没有的幽默感，这也是老蒋的动画能够成为经典Flash动画作品的最重要原因。

图1-3　老蒋代表作品

2000年，曾是油画家的皮三创作了许多引人思考的艺术性动画短片。2001年左右，他利用Flash为电影《像鸡毛一样飞》制作了动画电影片段（见图1-4）。影片讲述了一个落魄诗人和一个幻想成为空姐的女孩之间的爱情故事，片中以高反差的褪色感来渲染写实基调，缓慢地描述着理想与生活。当诗人偶然地买到一张盗版光盘，并将它放入电脑中播放时，出现了一段Flash交互动画，于是诗人开始指示动画中的角色做各种选择。所以对这个故事来说，电脑象征着通入理想世界的窗口，而皮三创作的Flash动画则充当了实现理想的桥梁。

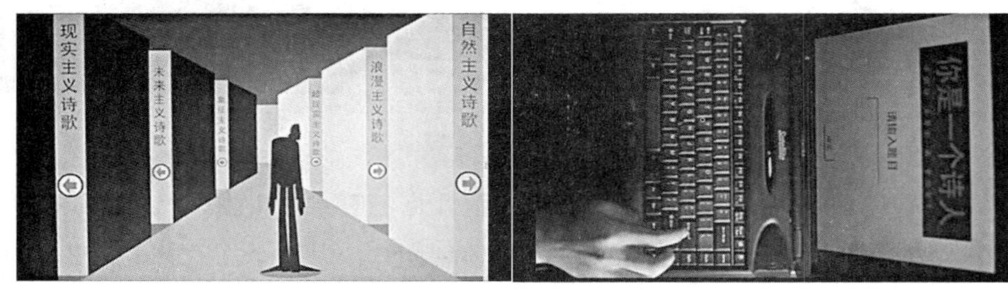

图1-4　皮三动画

闪客时代也有团队创作，ShowGood于2000年在香港成立，这支团队最知名的作品莫过于《大话三国》。这是将名著《三国演义》进行现代化改编，并加入很多诙谐幽默的台词和情节的系列动画，它首次让网友们看到了Flash动画的娱乐性，片中的主角被设计成可爱的Q版卡通形象，其中根据剧情举着有幽默词语的牌子的情节后来被很多人效仿，无厘头的搞笑表达方式给大家的生活带来了快乐。可以说《大话三国》是早期Flash动画系列剧最成功的范例（见图1-5）。

简单易学是Flash动画最大的优点。当更多的人开始涉足Flash动画，希望可以利用它获得更多的利益时，点击率最高的动画成为竞相模仿的对象，而个人风格被一万个人复制和改造后，就变得面目全非了。生硬的配色、歪曲的透视形准、重复多次的搞笑方式，让Flash动画的质量越来越低，其商业价值也跌入谷底。恶性竞争以及无法找到合适的盈利模式让大量的闪客放弃制作，转而进入其他行业，只有少量闪客继续从事动画创作，为了发展和壮大队伍，他们相继成立团队，并做了进一步的商业动画探索。从宏观来看，他们的动画突破了闪客时代的限制，理性地将Flash软件还原到操作工具的位置上。

图1-5 《大话三国》

第二节 逆境中的突破

正如所有事物都有正反两面一样，Flash虽然缩短了动画的制作时间，但是有三个缺点：滥用补间动画会让动作变得僵硬；多次重复利用元件降低了艺术质量；矢量图像的平涂上色方式让图像有些单调。这曾让Flash动画一度沦为“低劣动画”的代名词。

在传统动画中，纸上绘制的线条和色块具有颗粒感，后期扫描到电脑上会有丰富的变化，因此大多数传统动画的制作者排斥使用电脑软件。在这期间，有一位传统动画人不仅没有拒绝Flash，反而开始学习和使用它，他就是“小破孩”系列动画的创作者田易新，他曾在上海美术电影制片厂工作，2002年创作了Flash动画短片《中秋背媳妇》。在这部片子中，处处流露着作者对中国传统艺术的致敬之意，在钢琴曲《梁祝》的伴奏下，一轮明月缓缓出现，画面构图借鉴了中国传统美学中的留白和对称。当男娃为哭着的女娃摘下天上的月亮时，观众恍然大悟：原来月亮是可以吃的月饼！在影片结尾处，两个角色化成了蝴蝶，比喻双宿双飞的爱情，真是有趣的情节设计（见图1-6）。

图1-6 《中秋背媳妇》

图1-7 《心扉所属》

MV动画《心扉所属》（见图1-7）是知名导演王云飞最早获得广泛认可的作品。当时，Flash动画都在一个软件中制作，作者却将场景在另外的软件里绘制，动画和后期合成在Flash里制作，这种多个软件合作的做法，让动画具有很强的空间感，全片如油画般精致唯美。

除了原创Flash动画，创作者常常利用已有的音乐和影视对白，即兴创作动画。绝大多数的人认识漫画家阿桂都是从《动画速写——七十年代生人》（见图1-8）开始的。随着声音的变化，主角胖狗狗变换出多种影视剧角色的造型，熟悉又搞怪的表情和姿势、简单的线条、令人怀念的情节引起了坐在电脑前面的无数人的共鸣。

图1-8 《动画速写——七十年代生人》

图1-9 《哐哐日记》

《哐哐日记》（见图1-9）是互象动画团队在2009年出品的一部作品，它的导演正是之前提到的闪客——皮三。继创作了多个实验性的Flash艺术短片之后，作为多媒体艺术家，皮三开始带领团队进行新媒介和新技术联合的探索。《哐哐日记》的角色是一群拟人化的对话框，他们生活在20世纪80年代的中国，生活中充满了许多具有诙谐讽刺意味的生活琐事。纸模制作的背景和道具，让校园场景具有浓浓的年代感和怀旧气息。

第三节 现代 Flash 动画

随着信息技术的飞速发展，网络视频门户网站日益增多，Flash动画作品已经遍布电视、影院和网络平台。作为主要的二维动画制作软件，Flash除了可以制作动画，还可以创建动态故事板、设计人物和绘制场景。以电视和影院动画、网络动画为例，它们在策划和执行阶段的流程有明显区别。

电视和影院动画通常注重剧情的描述。一个新颖好玩的故事，是吸引观众长时间观看的主要因素。抛开时长不谈，我们任意挑选一部电视动画或者动画电影，它的基本流程是这样的：

（1）一个好故事。撰写文字脚本，包括世界观介绍、人物小传和完整的故事情节。

（2）角色与场景。在起草阶段，可以利用铅笔在纸上画一些小草稿，接着在Flash或者其他位图软件中做美术设定，包括角色、场景和道具。

（3）绘制静态故事板和创建动态故事板。根据文字脚本，画出每个镜头画面，利用录音软件录制草配声音，并将其导入Flash中，然后根据声音制作简易的动态故事板。

（4）原动画设计。利用关键帧功能，给需要做动画的角色或者道具画出关键姿势。需要注意的是，传统动画的原画设计是线稿，而在Flash里，一般是上色完整的造型。最后根据原画的关键帧，制作补间动画或者添加动画关键帧。

（5）配音、音乐与音效。由配音演员、配乐师和音效师来制作。

（6）合成与输出。动画制作完成后，添加声音和特效，最终导出指定规格的视频格式。

以电视动画《快乐东西》（见图1-10）为例，这是一部动画情景喜剧，片子在设计和制作时充分利用了Flash的特性，将角色和场景进行了简要概括；Flash操作和绘制的便利性，让原画和动画合并成一个步骤；动画制作完成后，可以适时通过时间轴播放，省掉了传统动画的动检环节。因此，Flash的使用让制作过程更加省时省力。

图1-10　《快乐东西》剧照（制作：北京其欣然数码科技有限公司）

与电视和影院动画不同，多数网络动画以角色为中心，当剧本故事还只是模糊的想法时，主创就以角色为原始出发点，首先在纸上或电脑软件中画出若干个角色雏形，之后挑选最满意的形象进行细致加工和上色，直至最终完成。它的基本流程是这样的：

（1）创造一个有生命力的角色。绘制一个自己感兴趣的角色，并考虑它的背景和性格特点，最好以文字的方式记录下来。

（2）撰写策划案。根据已有的角色，写文字脚本，可以是一段故事，也可以仅仅是一段独白。

（3）绘制静态故事板和创建动态故事板。根据文字脚本，画出每个镜头画面，利用录音软件录制草配声音，并将其导入Flash中，然后根据声音制作简易的动态故事板。

（4）动画制作。包括绘制原画和动画，如果是补间动画则只需设置关键帧，剩下的利用补间动画直接生成。

（5）添加声音与音效。利用录音设备和软件获取声音，这样可以为动画进行个性化的声音设计。

（6）合成与输出。动画制作完成后，添加声音和特效，最终导出适应不同网站平台的视频播放格式。

在商业Flash动画制作中，有时为了追求更好的艺术效果，创作者会同时使用多个软件，不过由于中期动画制作占用的时间较长，仍然以Flash软件为主，所以我们也可以宽泛地将其称为Flash动画。2005年，一只会功夫的兔子横空出世，并火速风靡网络，与以往温柔可爱的兔子形象不同，这只兔子文武双全。疯狂的对手菜包狗来势汹汹，功夫兔不仅不害怕，反而机智地利用各种道具战胜了对手。由此可见，网络动画《功夫兔与菜包狗》（见图1–11）是一部以角色为主的Flash动画。在随后延伸出的系列动画中，创作者依然坚持实拍和Flash相结合，让人们相信功夫兔等角色的真实性，它们从作者的笔下跳出来，生活在每个人的工作台上。

图1–11　《功夫兔与菜包狗》（制作：将将将动画工作室）

第四节　准备工作

如今我们只需要一台电脑就可以完成一部动画的全部制作工序，那么在实际开工之前，我们要准备哪些硬件和软件呢？

先要配置一台内存较大的电脑，另外还需要外接绘画工具，目前动画制作人员普遍使用的是数位板，如果你的预算比较宽裕，也可以购置数位屏，它是直接在屏幕上进行绘制的辅助设备。除了必需品之外，还有一些非必需品，比如用于录音的麦克风，商业动画的前期草配和个人动画的最终配音过程都少不了录音设备（见表1–1）。

表1–1　主要设备

名称	类别	常用品牌
电脑（PC）	台式机/笔记本/工作站	戴尔/苹果
数位板/数位屏	板子、压感笔	和冠
麦克风	电容麦克风/铝带话筒	舒尔/森海塞尔

硬件已准备妥当，接下来就是安装必需的软件了。到目前为止，Flash经历了三个历史时期，一共更新了二十几个版本（见表1–2）。

表1–2　Flash 的不同发展时期

时期	公司	更新时间	主要功能
雏形	Future Wave	1995年	时间线和绘制工具
发展	Macromedia	1996—2005年	库、影片剪辑
成熟	Adobe	2007年至今	新增加音频分割、ActionScript3.0和骨骼工具，集成虚拟摄像机

在众多的Flash版本中，Flash 8是早期闪客时代使用的版本，时至今日，商业动画最常用的是Flash CS4。这是Adobe公司推出的第三个更新版本，除了元件、补间动画和库等基本功能之外，新添加了骨骼工具和3D工具，首次将补间直接应用于对象而不是关键帧。新的功能让操作更加便捷，但不必盲目追求最高的版本，从Flash CS4之后，动画绘制的功能没有发生明显的变化，现有的工具已经可以满足制作动画的要求。因此，编者将使用Flash CS4做实例分析。

在一部动画中，声音的地位仅次于画面，因此除了动画制作软件，我们还需要准备一款录音软件——Adobe Audition3.0，它和Flash是由同一家公司开发的，它是专业音频录制编辑软件，可以满足个人录制工作室的需求。关于如何应用它，本书将在接下来的章节里阐述。

拓展阅读小贴士

Flash起源于美国，将动画的制作方式变得简单，传入中国以后，让更多普通人有机会创作动画。闪客与闪客时代是中国Flash动画的开端，打开了二维数字动画的大门。在这期间，许多优秀的Flash动画创作者纷纷撰写与Flash动画相关的著作，比如新媒体艺术家皮三先生的《Flash：技术还是艺术》、中国传媒大学教师李智勇的《二维数字动画》。初学者在创作之前，除了可以从这些著作中了解更多Flash动画的知识以外，还可以利用业余时间欣赏优秀的Flash动画作品。

思考与练习题

传统动画与Flash动画的联系与区别；闪客时代的优秀Flash动画作品赏析；准备创作工具，包括电脑、数位板和麦克风。

扫一扫

获取在线学习资源

第二章 走近Flash CS4——操作基础

本章知识点

创建文件；时间轴；工具的使用；库面板；创建工作区

学习目标

了解Flash CS4操作界面中的每个面板的功能

本章主要通过介绍Flash系列软件中最常用的版本——Flash CS4，让初学者了解软件中每个工具的使用方法，为接下来的学习打下软件基础。经过本章的学习，初学者将会发现传统动画制作过程中的许多环节，都可以在Flash软件中模拟，比如时间轴上的洋葱皮工具与传统动画的拷贝台相似，有查看上下帧的作用，另外，还可以利用洋葱皮工具进行关键帧绘制（原画创作），点击洋葱皮工具旁边的“编辑多个帧”按钮可以同时编辑多个帧，为后面调色、造型和制作动画带来很大的帮助。方便修改也是数字动画区别于传统纸绘动画的重要特征之一。

第一节　进入 Flash CS4 并创建动画文件

Flash CS4安装完成后，双击Flash图标即可进入软件。一切工作始于动画文档的创建，创建文档后应根据动画制作的要求进行文档属性的设置。

一、创建动画文档

动画文档的创建有两种方式。一种为直接创建法，即双击Flash图标进入软件时，会弹出一个对话框（见图2-1），双击“新建”选项卡下的“Flash文件（ActionScript2.0）”即可创建动画文件。文件名默认为“未命名-1”。

动画小贴士

“打开最近的项目”（见图2-1）是Flash中较为方便、快捷与实用的命令，可以直接通过打开Flash软件的方式打开文件，而不需要再进入保存文件的文件夹里，这大大节省了时间。最多可以打开最近的8个文件。

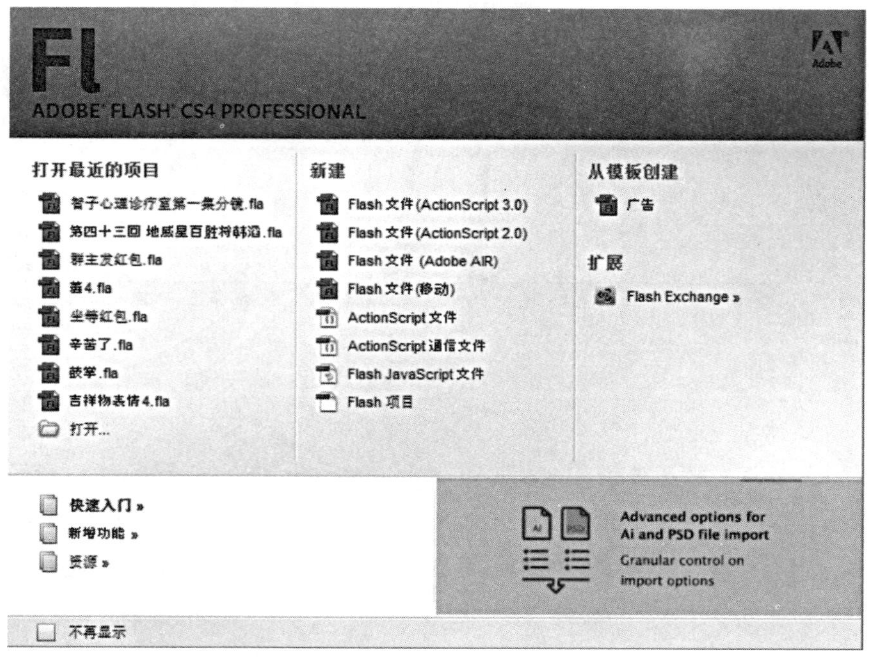

图2-1　双击Flash图标进入软件时弹出的对话框

另一种为菜单栏创建法。选择菜单栏中“文件”>“新建”命令（快捷键为Ctrl+N），在弹出的“新建文档”对话框中（见图2-2），选择“常规”选项卡下的“Flash文件（ActionScript2.0）”，单击右下角的“确定”按钮即可创建动画文件。

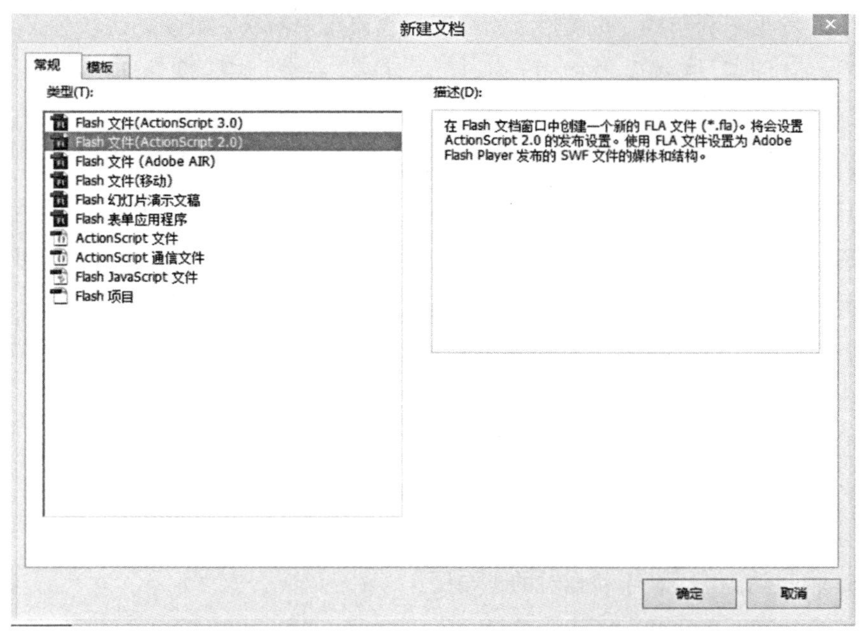

图2-2 “新建文档”对话框

二、基本操作界面介绍

动画文档创建完成后，就进入了Flash的基本操作界面（见图2-3）。在默认情况下，操作界面包括菜单栏、工具栏、属性面板、库面板、舞台、时间轴等，下面分别进行介绍。

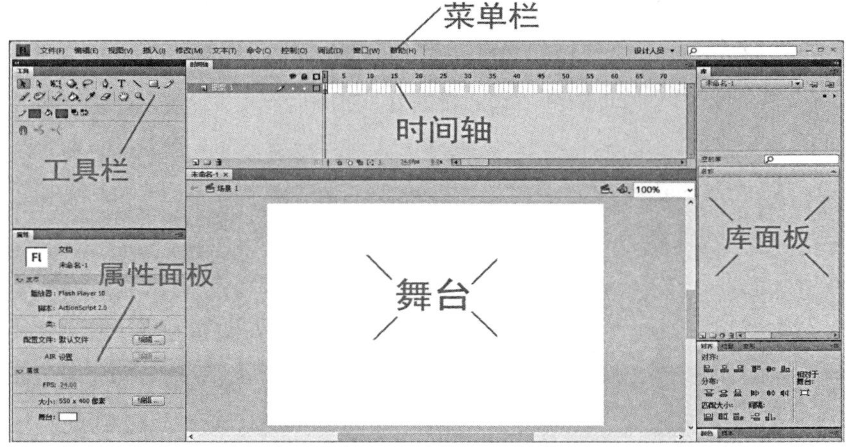

图2-3 操作界面

（1）菜单栏。共计有11项菜单，包括文件、编辑、视图、插入、修改、文本、命令、控制、调试、窗口、帮助。在后面的章节中将会通过案例具体介绍。

窗口菜单包含着所有面板以及部分工作区设置功能，在操作界面中任何面板不见或者工作区发生不利于操作的变化，均可通过窗口菜单解决。如在默认状态下，操作界面中没有颜色面板，选择菜单栏中“窗口”>“颜色”命令（快捷键为Shift+F9），即可调出颜色面板。

（2）工具栏。包含在制作Flash动画时所应用的图形绘制和处理工具。

（3）属性面板。用于设置和显示舞台中选中图形、图像、元件、音频、视频的属性；用于设置和显示舞台的属性；用于设置和显示正在使用的工具的属性。图2–3中显示的是舞台的属性。

（4）库面板。图2–3中，库面板在右边居中的位置，用于放置制作动画时应用的元件、位图图片、音频等。

（5）舞台。类似制作动画时的画布，是动画显示的区域，图2–3中白色区域为舞台，旁边灰色部分为舞台以外，舞台内外均可绘制图像，但绘制在舞台以外的部分，导出动画后不会显示。

（6）时间轴。包括制作动画时的帧与层。

三、文档属性设置

动画文档创建完成后，需要根据所要制作的动画的具体要求来修改文档的属性。具体操作方法是：

（1）使用选择工具单击舞台中或者舞台外的空白处，属性面板上即可显示文档属性（见图2–4）。图2–4显示的是Flash默认状态下的文档属性，默认帧频为24帧/秒 FPS: 24.00，默认舞台大小为“550×400像素”，默认舞台背景颜色为白色。

（2）点击属性面板（见图2–4）大小：550 x 400 像素 后面的 编辑... 按钮，即可弹出文档属性对话框（见图2–5），在对话框中修改各属性，完成后点击“确定”按钮即可。

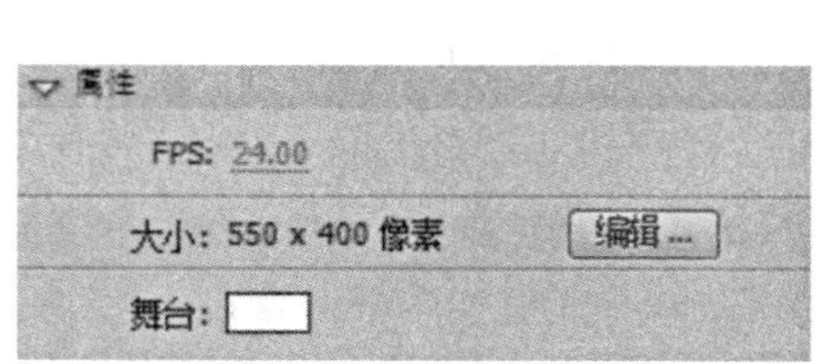

图2–4　默认文档属性

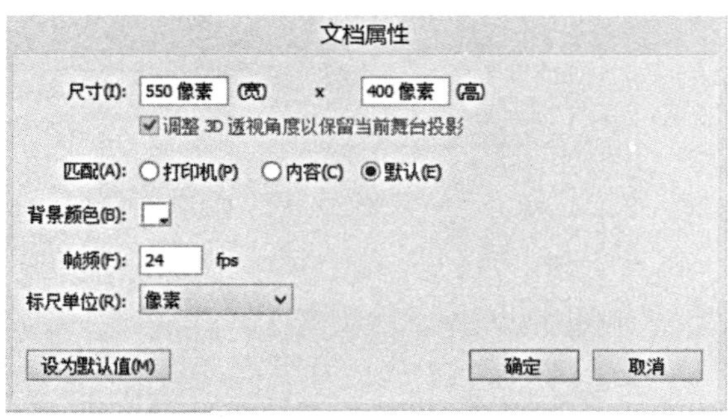

图2–5　文档属性对话框

“文档属性”对话框中的设置选项包括尺寸、匹配、背景颜色、帧频、标尺单位等。

尺寸（大小）。用于设置舞台宽度与高度值，即动画画面的大小。舞台最小为1×1像素，最大为2880×2880像素。

匹配主要是指与舞台大小的匹配。点选“打印机”，将舞台大小设置为最大的可用打印区域；点选“内容”可以使舞台的四周与舞台上所绘制的内容同样大，舞台空白、没有内容时，此选项为灰色，不可用；点选“默认”，可以将舞台尺寸设置为默认大小，即550×400像素。

背景颜色。用来设置舞台背景的色彩。单击背景颜色后的，即可在弹出的色格对话框中选择合适的颜色。

帧频（FPS）。用于设置动画制作中每一秒钟多少帧。一般Flash动画制作帧频为12帧/秒，TV动画为25帧/秒，影院动画为24帧/秒。可直接点击属性面板（见图2–4）FPS: 24.00中的“24.00”，来修改帧频。

四、保存文档

动画文档属性设置好后，就可以使用工具创作动画了，但在这之前一定要先把设置好的文档进行保存。

选择菜单栏中“文件”>“保存”命令（快捷键为Ctrl+S），在弹出的“另存为”对话框中，为文档选择合适的文件夹，把默认的“未命名–1”文件名（见图2–6）改为动画的名称，点击“保存”按钮即可。

图2–6　保存

动画小贴士

为了避免在电脑死机、突然断电等突发事件发生时，辛苦完成的劳动成果毁于一旦，务必要养成随时“保存”的好习惯，最快捷的方式便是随时按快捷键“Ctrl+S”。

第二节 “工具”的使用

Flash 工具栏中的工具共有30种，在部分工具图标的右下角，有一个很小的黑色实心三角形。当点击这些带有黑色三角形标志的工具，并按住鼠标左键不放时，会出现下拉工具条，这里面还有许多可以选择的隐藏工具。接下来，我们对制作中常用的20种工具进行详细讲解。

一、线条工具

线条工具（快捷键为N）是一款绘制直线的工具。可在舞台上向任意方向拖动，以绘制出不同方向、不同长度的直线（见图2-7）。

使用线条工具的同时按住Shift键，在舞台上拖动鼠标。可绘制水平直线、垂直线或者成45° 角直线（见图2-8）。

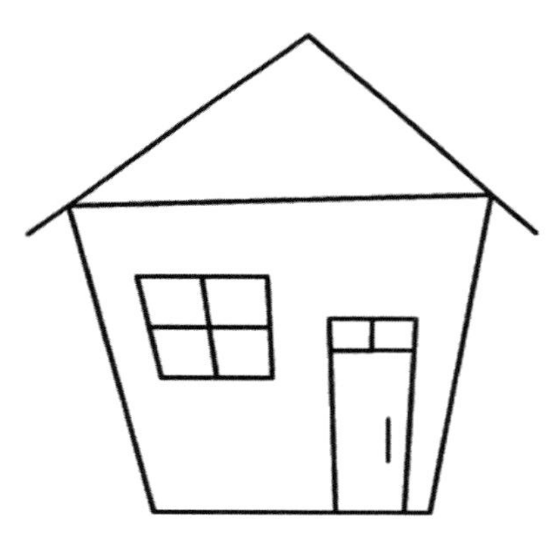

图2-7 运用直线工具随意绘制的房子

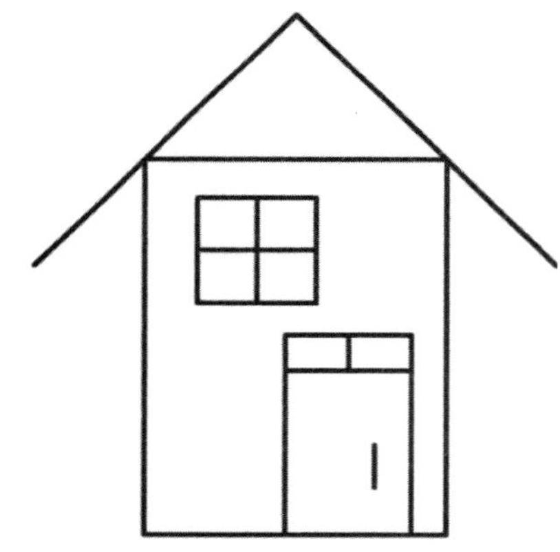

图2-8 运用直线工具按住Shift绘制的房子

1. 线条工具的属性面板

线条工具的属性面板只有“填充和笔触”（见图2-9）的属性设置。因线条只有笔触没有填充，所以线条工具的属性面板主要就是“笔触”的属性。

借助属性面板的属性调节功能，线条工具还可以绘制不同样式、不同色彩的直线。在选择使用一种工具时，属性面板会显示该工具的属性，可以通过对这些属性进行个性化设置来得到不同的绘画效果。下面介绍线条工具的属性面板（见图2-9），即“笔触”的属性面板。

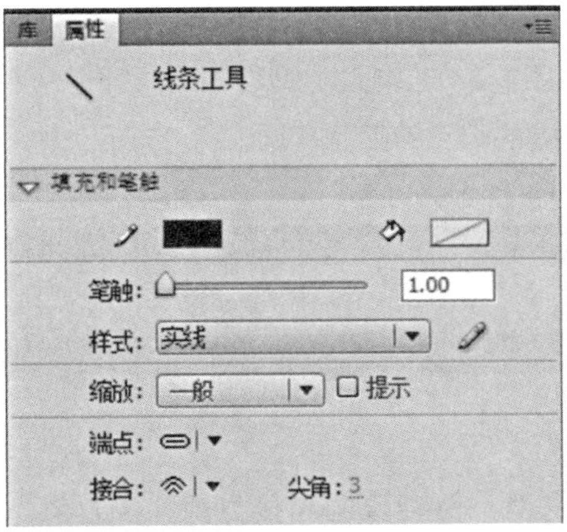

图2-9　线条工具的属性面板

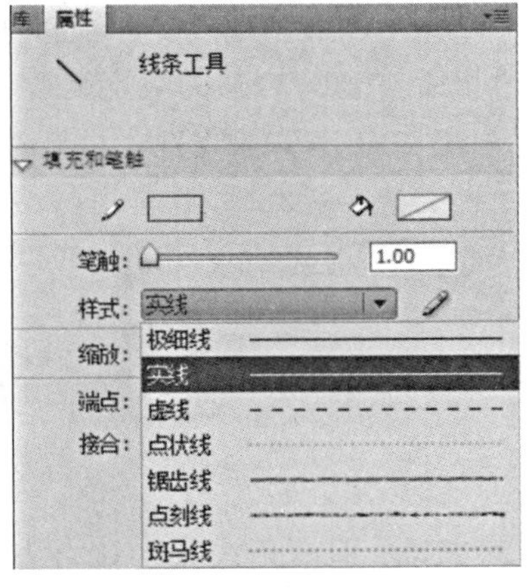

图2-10　线条工具的笔触样式下拉条

（1）线条颜色。在默认状态下线条为黑色，在属性面板中点击铅笔图标后面的黑色矩形框，即可在弹出的调色板中设置需要的任何色彩。色彩的具体设置方式详见本章“矩形工具”中的相关介绍。

（2）笔触，即线条粗细。在默认状态下为1（像素）。设置方式有两种：一种是调节笔触后的滑轨笔触: ，另一种是直接在文本框1.00中输入相应的数值，最小数值为0.1，最大数值为200。后一种方式较为常用，可以精准控制线条粗细。

（3）样式，即笔触样式、线条样式。在默认状态下为实线。线条样式共计7种，分别是实线、极细线、虚线、点状线、锯齿线、点刻线、斑马线。一种设置方式为点击样式: 实线 中的小三角形，在展开的下拉条中（见图2-10）点击选择合适的样式。另一种设置方式为点击样式: 斑马线 后面的铅笔图标，在弹出的笔触样式对话框中进行设置，这种方式可以更为个性化地调节笔触样式的各项参数。

每一种笔触样式里面都有多个可调节参数，其中斑马线笔触样式有6个可调节参数（见图2-11），点击每一个参数后面的即可进行调节。同样运用直线工具斑马线样式绘制的线条（见图2-12），由于设置的参数不同，会呈现明显不同的样貌。

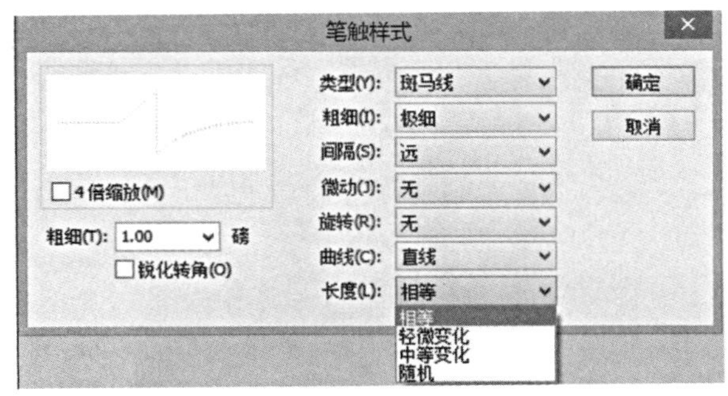

图2-11　笔触样式对话框

图2-12　用直线工具斑马线样式绘制的线条

（4）端点，即线条端点的形状和路径终点的样式。点击端点后面的按钮，在弹出的下拉条中选择合适的端点类型（见图2–13）。端点类型有圆角与方形两种（见图2–14），其中“无”表示端点样式与之前设置的端点的形状相同。

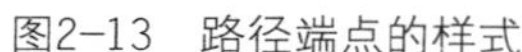

图2–13　路径端点的样式

图2–14　圆角与方形的端点样式

（5）接合，即两条线段的接合方式、两个路径段的相接方式。点击接合后面的按钮，在弹出的下拉条中选择合适的接合方式（见图2–15）。接合方式有尖角、圆角与斜角三种。其中，可通过调节尖角值尖角：1 来改变尖角大小，尖角值最大为60，最小为0。同样是三条线段相接，运用不同的接合方式，可以呈现出完全不同的样貌（见图2–16）。注意：色彩不同的三条线段相接，所有接合方式对其均不适用。

图2–15　接合方式下拉条

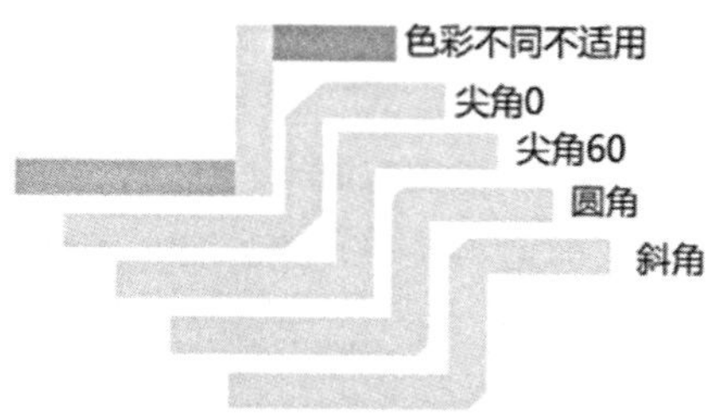

图2–16　不同接合方式的图形

2. 线条工具的复选框

Flash中的每一个工具，除了拥有自己的个性属性面板，还拥有复选框，复选框用于辅助工具的使用与操作。工具的复选框在工具栏的最下方，选用的工具不同，复选框也会有区别。线条工具的复选框有两个按钮（见图2–17），左边一个是“对象绘制”按钮，右边一个是“贴紧至对象”按钮。点击相应按钮后，按钮颜色变深（见图2–18），此时可以使用按钮的功能；若想关闭，只要再次点击按钮即可。

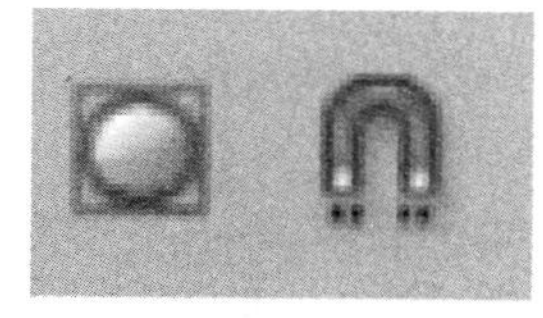

图2–17　线条工具的复选框

图2–18　点击后的“贴紧至对象”按钮

点击“对象绘制”按钮，绘制的内容将是“对象”，而不再是“形状”。“形状”与“对象”的区别将在后面的章节中提到。此时，请先不要点击此按钮。

点击“贴紧至对象”按钮，绘制的图形会自动吸附到离它最近的点或线上，并与其相接，图2-7、图2-8均是在使用“贴紧至对象”的功能的情况下绘制的，如不用“贴紧至对象”，绘制的图形容易出现线条不闭合的情况。

二、铅笔工具

铅笔工具（快捷键为Y）是一款能够自由灵活绘制各种线条的工具，更像我们传统绘画中的铅笔。铅笔工具与线条工具一样，都是绘制线条的工具，故而其属性面板与线条工具的属性面板基本相同，线条颜色、粗细、样式、端点、接合的设置与线条工具完全相同（见图2-19），此处不再重复讲解。

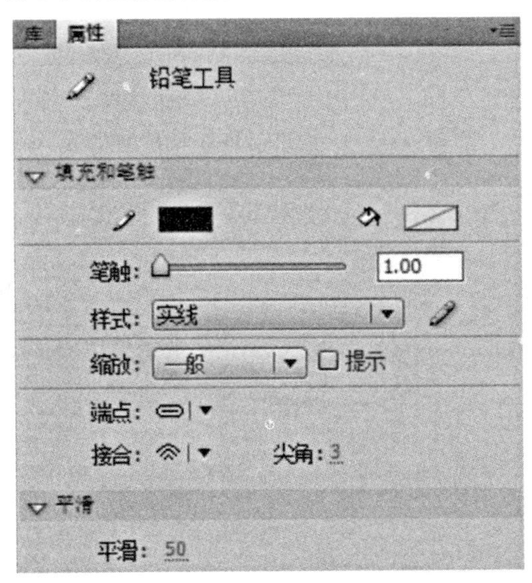

图2-19 铅笔工具的属性面板

铅笔工具有三种模式，分别是伸直、平滑、墨水。点击其复选框中“对象绘制”按钮旁边的“铅笔模式”按钮（按钮图标有可能是或，代表当前当选的模式）即可展开下拉条（见图2-20）。

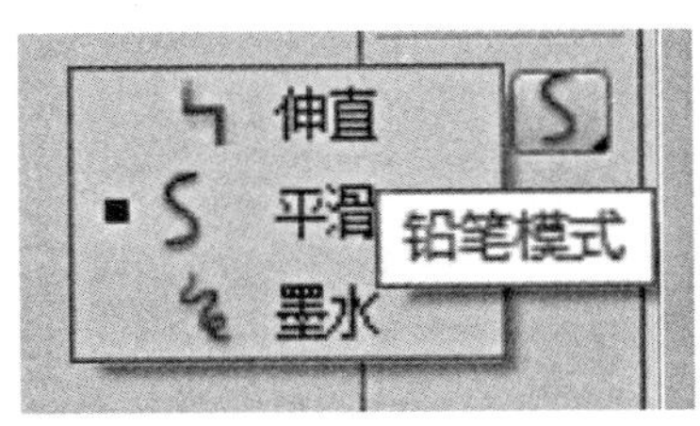

图2-20 铅笔模式的下拉条

（1）伸直。一方面，绘制的图形路径转折处会自动呈现伸直状态，线条较为直、硬；另一方面，若用此种模式绘制相对圆滑的图形，可能会变成正圆或者椭圆形。如果用伸直模式绘制鹅卵石，就会出现图2–21中的这种状况。

（2）平滑。绘制的路径的转折处会自动呈现圆滑状态，线条较为圆润（见图2–22）。选择平滑模式绘制时，铅笔工具的属性面板下方的平滑值可以调整，最小为0，最大为100，值越大，越平滑。

（3）墨水模式。此种模式绘制的图形最接近手绘方式，忠实于鼠标或者压感笔所绘制的路径（见图2–23）。

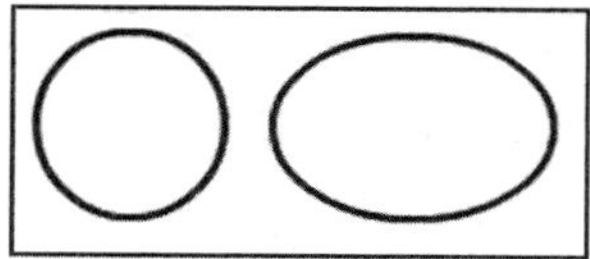

图2–21　伸直模式绘制的鹅卵石

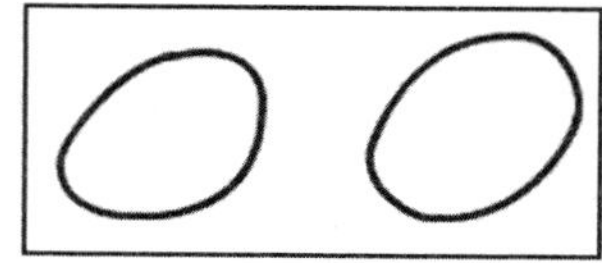

图2–22　平滑模式绘制的鹅卵石

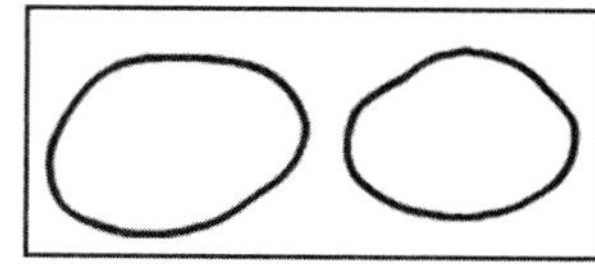

图2–23　墨水模式绘制的鹅卵石

值得注意的是，铅笔工具除了实线的绘制外，还可以通过笔触样式的设置绘制出不同样式的线条（见图2–24）。运用线条工具斑马线样式绘制的线条（见图2–12），同样也适用于铅笔工具。可根据动画的风格特点，自由设置合适的笔触样式。

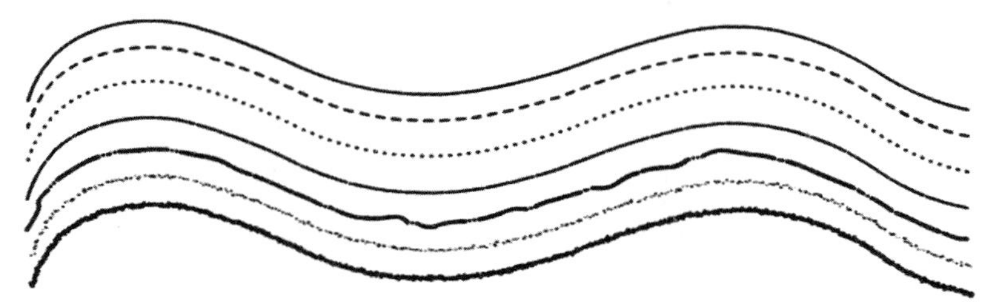

图2–24　用铅笔工具绘制的不同样式的线条

三、钢笔工具

钢笔工具（快捷键为P）是基于节点来绘制线条的工具，可以绘制直线、折线与曲线。

（1）直线、折线的绘制。根据两点一线的原则，在舞台上先后点击两点，即可完成一条直线的绘制；先后连续点击多个点，就可以绘制折线。点击绘制时，出现的每一个绿色小矩形都代表一个节点（见图2–25），结束绘制后，线条会显现我们原本设置的蓝色。

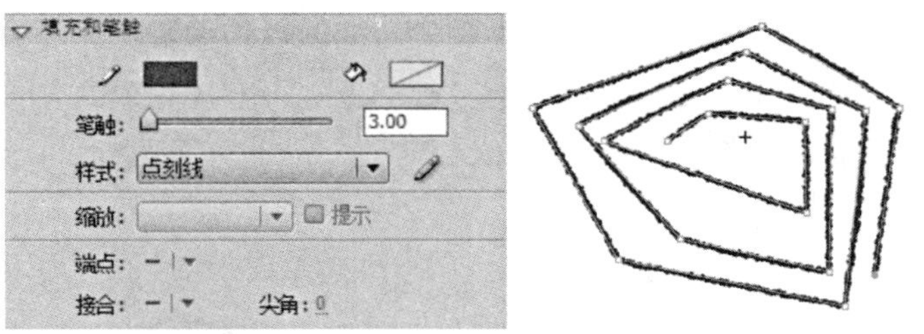

图2-25　钢笔工具属性设置与用钢笔工具绘制的折线

结束钢笔绘制的方法有两种：第一种是按着Ctrl键的同时，单击舞台中任意一个位置；第二种是点击工具栏中除钢笔工具以外的任意工具。

（2）曲线的绘制。常被用于绘制引导层动画中的引导线。曲线的绘制方法与直线稍有不同：直接点击第一个点即可，但在点击第二个点后要按住左键并拖动鼠标，与此同时发生了两个变化：光标从钢笔形状变为箭头形状；节点上出现一条与原来曲线相切的短线，这条切线有两个实心端点，我们称它为“手柄”。“手柄”的两个端点（见图2-26）可以控制曲线的弧度和长短。在接下来的绘制过程中，通过利用鼠标在舞台上不同位置点击和拖动，我们可以画出自己想要的曲线。

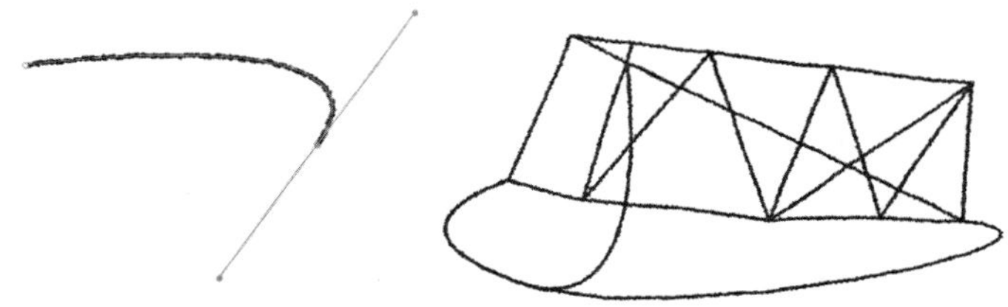

图2-26　钢笔工具的绿色手柄与绘制的线条

点击钢笔工具右下角的小三角形 之后展开的工具条中还有添加锚点工具、删除锚点工具与转换锚点工具（见图2-27），具体使用方法如下。

添加锚点工具（快捷键为=）。选中此工具后，将鼠标光标移动到图形中需要添加节点的位置，点击即可添加。拖动手柄即可对弧度进行修改（见图2-28）。

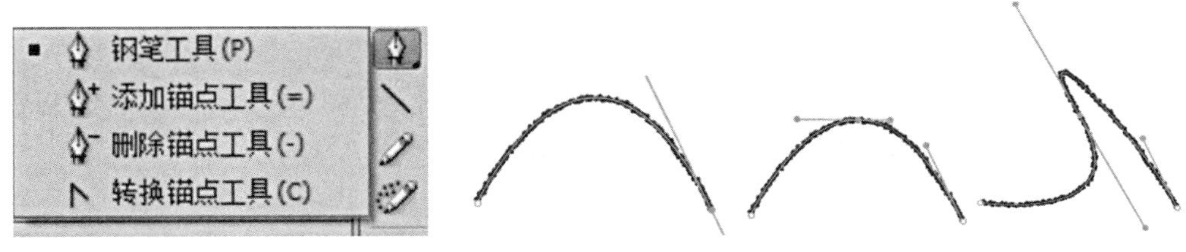

图2-27　钢笔工具的折叠工具条　　图2-28　添加锚点、修改弧度

删除锚点工具（快捷键为-）。选中此工具后，将鼠标光标移动到图形中需要删除节点的位置，点击即可删除。

转换锚点工具（快捷键为C）。可把不带方向线的转角点转换为带有独立方向的转角点，即可以把“角”变为“弧”，亦可以把“弧”变为“角”（见图2-29）。把“弧”变为“角”的方法较为简单，直接点击即可；把“角”变为“弧”，需要在点击的同时按住鼠标右键通过拖拉改变弧度。

图2-29　转换锚点，把“弧”变为“角”

四、选择工具

选择工具（快捷键为V）主要具有四大功能：选择、移动、修改、复制。

（1）选择有多种方式，分别是点选、多选、框选。

点选，即点击图形即可选择，一次只能选中单个图形，被选中的图形，呈现点阵状态（见图2-30）。元件、组合以及文字被选中后会出现蓝色外框。

多选。按住Shift键后用鼠标连续点击多个图形，即可完成多选。

框选。按住鼠标左键并拖动鼠标，会出现一个矩形选框，矩形选框内的内容将会被选中。框选可以选择多个图形，也可以只选择一个图形的一部分（见图2-31）。

（2）移动。图形被选择后，按住鼠标左键拖动鼠标即可移动图形（见图2-32）。同时按住Shift键可将图形进行水平或者垂直移动。同时，按键盘上的上键、下键、左键或右键可以进行微小移动，每按一下可移动一个像素点。

图2-30　选中与没选中的图形　　图2-31　框选的图形

图2-32　移动被框选的图形

（3）修改。可以修改线段与图形。将选择工具移动到需要修改的线段或图形上，当光标尾部出现弧形时，拖动线段或图形，就可以完成修改（见图2-33）。按住Alt键可进行尖角变形（见图2-34）。

图2-33　修改前、后的图形

图2-34　修改前、后的线段与尖角变形

五、矩形工具

矩形工具（快捷键为R）可以绘制出同时具有线条和色块的图形。因此其属性面板包含笔触与填充两部分内容的设置，且笔触色彩的设置方式与填充色彩的设置方式完全相同，下面先对笔触色彩的设置方式做简单介绍。

1. 色彩的设置

在属性面板中点击铅笔图标后面的黑色矩形框（也有可能是其他色彩，这是之前设置的笔触色彩，默认为黑色）即可弹出色板（见图2–35），点击合适的色彩即可进行设置。若色板中的色彩不够用，可点击右上角的按钮，在弹出的颜色选择器（见图2–36）中设置色彩。设置色彩的方式有以下几种：

（1）直接点击使用基本颜色。

（2）点击混色器中合适的色彩，拖动面板右方的竖条旁的小三角形可调节色彩的明暗，可在左下方预览设置好的色彩，右下方会显示色彩的E、S、L值和R、G、B值（见图2–36）。

（3）直接输入R、G、B值和E、S、L值，以设置色彩。

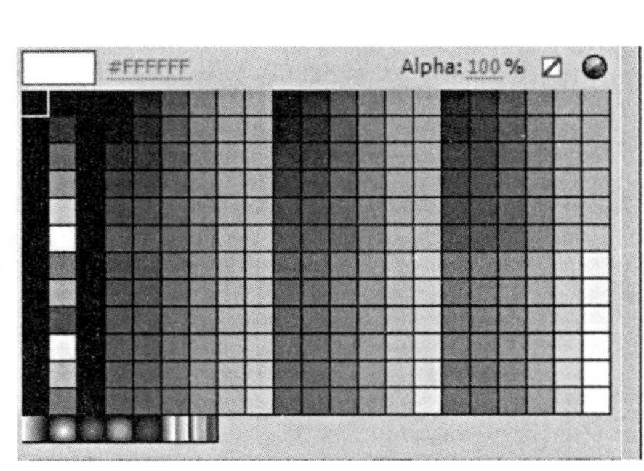

图2–35　色板

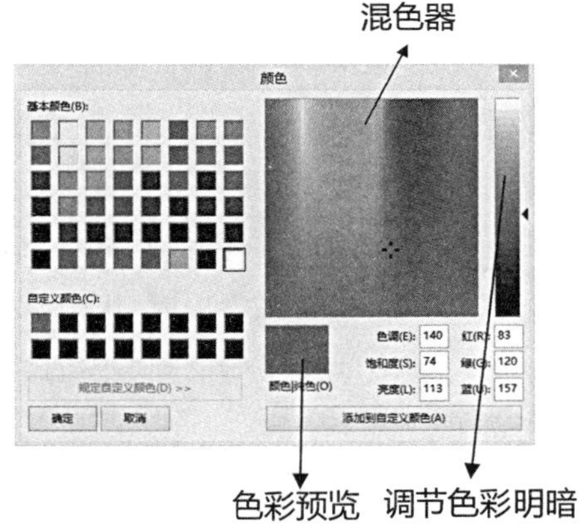

图2–36　颜色选择器

（4）把设置好的色彩设置为自定义颜色，方便随时调取。设置方法为：颜色设置好后，点击右下方的“添加到自定义颜色(A)”按钮，自定义颜色区域就会保存该颜色。自定义颜色默认为黑色，最多可设置16种。

2. 矩形的绘制

按住鼠标左键并拖拉即可绘制不同大小的矩形。

（1）绘制正方形。在属性面板中将笔触色彩设置为黑色，笔触大小设置为3，笔触

样式设置为实线，填充色彩设置为浅绿色。按住鼠标左键，同时按住Shift键并拖拉，即可绘制出正方形（见图2-37）。

（2）关掉色彩 按钮。点击选择笔触色彩设置面板右上角的"关掉色彩" 按钮，可绘制出没有边框线、只有填充的矩形（见图2-38）；如果选择填充的"关掉色彩"按钮，可绘制出只有笔触的矩形（见图2-39）。

图2-37　正方形

图2-38　只有填充的矩形

图2-39　只有笔触的矩形

3．矩形选项

在矩形工具的属性面板中，还有关于矩形选项的设置（见图2-40），可帮助绘制出不同于直角矩形的圆角矩形。矩形边角半径对应矩形的四个角，默认状态下设置其中一个边角半径的值，其他三个都会同时变化，如设置 为20，按下Enter键，其他三个边角半径值会同时变为20 。设置边角半径值的方式有两种：一种为直接在文本框中输入数值；一种为拖动 滑轨。当点击属性面板右下角的 按钮时，所有的边角半径值将变为0。

边角半径值在默认状态下为0，此时绘制的图形为直角矩形。边角半径值的大小在-100~100之间，当值为正值（0~100）时，绘制的图形为外圆形状（见图2-41）；当值为负值（-100~0）时，绘制的图形为内圆形状（见图2-42）。

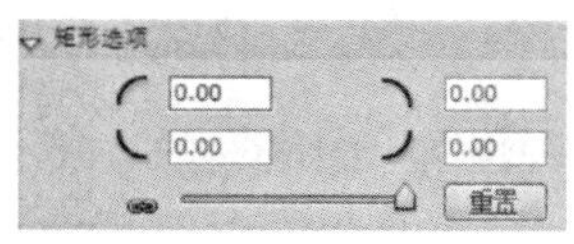

图2-40　矩形选项

图2-41　正值矩形

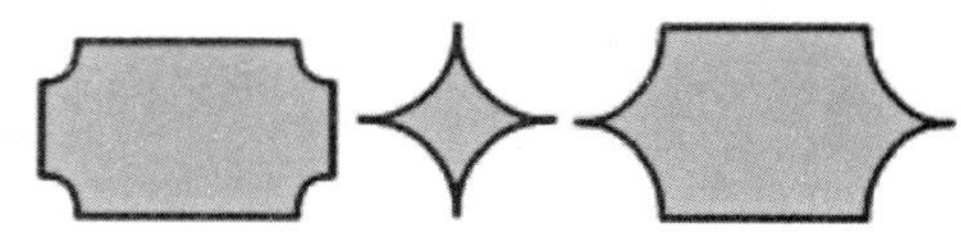

图2-42　负值矩形

如果需要绘制四个边角半径不同的矩形（见图2-43），则可点击矩形选项下方的 图标。点击之后，图标呈现解锁 状态，此时随意设置其中一个边角半径值，其他三个边角半径值不会跟着变化。图2-44为运用矩形工具绘制的房子。

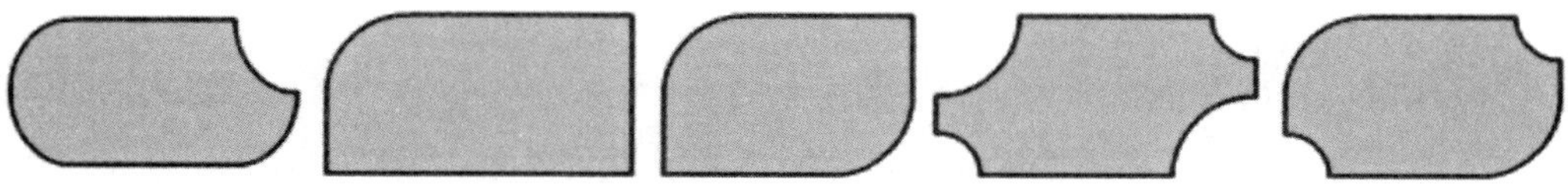

图2-43　边角半径值不同的矩形

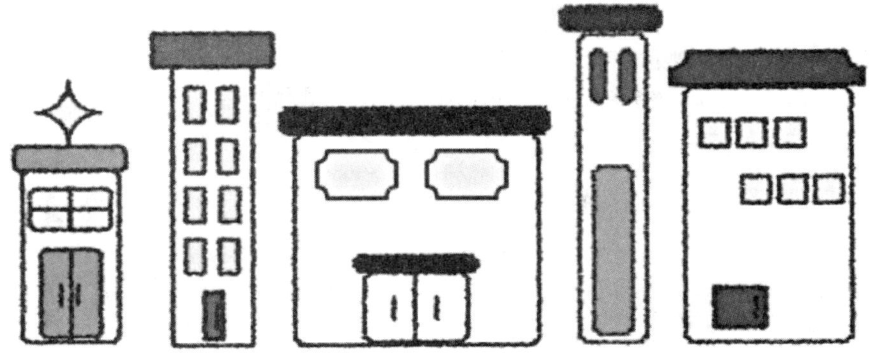
图2-44 运用矩形工具绘制的房子

4. 基本矩形工具

点击矩形工具右下角的小三角形后展开的工具条中还有椭圆工具、基本矩形工具、基本椭圆工具与多角星形工具(见图2-45)。基本矩形工具与矩形工具的绘制内容基本一样，不同的是：用基本矩形工具绘制的矩形有紫色的边框和调节点(见图2-46)，设置基本矩形的形状，不仅可以在属性面板中设置，还可使用选择工具在图形上直接拖动节点来调节。

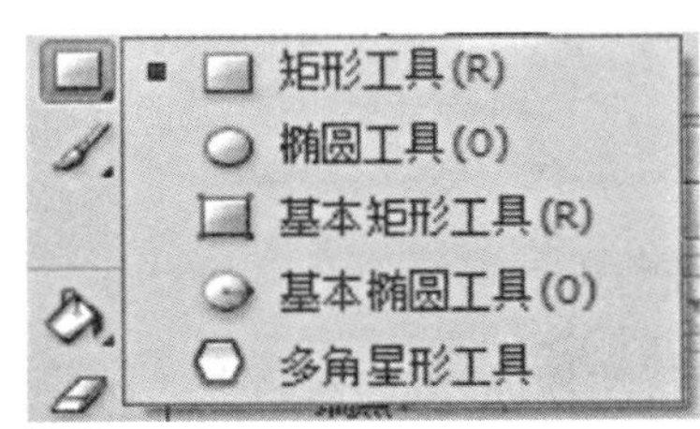

图2-45 矩形工具隐藏工具条

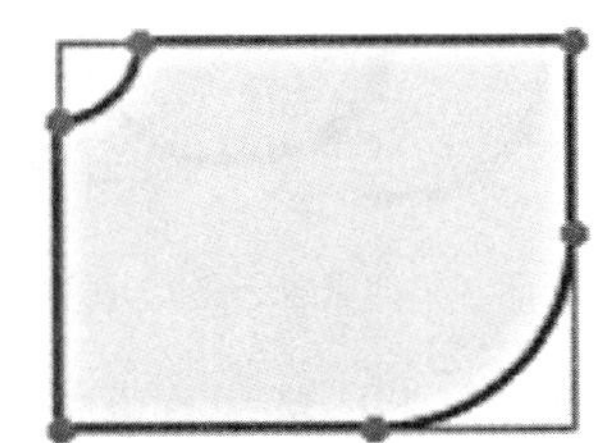
图2-46 基本矩形工具绘制的矩形

六、椭圆工具

椭圆工具(快捷键为O)与矩形工具一样，都是可以绘制同时具有线条和色块的图形的工具，因此其属性面板中的笔触和填充的设置与矩形工具完全相同，且椭圆工具与基本椭圆工具的关系和矩形工具与基本矩形工具的关系相同，此处不再重复讲解。按住鼠标左键即可绘制椭圆，同时按住Shift键可绘制正圆。

椭圆工具属性面板下方的椭圆选项面板(见图2-47)中的设置选项可帮助绘制个性化图形，下面对每个选项做具体讲解。

（1）开始角度和结束角度。用于指定椭圆的起始点与结束点的角度。使用这两个选项可以绘制出扇形、半圆形等（见图2-48）。

（2）内径。用来指定椭圆的内径，即内侧椭圆大小，可绘制环或者玦等图形（见图2-49）。数值范围为0~99。

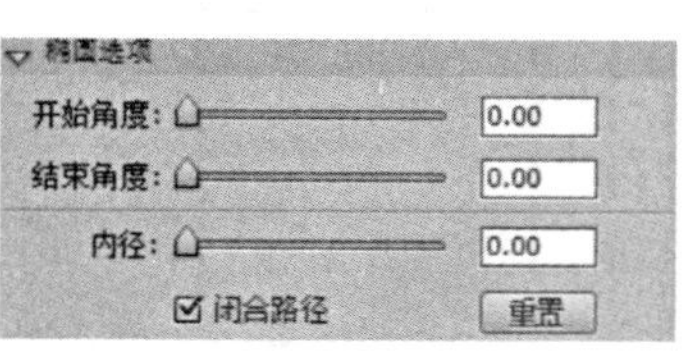

图2-47　椭圆选项面板

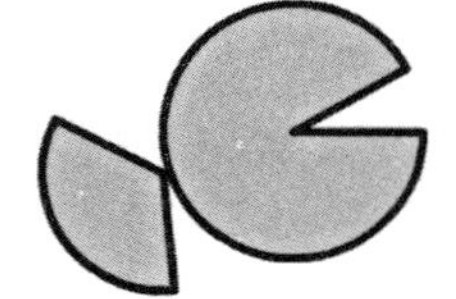
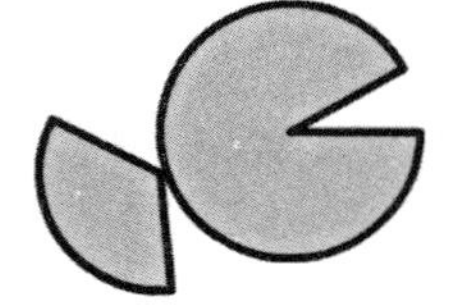

图2-48　椭圆工具绘制的图形

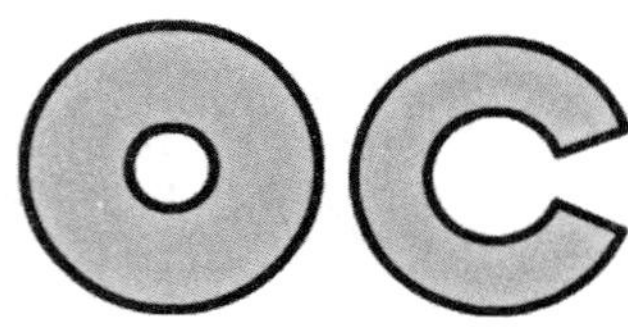

图2-49　环、玦

（3）闭合路径。用于指定椭圆的路径是否闭合。在默认状态下，“闭合路径”复选框为开启状态 ☑闭合路径，此时绘制的图形为路径闭合状态（见图2-48、图2-49）。若关掉“闭合路径”选项 ☐闭合路径，此时同样的图形为路径开放状态，且路径不闭合的图形会失去填充（见图2-50）。

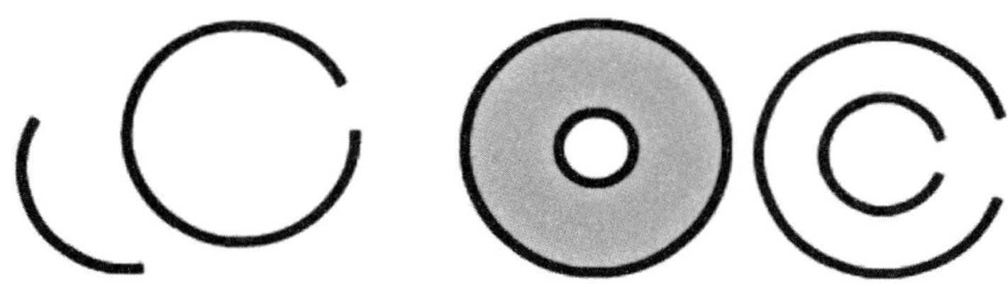

图2-50　关闭“闭合路径”按钮后绘制的图形

（4）重置。单击该按钮将重置所有椭圆选项控件，并将舞台上绘制的基本椭圆形恢复为原始大小和形状，所有数值恢复到0。

七、多角星形工具

选择矩形工具，按住鼠标左键不放，这时矩形工具的下拉工具条中将会出现多角星形工具（见图2-45）。选中多角星形工具，可绘制出多边形与多角星形。

（1）多边形的绘制。在默认状态下按住鼠标左键拖动，可绘制五边形，若绘制其他多边形，则需要点击属性面板中的 选项... 按钮，在弹出的工具设置对话框（见图2-51）中的边数后面的文本框中 边数: 5 输入相应数值即可，如输入8，点击“确定” 确定 按钮，之后按住鼠标左键拖动，则可以绘制出八边形，图2-52就是用多个不同边数的多边形绘制完成的。

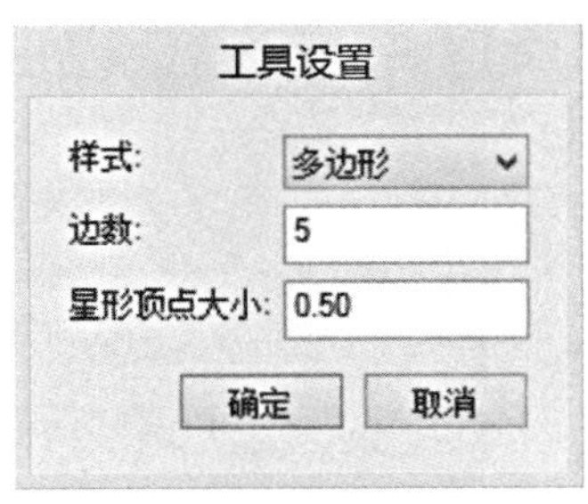

图2-51 工具设置对话框

图2-52 多边形绘制的图形

（2）多角星形的绘制。在默认状态下，“样式”为“多边形”，在“样式”下拉列表中选择“星形” 样式: 星形，点击“确定”，按住鼠标左键拖动则可以绘制出星形。“星形顶点大小”的数值在0~1之间，数值越大，绘制的多边星形越接近多边形；数值越小，绘制的多边星形形状越尖（见图2-53、图2-54）。

图2-53 星形顶点大小分别是0、0.5、1

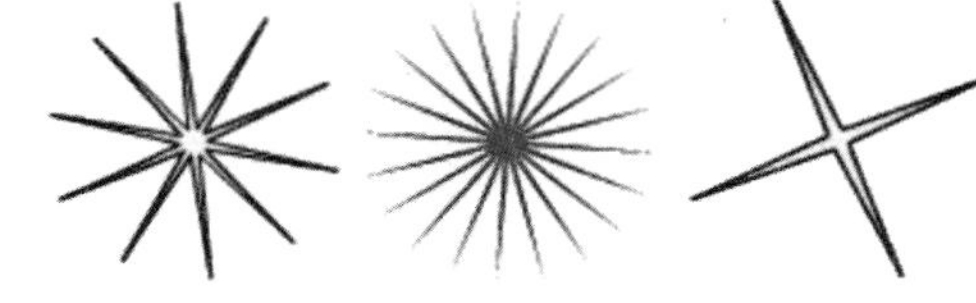

图2-54 星形顶点大小为0.1的多角形

动画小贴士

Flash绘图中只有两个关键要素：笔触和填充，又称线条与色块。

使用线条工具、铅笔工具和钢笔工具绘制出的图形是由线条组成的；使用刷子工具绘制出的图形则是由色块组成的。如果想绘制出同时具有线条和色块的图形，可以选择矩形工具和隐藏的同类型工具，再结合不同的设置，就可以画出想要的图形了。

八、刷子工具

刷子工具（快捷键为B）和铅笔工具一样，也可以在舞台上进行涂鸦，画出来的图形具有手绘的质朴感。图2-55是利用刷子工具画的太阳图案。绘制时，可根据需要进行设置。

选择刷子工具后，工具条下方会出现5个设置选项，除对象绘制、锁定填充外，还有刷子模式、刷子大小与刷子形状。刷子大小用来设定刷子笔触的粗细，刷子形状则用来设置刷子的笔触形状（见图2-56）。

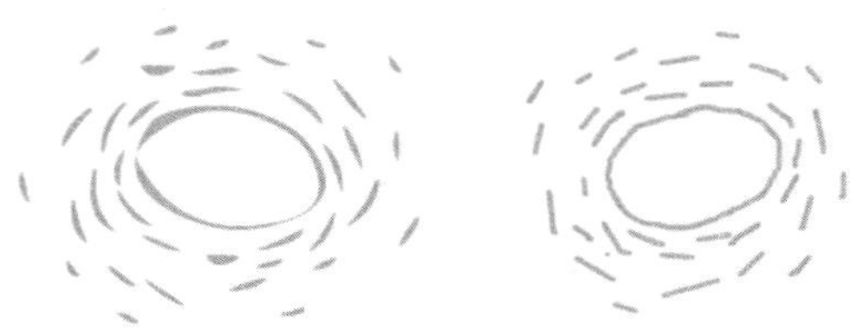

图2-55　平滑度分别为100、0

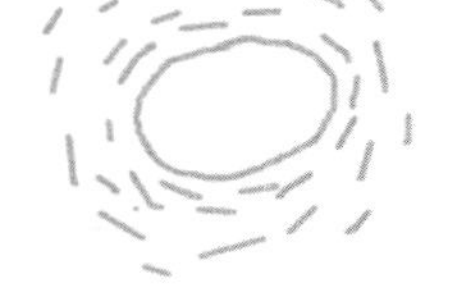

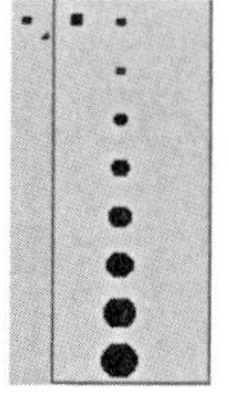

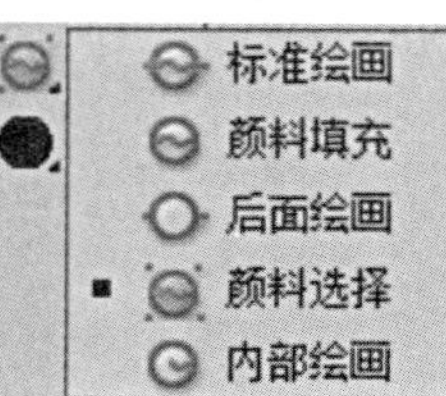

图2-56　刷子大小、刷子模式、刷子形状

刷子模式下有5种不同的绘制模式，分别为标准绘画、颜料填充、后面绘画、颜料选择与内部绘画（见图2-57）。

（1）标准绘画。选择该模式，绘制的图形会直接覆盖下面的线段与填充的颜色。

（2）颜料填充。选择该模式，可以在图形的填充区域或没有填充的区域添加颜色，而图形的线段不会受到影响。

（3）后面绘画。选择该模式，可以放心地在图形的后面添加颜色，而不用担心图形的线条和已填充的颜色被修改。

（4）颜料选择。选择该模式，只能在选择的区域添加色彩，而在没被选中的区域中无法绘制任何内容。

（5）内部绘画。选择该模式，刷子工具的绘制区域取决于绘制时起笔的位置，如果从图形内部开始绘制，哪怕在图形外部落笔，也只在图形内部才会留下绘制痕迹。如果从图形外部开始绘制，则仅能在图形外部留下笔触。同样，如果只从图形内部的空白区域进行绘制，就不会影响其他填充内容。

图2-57　刷子工具的5种模式的绘制效果

九、喷涂刷工具

点击刷子工具右下角的小三角形后展开的工具条中还有喷涂刷工具（快捷键为B），这个工具类似于传统绘画中的喷枪，在动画创作中用得较少。在喷涂刷工具的属性面板（见图2-58）中，默认形状为圆点，点击 编辑... 按钮，在展开的交换元件对话框中可选择使用拟绘制的任意元件作为形状，喷涂刷工具大多数情况下会结合元件使

用。有关元件的知识点会在后面的章节中讲解，此处以默认形状圆点为例讲解，元件的使用与默认圆点的使用属性是一样的。

可在 ■ 中调整颜色，可在缩放：20 %中调整原图形（或者元件）的尺寸。若选中随机缩放☑随机缩放，喷涂出的点则有大有小（见图2-59）；不选中随机缩放，喷涂出的点则大小相同。可以点击鼠标左键喷涂，亦可以按住左键时拖动鼠标当画笔使用，喷涂出不同形状或者图案。喷涂刷工具就像一支画笔，画笔属性（见图2-60）中的宽度与高度是用来定义画笔的笔尖形状和大小的，画笔角度是定义画笔的水平、垂直或者倾斜状态的，如将宽度定义为2像素，高度定义为99像素，画笔角度定义为70，此时鼠标在舞台中点击一下，则出现一条断断续续的虚线，它是由许多大小不规则的实心点组成的（见图2-61）。

图2-58　喷涂刷工具属性面板

图2-59　选中“随机缩放”后的效果

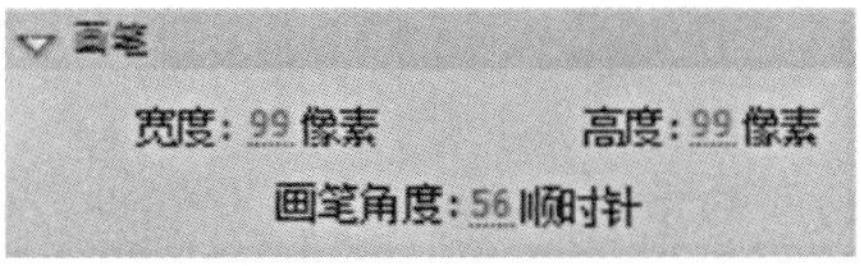

画笔
宽度：99 像素　高度：99 像素
画笔角度：56 顺时针

图2-60　画笔属性

图2-61　调整画笔属性画出的线

十、部分选取工具

部分选取工具（快捷键为A）是选择图形节点，并对节点进行编辑的工具。部分选取工具一般会与钢笔工具结合使用，用添加锚点工具与删除锚点工具来添加或删除锚点。

选中部分选取工具，点击图形边缘，图形即以节点状态显示，再次点击单个节点，即可通过拖动鼠标来调节与修改图形。由于该图形线条是刷子工具绘制的，所以其本质上是填充，修改时可以看到修改的是一个面（见图2-62）。如果编辑的是铅笔工具绘制的线条，则可直接修改整条线段（见图2-63）。

图2-62　原图、节点显示、修改节点（刷子工具绘）

图2-63　原图、修改节点（铅笔工具绘）

在调整节点的手柄方向时，调整一个手柄，另一个手柄也会随之发生变化。如果只想调整其中的一个手柄，按住Alt键，再进行调整即可。同样，按住Alt键，选中节点并拖动鼠标，还可以把直角节点转换为曲线节点（见图2-64）。手柄的长短决定弧度的大小，手柄的方向决定弧度的方向（见图2-65）。选中节点，并按住Delete键,可删除节点，图2-66为删除了五边形最上边的节点之后的形状。

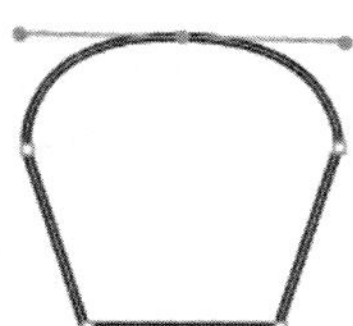

图2-64　直角节点转换为曲线节点

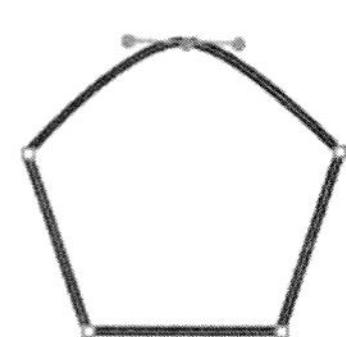

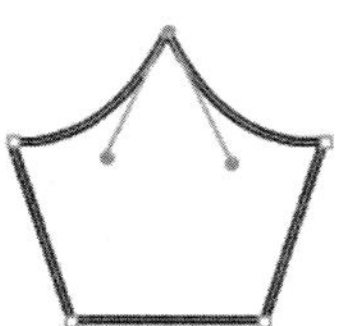

图2-65　手柄长短与方向比较

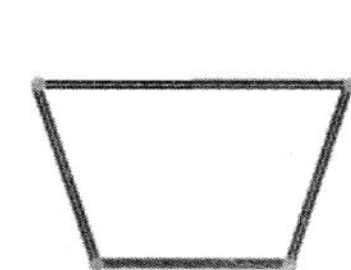

图2-66　删除节点

十一、任意变形工具

任意变形工具（快捷键为Q）是用来修改与编辑图形的工具。选择要进行任意变形的图形时，可以先使用选择工具选择，再切换到任意变形工具，也可以直接使用任意变形工具选择。选择任意变形工具后，工具条下方会出现五个相关图标，除贴紧至对象外，还有缩放、旋转与倾斜、扭曲、封套，分别代表任意变形工具的不同功能。

（1）缩放。选择任意变形工具，框选（任意变形工具的框选方法与选择工具的框选方法相同）需要变形的图形（见图2-67），图形呈现点阵状态，且四周有一个矩形选框，矩形选框上有8个小小的“实心正方形点”。点击选择工具条下方的缩放按钮，此时按住鼠标拖动其中任意一个“实心正方形点”，即可进行图形缩放。将“实心正方形点”往图形内部拖动，图形变小；将“实心正方形点”往图形外部拖动，图形变大，但图形有可能被压扁或者拉长。如果要求图形等比例缩放，则需要同时按住键盘上的Shift键，之后拖动矩形选框四角上的“实心正方形点”即可；如果按住矩形选框上一条边线中间的“实心正方形点”往另一边拖动，图形会进行水平翻转或者垂直翻转（见图2-68）。

图2-67 用任意变形工具选中的图形

图2-68 原图、压扁、拉长、等比例缩小、水平翻转

（2）旋转与倾斜，点击该图标可以对图形进行旋转与倾斜处理。

在讲解旋转功能之前，首先要介绍一下中心点。中心点为有黑色轮廓线的白色小圆，默认情况下位于矩形选框的中心位置（见图2–69）。中心点的位置可任意调整，选择中心点，拖动到合适位置即可（见图2–69）。

旋转。点击旋转与倾斜图标后，当光标移动到矩形选框四个角上的“实心正方形点”的其中一个上时，出现旋转图标，按住鼠标左键拖动即可完成旋转。旋转可达到360°，旋转时，物体绕中心点进行（见图2–70）。

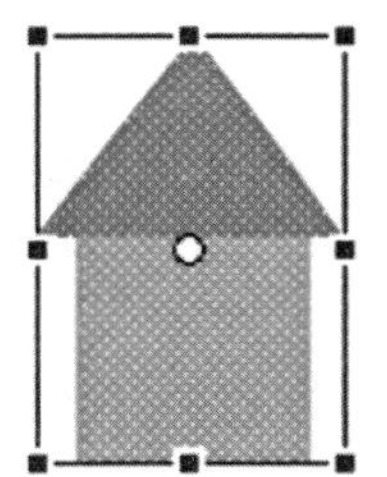

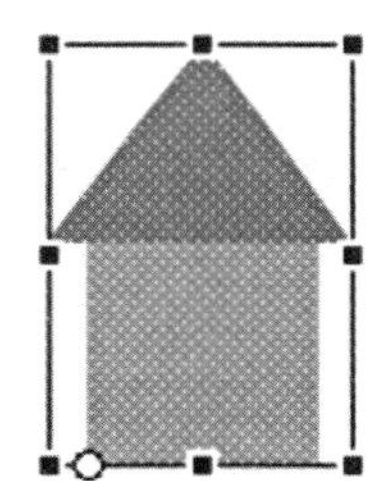

图2-69 默认情况下的中心点、拖动到左下角的中心点

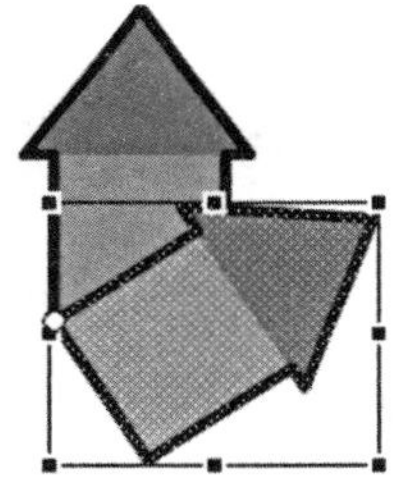

图2-70 中心点位于左下角的旋转

倾斜。点击旋转与倾斜图标后，当光标移动到矩形选框四个边线中间的“实心正方形点”的其中一个上时，出现倾斜图标，按住鼠标左键拖动即可完成倾斜（见图2–71），图2–71是通过修改矩形选框上边线中间的“实心正方形点”，向右拖动鼠标完成的。

（3）扭曲。点击该图标后可以对图形进行扭曲处理，主要是通过对矩形选框四个角上的“实心正方形点”进行拖动来改变图形形状，图2–72是通过拖动矩形选框右上角的“实心正方形点”来完成的。

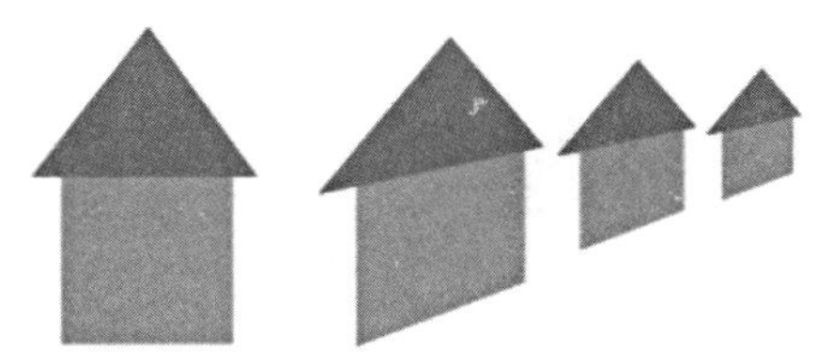

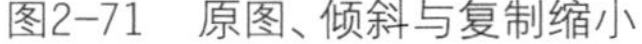

图2-71 原图、倾斜与复制缩小

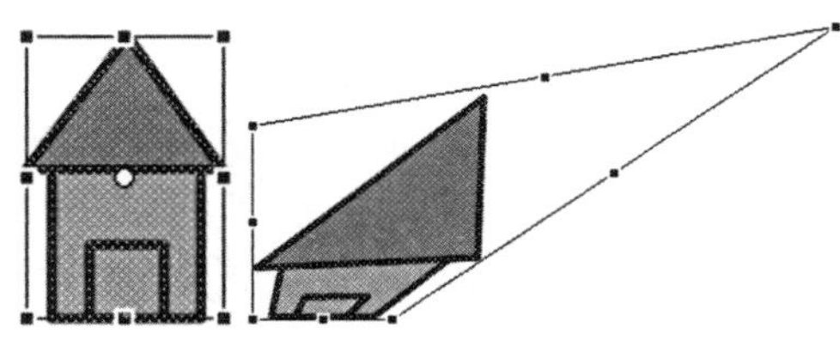

图2-72 扭曲前、后的图形对比

（4）封套。选中需要编辑的图形，点击封套图标，此时矩形选框上除了已有的8个“实心正方形点”外，又出现了16个“实心小圆点”（见图2–73）。按住鼠标左键选择这

些"实心正方形点"与"实心小圆点"中的任意一个，拖动鼠标即可对图形进行封套变形，可以逐个选择、编辑这些点，直到图形变形完成（见图2–74）。

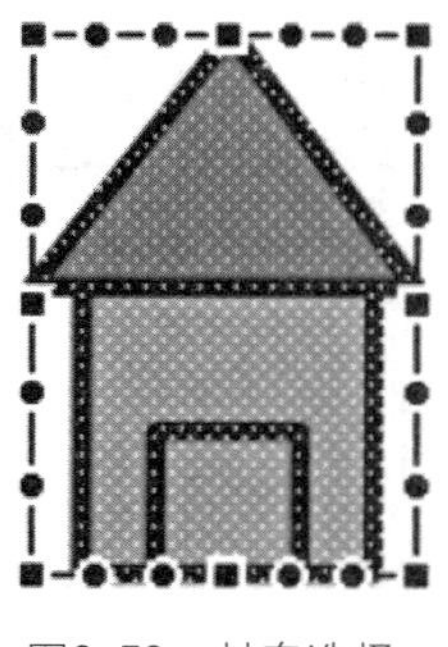

图2–73　封套选择

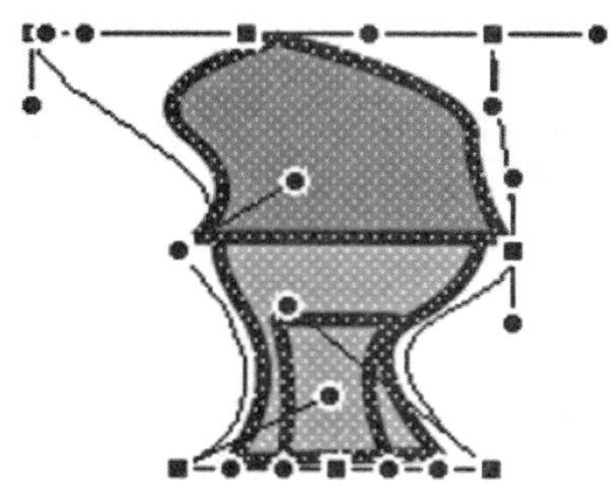

图2–74　封套编辑形状

Flash中的图片、形状、组、图形元件、影片剪辑元件、按钮元件、文字都可以进行缩放、旋转与倾斜处理，但扭曲与封套只可编辑形状，对其他元件、组等均不起作用。

十二、套索工具

套索工具（快捷键为L）是选取工具，在Flash中用得相对较少，大多用来处理外部导入的位图。选择套索工具，按住鼠标左键绘制封闭线条，便可获得封闭选区（见图2–75）。在没有任何模式限制的情况下，按住鼠标左键不放，当画出想要选中的形状后，立即松开鼠标，此时选中的图形上会出现密密麻麻的圆点，这就说明完成了选区的建立（见图2–76）。绘制选区时，如果不满意，可随时双击鼠标左键，放弃此次选区绘制。选择套索工具后，工具条下方会出现三个相关选项，分别为魔术棒、魔术棒设置与多边形模式。其中多边形模式与正常状态下的套索工具一样可以自由绘制封闭线条，完成选区的选取。不同的是，多边形模式是专门为选取多边形选区而开发的快捷方式。当我们选择这种模式时，在鼠标点选结束后，必须再次双击鼠标左键才可以建立封闭的选区（见图2–77）。

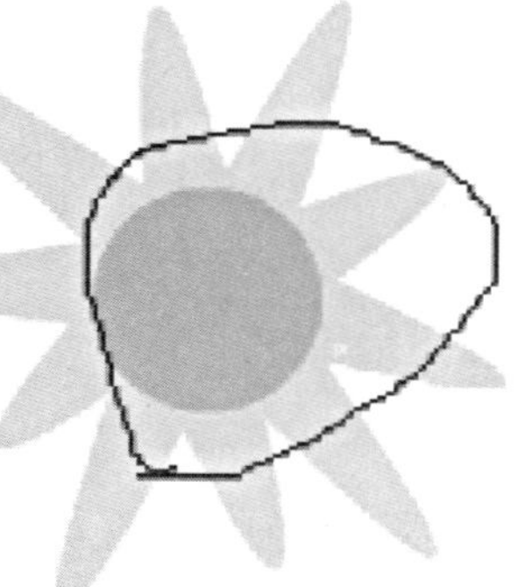

图2–75　绘制选区

图2–76　选区内的图形被选中

图2-77　用多边形模式绘制的选区

下面将使用外部导入的位图介绍魔术棒、魔术棒设置。

1. 导入位图

点击“文件”>“导入”>“导入到舞台”，在弹出的“导入”对话框（见图2-78）中选择要导入的图片，如需导入多张图片，可同时选择多张图片，此处只选择一张图片导入，然后点击右下角的“打开”按钮 打开(O) ，此时舞台上已经显示导入的图片了。

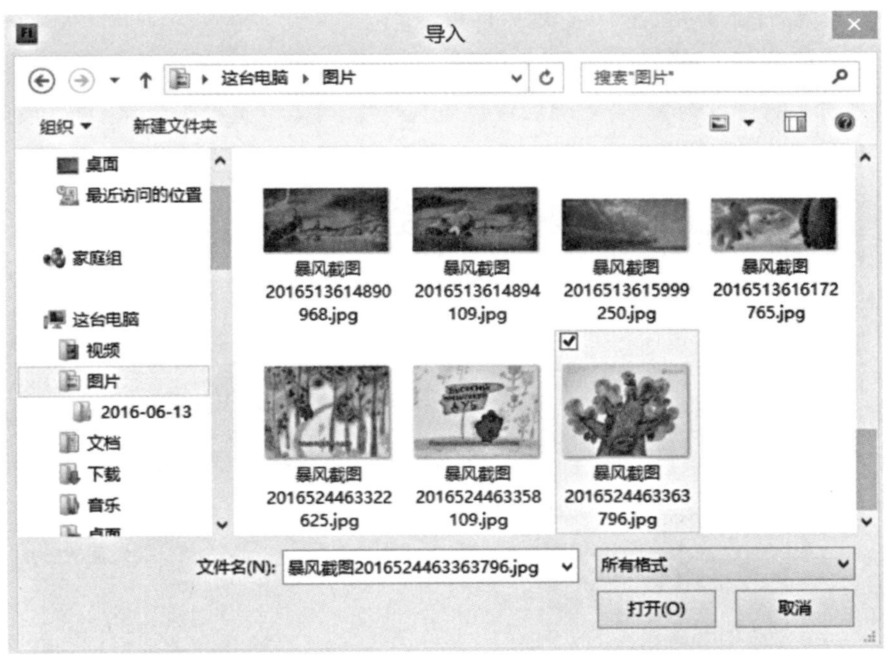

图2-78　导入对话框

2. 魔术棒、魔术棒设置

在Flash中，对铅笔工具、刷子工具或者椭圆工具等绘制的图形，魔术棒不起作用；魔术棒只对外部导入的图片起作用，且只对“打散”的图片起作用。具体使用方法为：

（1）用选择工具选择刚刚导入的、需要转换为矢量图的位图，此时图片四周呈现灰色麻点选框状态（见图2-79）。

（2）点击“修改”>“分离”（快捷键为Ctrl+B），此时整张图片呈现点阵图状态（见图2-80）。

图2-79　选择导入舞台的位图

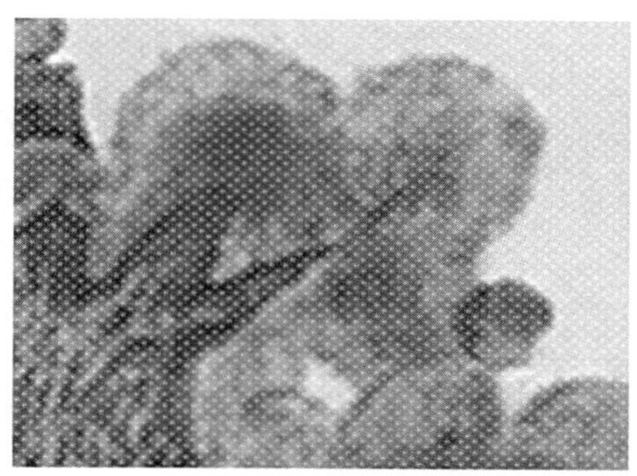

图2-80　图片被分离（局部）

（3）点击工具栏下方的魔术棒设置，在弹出的魔术棒设置对话框中（见图2-81）将阈值设置为50，此处阈值范围为0~200，数值越大，魔术棒单次点击的选择范围越大。平滑有四种模式，分别为像素、粗略、一般与平滑，此处选择一般。设置完成后，点击“确定”即可。

（4）点击选择工具栏下方的魔术棒，点击图中背景部分后背景被选中，按Delete键即可把选中的背景删除；若删除后背景还有残留，可重复选择与删除，直到最后处理完图片（见图2-82）。

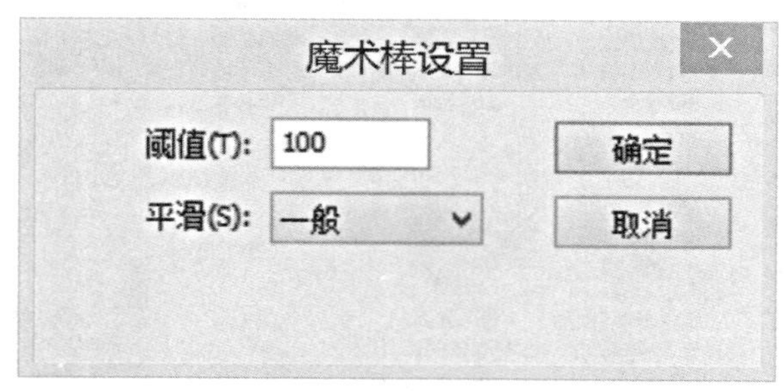

图2-81　魔术棒设置对话框

图2-82　处理后的图片

3. 位图转换为矢量图

在Flash中，除了可以用套索工具去掉位图的背景外，还有一种方法也是较为常用的，即在导入位图后，将位图转换为矢量图，配合选择工具来抠图。

具体操作步骤为：

（1）用选择工具选择需要转换为矢量图的位图,此时图片四周呈现灰色麻点选框状态（见图2-79）。

（2）点击“修改”>“位图”>“转换位图为矢量图”（见图2-83），在弹出的“转换位图为矢量图”对话框（见图2-84）中,设置颜色阈值 颜色阈值(T): 为100（见图2-85），点击“确定” 确定 按钮,此时图片已经转换为矢量图。位图转换为矢量图后，图片中的颜色会呈现块面化，且色彩没有位图丰富。其中颜色阈值决定着图片的失真程度，其值为0~500，颜色阈值的数值越大，失真程度越严重；设置数值为500时，色彩损耗最为严重（见图2-86）。

（3）我们将颜色阈值确定为100后把位图转换为矢量图（见图2-85）；然后使用选择工具，点击背景，可同时按住Shift键多选，把背景中的其他色块一起选中，然后按Delete键即可把选中的背景删除（见图2-87）。

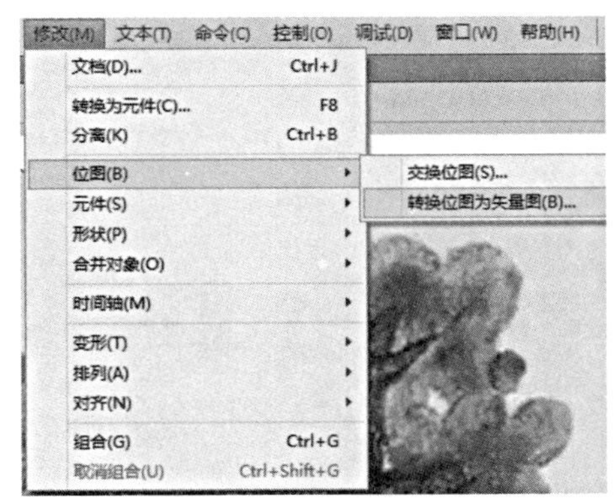

图2-83 调取转换位图为矢量图对话框

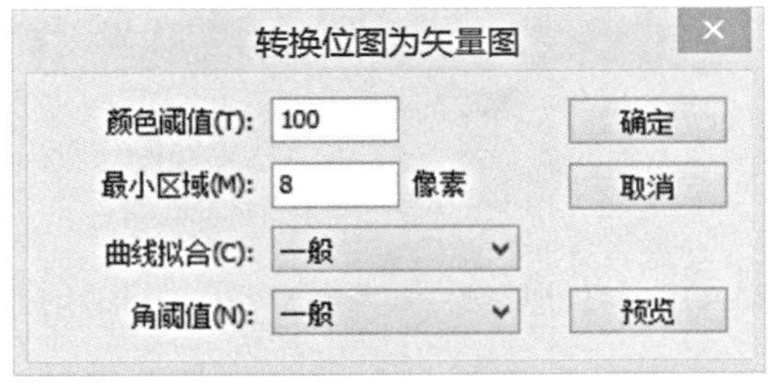

图2-84 转换位图为矢量图对话框

图2-85 颜色阈值为100

图2-86 颜色阈值为500

图2-87 删除背景

十三、文本工具 T

文本工具（快捷键为T）是Flash中用来创建文字的工具。在Flash中制作动画，我们常常需要制作片头、片尾字幕，以及对白字幕等，这些文字便可以使用文本工具创建。在文本工具的属性面板中，可以对文字的位置、字符、段落、选项与滤镜等内容进行设置与修改。

1. 属性面板中的字符属性

文字工具的字符属性主要用来设置和修改文字的字体、大小、字间距、色彩等内容（见图2–88）。我们点击系列：方正舒体后的小三角形，选中文字系列“方正舒体”，大小设置为17点，颜色设置为黑色。此时在舞台上点击鼠标，如果出现输入框和闪动的光标，就表示可以开始输入文字了（见图2–89）。需要注意的是，完成输入后，在输入框外单击鼠标，则可退出输入状态，按键盘上的Enter键可以进行换行。在Word文档或者其他工具中生成的文字，也可以通过复制，直接粘贴到Flash中。用于设置文字的上标与下标，此设置只针对多个文字中的一个或者几个，如我们选择刚刚输入的标题“虞美人”中的“人”字，点击上标按钮，“人”字相对“虞美”二字便呈现上标（如图2–90）。

字符
系列：方正舒体
样式：Regular
大小：17.0点　字母间距：0.0
颜色：☑自动调整字距
消除锯齿：可读性消除锯齿

图2–88　字符属性图

虞美人
李煜

春花秋月何时了，
往事知多少。
小楼昨夜又东风，
故国不堪回首月明中。
雕栏玉砌应犹在，
只是朱颜改。
问君能有几多愁，
恰似一江春水向东流。

图2–89　输入文字

图2–90　文字上标

注意：文字输入后，如果再想修改文字的属性，就必须选中待修改的文字。方法是：使用文本工具，点击并拖动鼠标左键选择单个文字或多个文字，之后对其属性进行修改即可。

文字工具的段落属性（见图2–91）既可以对文字的整个段落进行设置，也可以对段落中的部分文字进行设置。格式可设置段落的左对齐（见图2–89）、居中对齐、右对齐和两端对齐。间距可设置行与行之间的左右间距像素和上下间距-200.0点。数值越大，行与行之间的间距越大；数值为负数时，文字趋于重合。图2–92是数值为–20时的情况。方向主要有水平、垂直从左到右和垂直从右到左（见图2–93）。选中文字，点击方向后的小三角形，即可进行修改。

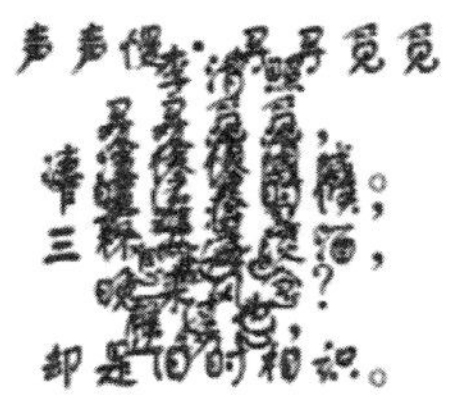

图2-92 文本重合

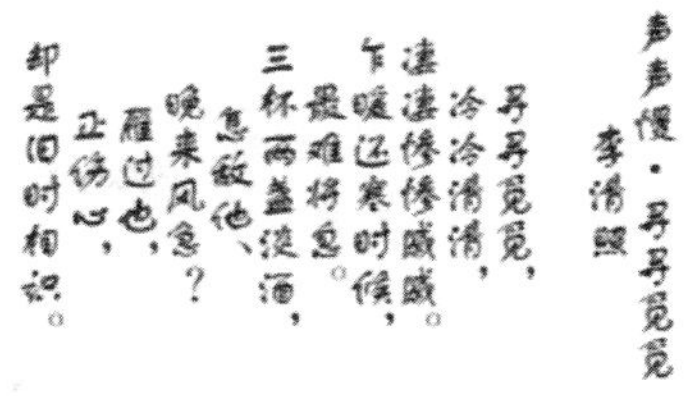

图2-93 文本方向为垂直从右到左

图2-91 段落属性

2. 属性面板中的滤镜属性

文本工具的滤镜属性（见图2–94）可以为文字添加发光、投影、模糊、斜角、渐变斜角、调整颜色等滤镜效果。下面我们为文字添加模糊滤镜效果。选中要添加滤镜的文本，点击滤镜面板左下角的“添加滤镜”按钮，在弹出的下拉菜单中（见图2–95），点击选择模糊，模糊滤镜便出现在模糊属性里（见图2–96），此时文本已经呈现模糊状态（见图2–97）。默认模糊X、Y值都为5像素 模糊 X 5像素，可对数值进行调节，数值越大，越模糊。若对所添加滤镜不满意，选中滤镜，点击“删除滤镜”按钮 即可删除。亦可对文字同时添加多种滤镜效果。

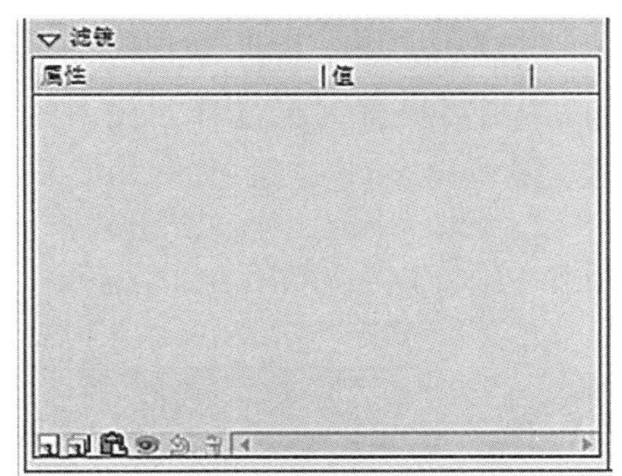

图2–94 滤镜

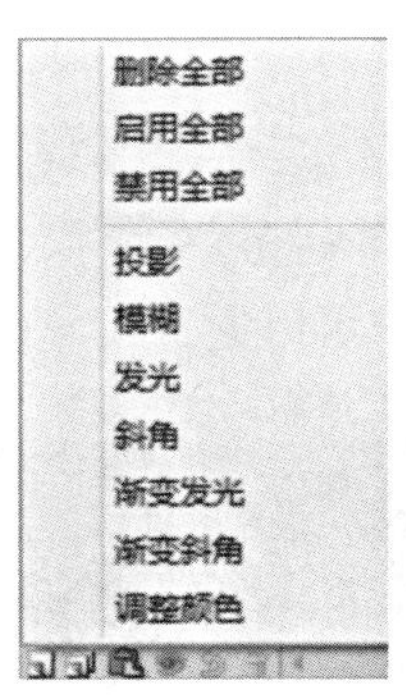

图2–95 滤镜下拉菜单

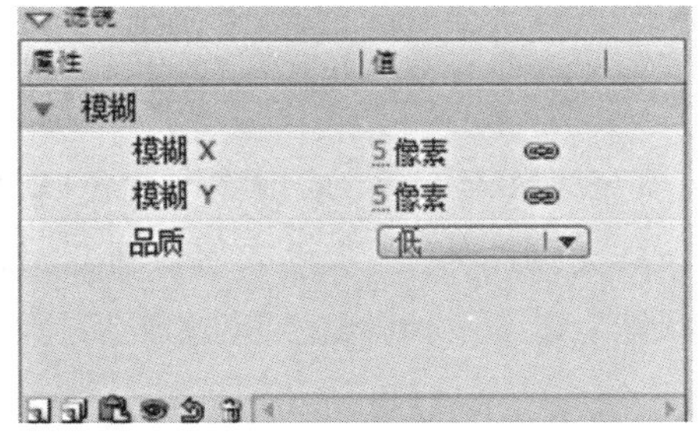

图2–96 模糊滤镜

图2–97 为文本添加模糊滤镜

Flash自带的文字样式有限，往往不能满足我们制作动画的需求，这时我们除了自己用绘图工具设计文字以外，还可以用一种更快捷的方式获得合适的、有特色的字体。方法是在网上查找并下载合适的字体，下载之后直接安装在电脑中即可。安装后的新字体便会出现在Flash的字体系列中，我们点开字体系列后的小三角形就可以找到并使用它了。

十四、颜料桶工具

颜料桶工具（快捷键为K）最常用的功能是给图形填充颜色。选中颜料桶工具，在其属性面板中，只有颜色选项，点击后的按钮，在弹出的色彩面板（见图2-98）中，选中合适的颜色，点击要填充颜色的区域，即可完成颜色的填充。另一功能是修改所填充的颜色，方法是选中合适的颜色，点击要修改颜色的区域，即可完成颜色的修改。

有时我们绘制的图形填充不上色彩，这大多是由于线段没有闭合（见图2-99）。此时我们需要配合使用工具条下方的空隙大小选项，点击空隙大小选项右下角的小三角形，展开其下拉条（见图2-100）。默认为不封闭空隙，此时我们可以根据实际情况来选择模式。首先判断一下图形边线空隙的大小，当图形连线的空隙非常小时，可以选择封闭小空隙 封闭小空隙 模式；如果空隙明显，则可根据情况选择封闭中等空隙 封闭中等空隙 模式和封闭大空隙 封闭大空隙 模式。对于空隙“大”“中”“小”的判断，可以通过反复的练习而逐渐熟练起来。

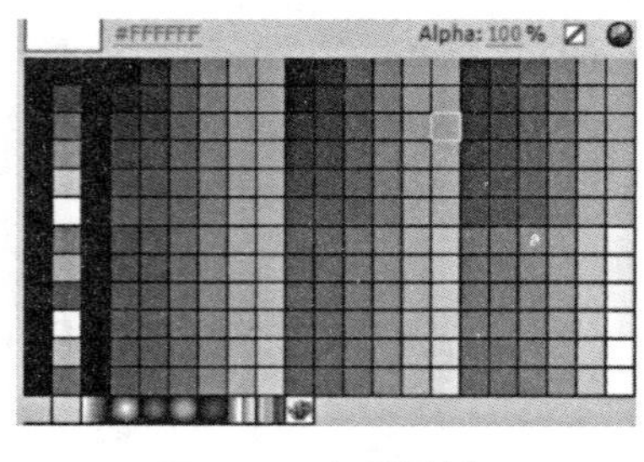

图2-98　色彩面板

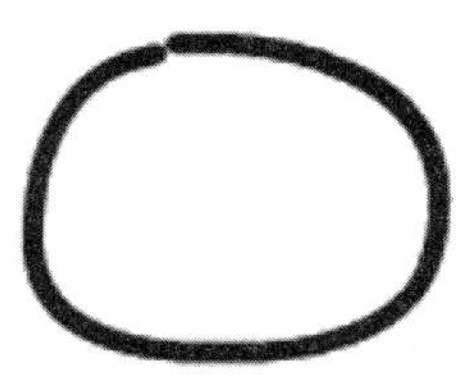
图2-99　有空隙原图

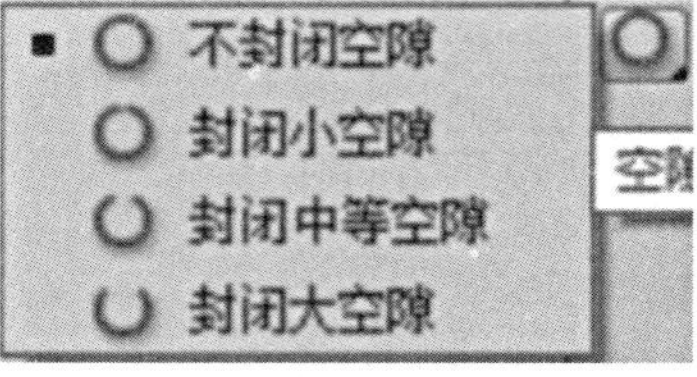

图2-100　空隙大小下拉条

颜料桶工具除了可以填充纯色外，还可以填充线性渐变色、放射状渐变色以及位图。色彩面板（见图2-98）中最下面一排分别是灰度线性渐变、灰色放射状渐变、红色放射状渐变、绿色系放射状渐变、蓝色系放射状渐变以及两种彩虹色渐变，最后是位图（只有Flash中已导入位图，此处才会显示）。选择相应的选项就可以进行填充。

工具条下方的锁定填充按钮只对渐变填充和位图填充起作用，我们以彩虹渐变填充为例对三个圆形进行填充。关闭锁定填充按钮进行填充，三个圆相对独立（见图2-101）；开启锁定填充按钮进行填充，此时三个圆的色彩相对统一（见图2-102）。如果发现点击锁定填充按钮后的填充效果并不尽如人意，我们可以结合渐变变形工具进行调整，接下来就介绍一下渐变变形工具。

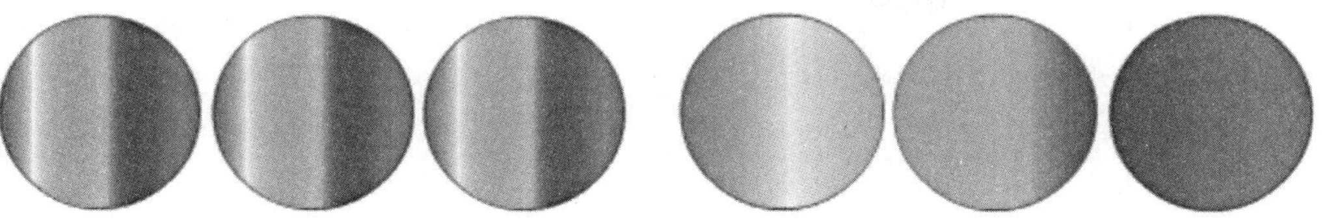

图2-101　取消锁定填充状态　　图2-102　点击锁定填充按钮

十五、渐变变形工具

点击任意变形工具右下角的小三角形，在展开的工具条中（见图2-103）即可选择渐变变形工具（快捷键为F），此工具只对色彩的径向渐变填充、放射状渐变填充与位图填充起作用。下面我们以绘制天空为例进行讲解。

（1）用矩形工具绘制矩形。笔触颜色选为（此处不需要笔触色彩），填充颜色选择为，在舞台上拖动鼠标，绘制矩形（见图2-104）。

（2）修改图形的渐变方向。此时，色彩的渐变方向是错误的，我们需要借助渐变变形工具进行修改。选中渐变变形工具并点击图形，此时图形上出现了几处符号（见图2-105）。右上角带箭头的圆形可360°调整渐变方向；点击并按住鼠标左键，向左下旋转图形90°（见图2-106）。

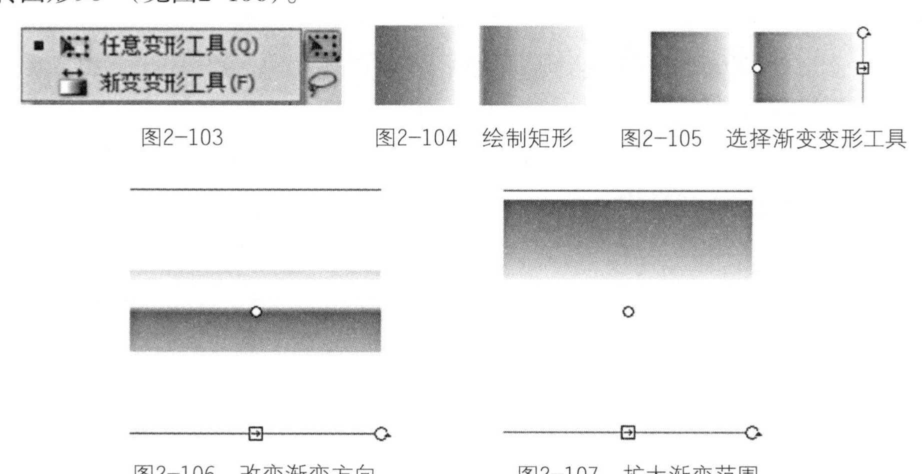

图2-103　图2-104　绘制矩形　图2-105　选择渐变变形工具

图2-106　改变渐变方向　图2-107　扩大渐变范围

（3）修改图形的渐变范围。可向图形内外拖动蓝色线段中间的小正方形符号以调整渐变的范围。图形中间的小圆点代表渐变的中心点，点击渐变中心点并按住鼠标左键，向下移动中心点（见图2-107），完成蓝天的绘制。

十六、墨水瓶工具

点击颜料桶工具右下角的小三角形，在展开的工具条中即可选择墨水瓶工具（快捷键为S）。墨水瓶工具是与笔触密切相关的工具，其属性面板中只有笔触的属性。其作用主要有两种：

（1）为没有边线笔触的图形添加笔触。设置好笔触属性，点击图形边缘，即可为其添加边线笔触（见图2-108）。

（2）改变图形的笔触属性。点击笔触，即可修改（见图2-109）。

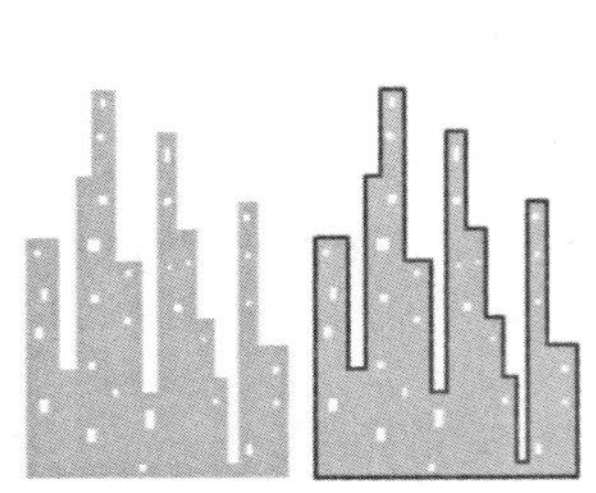

图2-108　添加笔触

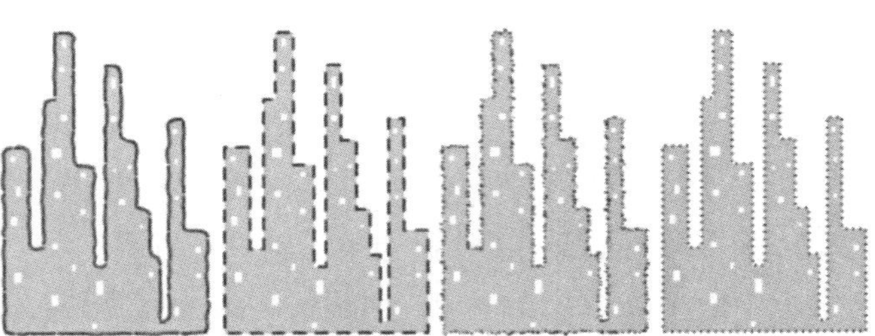

图2-109　修改笔触

十七、缩放工具

缩放工具（快捷键为M）用于观察图形的整体或者细节。单击缩放工具，在工具条下方会出现2种模式，即放大和缩小，选择其中一种后再次点击舞台时，即可对视图进行缩放。

小窍门：在绘图时，若想对某处进行放大处理，可直接用缩放工具的放大工具框选该处，框选区域会放大到与舞台等大。图2-110、图2-111为框选左上角建筑中最高处的两扇窗子。

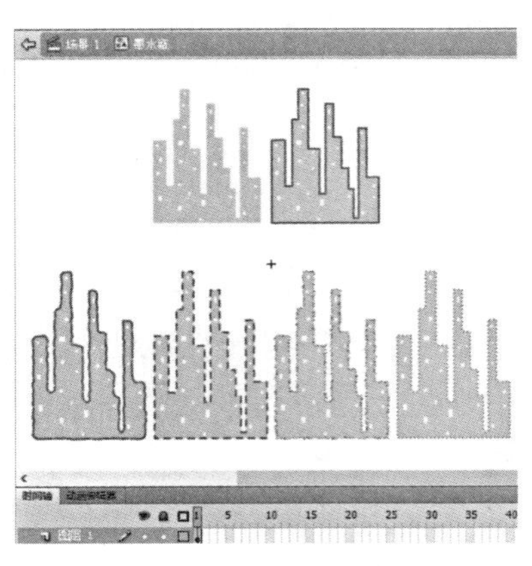

图2-110　放大之前

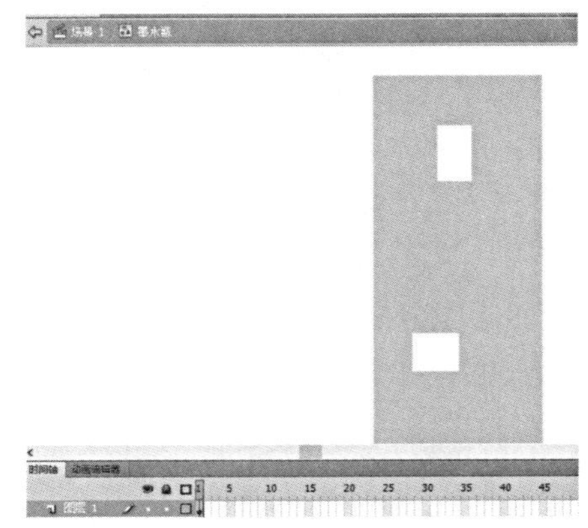

图2-111　放大之后

十八、手形工具

手形工具（快捷键为H）为查看工具，较为广泛的用法是同时与其他工具一起使用。例如，当视图放大到足够大，使用画笔为其添加花纹时，无法看到全部的图形，此时可按住键盘上的空格键，暂时调出手形工具，同时按住鼠标左键移动图形到合适的位置。松开空格键，无须切换工具，可直接继续使用画笔工具绘制。

小窍门：在图像过大或过小的情况下，双击工具条中的手形工具，可将图像调整为适合屏幕的大小。

十九、橡皮擦工具

橡皮擦工具（快捷键为E）仅可以擦除已经绘制的形状，对组、元件、对象不起作用。选择橡皮擦工具后，工具条下方会出现2项设置内容，分别为橡皮擦模式与橡皮擦形状，可逐项进行设置。橡皮擦形状可以用来设定橡皮擦的擦除形状与大小，有方形与圆形2种形状，每种形状又有5种大小（见图2–112）。橡皮擦模式有5种不同的擦除模式，（见图2–113、图2–115）。

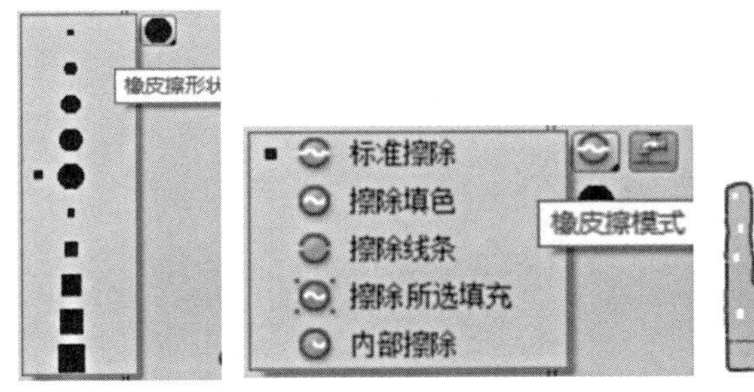

图2–112　笔刷的形状选项　　图2–113　擦除模式选项

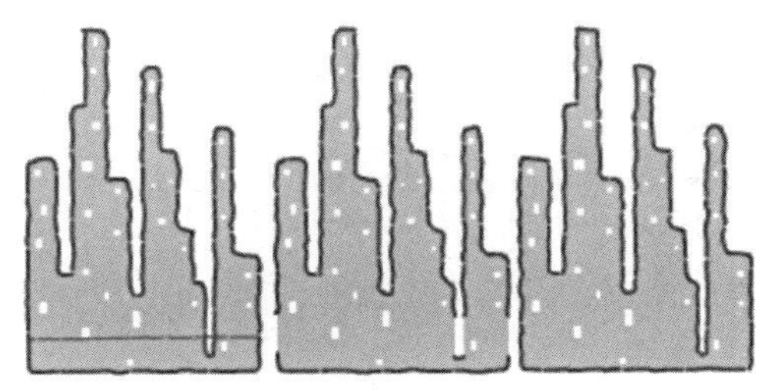

图2–114　原图、橡皮擦擦除、水龙头擦除

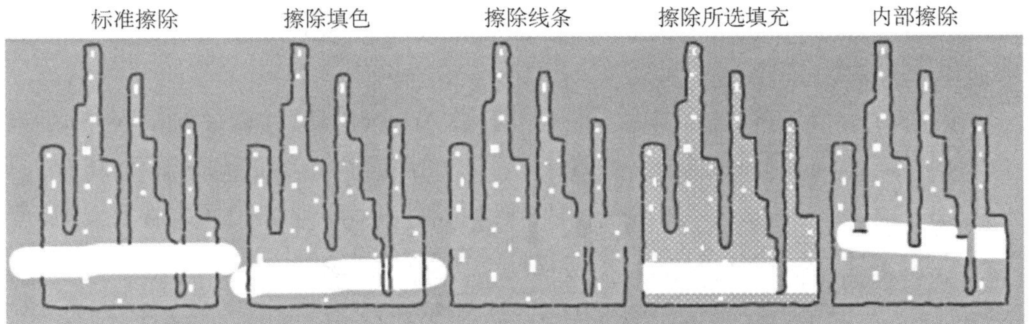

图2–115　橡皮擦工具5种模式的擦除效果

水龙头工具，其擦除方式是对一段线段或者色块进行擦除，擦除过程中不会影响到其他线段或者色块。选择水龙头工具，对要擦除线条、色块进行点击，即可完成擦除。在图2-114中，如果用橡皮擦工具的擦除线条模式对图中红色线段进行擦除，会擦除掉部分黑色线条，只有用水龙头工具才可完成红色线段的擦除。

二十、骨骼工具

使用骨骼工具（快捷键为X）可以为形状或者元件直接添加骨骼，从而制作骨骼动画，此处以第二章文件夹>2.2>实例1>骨骼动画.fla为例，来讲解骨骼工具的使用方法。

（1）按快捷键Ctrl+N新建文档，在弹出的新建文档对话框中选择 Flash 文件(ActionScript 3.0)，骨骼工具只支持ActionScript3.0。

（2）用刷子工具分层绘制小人，注意不运动的部分与将要运动的手臂分两层绘制（见图2-116）。

（3）为方便加骨骼时看清手臂端点，可先隐藏其他图层；为比较小的形状添加骨骼，可先用缩放工具把形状框选后放大到最大。选择骨骼工具，把鼠标移动到肩头位置，点击并按住鼠标左键拖拉到肘关节处，松开鼠标，便成功添加了一节骨骼。若继续添加，点击肘关节的圆心处往手关节处拖拉鼠标便可成功添加骨骼（见图2-117）。

图2-116　分图层、身体图层内容 、手臂图层内容　　　图2-117　添加骨骼（1）

（4）此时图层已经发生变化，“挠痒痒手臂”层成为空图层，同时多了一个“骨架-1”层，可把空图层删掉（见图2-118）。

（5）在“身体”层的85帧处，点击鼠标左键，选中该帧，同时按键盘上的F5快捷键，插入帧。在“骨架-1”层的85帧处，点击鼠标右键，在弹出的下拉条中选择“插入姿势”，以插入姿势。姿势类似于关键帧，用菱形实心黑点表示。

（6）在“骨架-1”层的30帧处，插入姿势，使用选择工具，用鼠标点击手臂的手腕处节点并将其拖动到小人的脸上（见图2-119）。分别在“骨架-1”层的16、38、46、55、67帧处，插入姿势，并使用选择工具调整骨骼位置。可结合使用绘图纸外观（即洋葱皮）来调整动作（见图2-120）。

图2-118　添加骨骼图层变化图

图2-119　添加骨骼（2）　　图2-120　洋葱皮显示

第三节　时间轴

时间轴是Flash进行动画创作的核心组件，时间轴面板由左右两部分组成，左边为图层管理区域，右边为时间管理区域时间轴。图层知识将在下一节讲解，本节重点讲解时间轴。时间轴由帧、播放头、帧标尺、帧视图按钮、绘图纸外观（也被称作洋葱皮）、帧速率、当前帧等组成（见图2-121）。

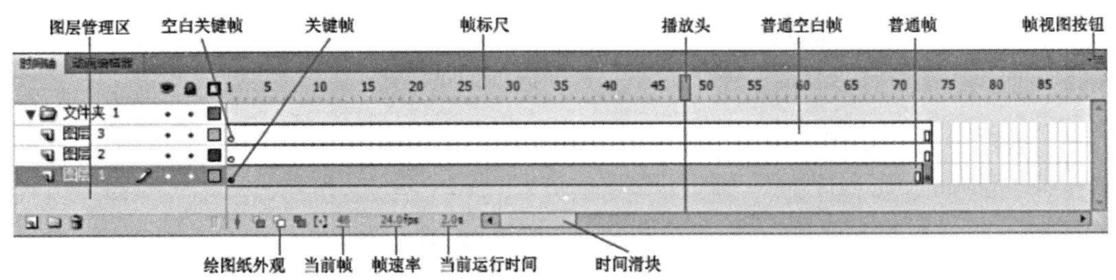

图2-121　时间轴面板

一、帧

帧有四种类型，分别为关键帧、空白关键帧、普通帧、普通空白帧（见图2-121）。

关键帧。在帧上显示为实心小圆点，在传统动画中每一帧的动画变化在Flash中将显示为一个关键帧。

空白关键帧。在帧上显示为空心小圆点，表示此帧为关键帧，但此帧上没有任何内容。如在此帧上绘制内容，空白关键帧将变为关键帧。

普通帧。一般显示为灰色，表示此帧上的内容与前面关键帧上的内容相同。若有形状补间动画，则显示为浅绿色；若有动作补间动画，则显示为浅蓝色。

普通空白帧。显示为白色，表示此帧上没有任何内容。

二、帧速率

帧速率决定了将要制作的动画一秒钟有多少帧画面。一般需要根据具体需求进行设置，如在电视上播放的动画片，采用PAL制，每秒25帧；在网络上播放的动画，可设置为12帧/秒。设置方法为双击“帧速率”按钮 24.0fps ，在弹出的输入框中直接输入数字即可。

三、播放头、当前帧、当前运行时间

播放头放置在哪个帧上，便决定了舞台上显示的内容为哪一帧。鼠标左键选中播放头可左右滑动，以便预览不同帧上的内容。同时播放头放置的位置决定当前帧与当前运行时间的显示内容，当播放头放置在第48帧时，当前帧显示为“48”，当前运行时间显示为“2.0s”,即2秒。

第四节　Flash 的图层

时间轴面板的左边部分为图层管理区域（见图2–121），在此区域中可以创建与编辑各种不同类型的图层，并对它们进行管理。“层”类似于传统动画中的透明赛璐珞片，场景、角色、声音等动画创作中的各种内容需放置在不同的层上。

一、创建并编辑图层

在新建Flash文件中，默认状态下，只有一个名称为“图层1”的图层（见图2–122）。

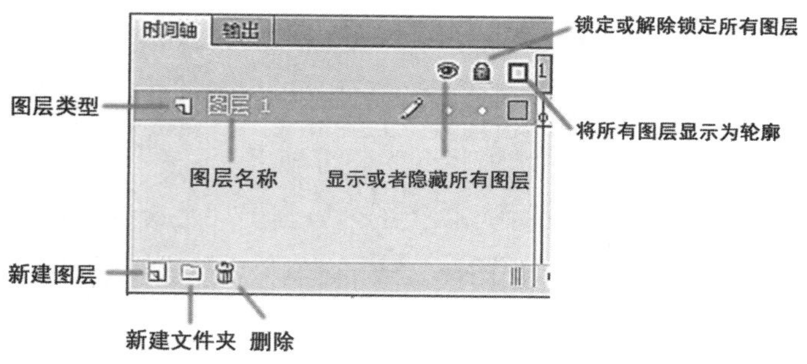

图2–122　图层管理区

单击新建图层按钮 一次，即可创建一个图层。连续点击新建图层按钮 ，即可依次创建名称为“图层2”“图层3”“图层4”的图层。双击图层名称，即可修改图层的名称。点击图层，图层颜色由灰变蓝，则表示该图层被选中，点击“删除”按钮 ，即可删除该图层。

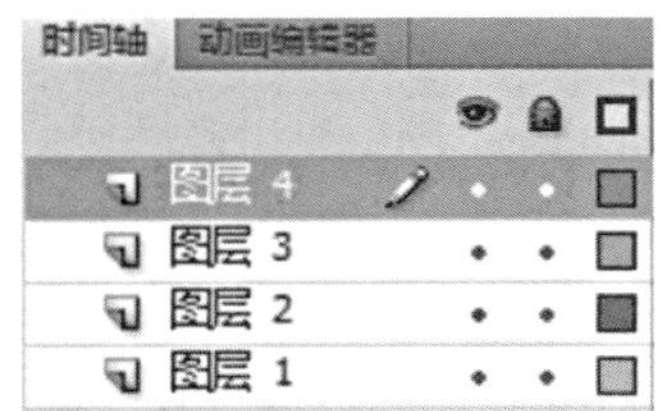

图2-123　调整层位置第一步

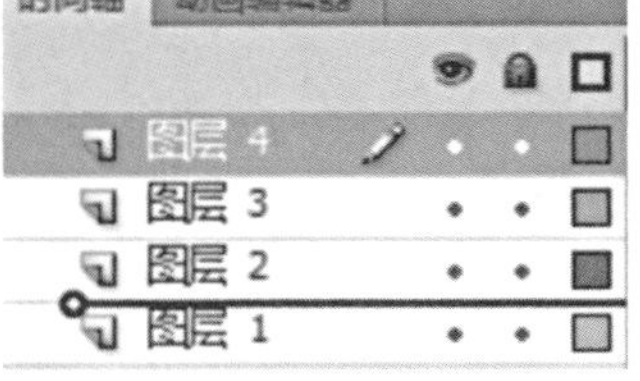

图2-124　调整层位置第二步

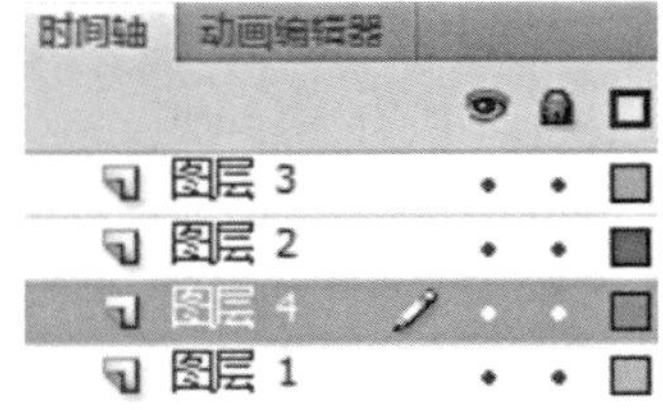

图2-125　调整层位置第三步

上面图层的内容会遮住下面图层的内容，如图层位置出现错误，可按住鼠标选中该层并拖动鼠标（见图2-123），之后会出现一条一端为空心圆的黑色横线，将其拖动到合适的位置（见图2-124），释放鼠标即可（见图2-125）。

二、图层里的文件夹

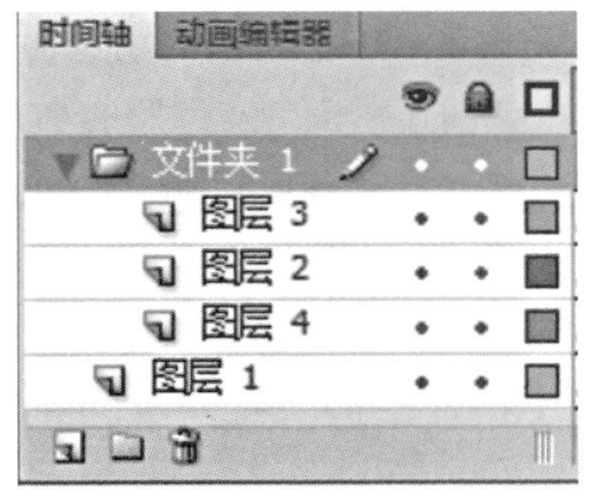

图2-126　展开文件夹

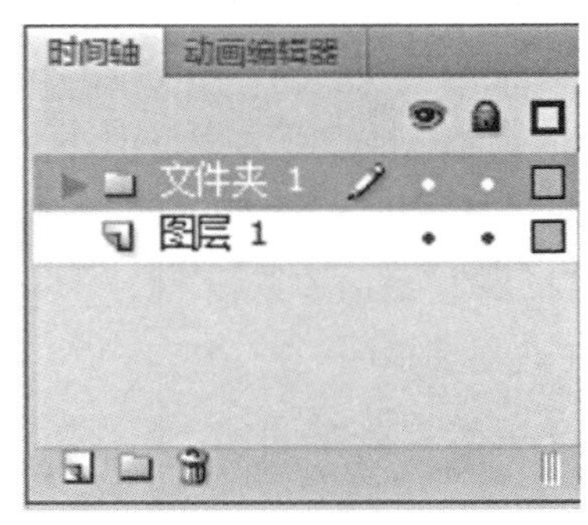

图 2-127　折叠文件夹

文件夹便于管理图层。在制作动画时，往往一个Flash文件中会有几十个甚至上百个图层，这时就需要使用文件夹以化繁为简。单击“新建文件夹”按钮 ，即可创建一个文件夹，多次点击可创建多个文件夹。文件夹名称可双击修改。如何将图层放到文件夹中呢？方法是拖动相应图层到文件夹里，拖动方式与调整图层位置类似。拖动“图层3”“图层2”“图层4”到“文件夹1”里（见图2-126）。点击文件夹前的小三角形，可折叠文件夹（见图2-127）或者展开文件夹（见图2-126）。选中文件夹，当文件夹呈现蓝色，点击“删除”按钮 ，在弹出的删除文件夹对话框中，点击“是”按钮，即可删除该文

件夹以及文件夹中的所有图层。

三、图层的隐藏、锁定与轮廓显示

图层右上角的三个按钮是图层操作中经常会用到的。

显示或隐藏所有图层按钮：单击此按钮，所有图层的内容会被隐藏；再次单击此按钮，所有图层的内容会被显示。如果只想隐藏某个图层的内容，则应单击该图层后面第一个实心黑色圆点（见图2-128）。

隐藏或者显示该图层内容　锁定或者解锁该图层内容
图层 2　单击轮廓显示、双击调出该图层属性对话框

图 2-128　三个按钮所代表的模式

锁定或解除锁定按钮：单击此按钮，所有图层的内容会被锁定，不能对图层上的内容进行编辑；再次单击此按钮，所有图层的内容会被解锁。如果只想锁定某个图层的内容，则单击该图层后面的第二个实心黑色圆点（见图2-128）。一般图层编辑完成后可锁定，以免在操作后面的其他图层时，对该图层造成误操作。

将所有图层显示为轮廓按钮：单击此按钮，所有图层的内容将以轮廓线的形式显示。如果只想显示某个图层，则单击该图层后面的有色彩的小方块（见图2-126），该层显示的轮廓线的颜色便是色块的颜色。不同的层，默认颜色也不同。

双击“图层2”后面的按钮，即可弹出“图层2”的图层属性对话框。具体的细节内容也可在此对话框中进行调整。

第五节　使用库面板

制作一部动画片，往往需要很多不同类型的素材与元件，素材是外部导入的声音、图片、视频等内容，元件则是Flash制作出来的，后面的章节会对元件进行详细讲解。这些制作动画所需要的所有素材与元件全部存储在Flash的库面板里，方便创作者随时或者多次管理与调用。

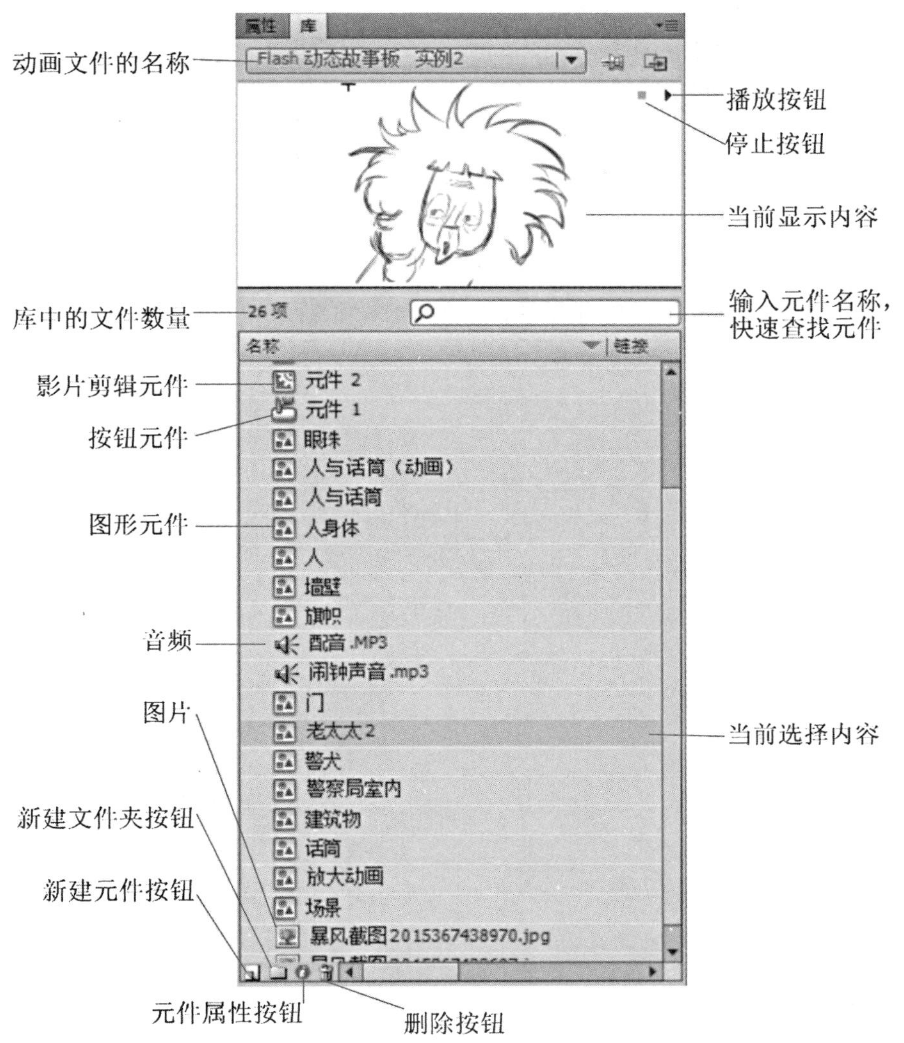

图 2-129　库面板

选择菜单栏中“窗口”>“库”命令（快捷键为Ctrl+l），即可调出库面板（见图2-129）。若在Flash中同时打开多个动画文件，点击库中动画文件名称后的小三角形 Flash 动态故事板 实例1 可调出其他动画文件的库，并可自由使用其他动画文件库中的元件。只有包含多帧内容的元件才会显示播放按钮与停止按钮。库中的新建文件夹功能与删除功能同图层中的相同，此处不再讲解。

拓展阅读小贴士

软件是创作工具，对初学者来说，学习Flash CS4的过程应是便捷和轻松的。如果对更高版本的动画呈现效果感兴趣，可以按照动画创作流程，同时结合其他Flash版本的学习，根据个人的使用习惯，最终选择一个得心应手的创作工具。

思考与练习题

熟悉Flash CS4操作窗口；了解每个工具的功能和作用；创建一个完整的动画工作区，为绘制角色、动态分镜和场景做准备。

第三章 创造有生命力的角色

——角色设定

本章知识点

比例感；UPA动画；色彩差异感；表情设计；口型设计

学习目标

了解UPA动画对Flash动画角色的审美影响；掌握角色设计的造型元素；了解原件库的制作方法

如果有人问你，对小时候看过的动画片，印象最深的是哪一部，你很可能说不出动画片的名字，却会第一时间在大脑中浮现出那部动画片中的角色，甚至脱口而出这个角色的名字。如果电影中的角色是导演根据剧本中的人物形象千挑万选出来的，那么动画角色则是导演发挥想象力设计和创造出来的。本章主要介绍现行Flash动画角色风格以及动画制作开始之前如何设计包含角色在内的一些原件库。

第一节　选择角色风格

在西方美学史上，最早研究美学的是毕达哥拉斯学派。他们说，美在于“各部分之间的对称”和“适当的比例”，艺术作品的成功“要依靠许多数的关系”。对所有形式的艺术设计来说，在整个设计过程中，其创作都离不开对事物整体与具体细节的有效把握。这种有效性控制归根结底就是对比例的具体运用。

一、比例感

设计Flash动画中的角色时，需要根据影片风格（写实风格或夸张风格，平面化或符号化风格）来确定角色的比例。北京其欣然数码科技有限公司出品的动画情景喜剧《快乐东西》（见图3-1）描述了中国北京胡同中的一对孪生兄妹的家庭生活。人物个性鲜明，生活气息浓郁，内容传统、简单、生活化，语言诙谐幽默却又不失哲理。角色虽然是平面化的，但是在比例设计上偏向写实风格，更贴近生活。比如主角小西，不是长腿细腰、芭比娃娃一样的美女，而是肿眼泡、衣着单调还有点胖的普通女孩，这很符合故事发生的地点——北京胡同。中国式的人物造型与中国式的绘画风格、中国式的都市情节一同勾画出了其独有的中国特色。因此，该片也成了各年龄阶段观众放松时观看的动画片。家庭故事主题贴近生活，该片是中国动画片里极少数接地气的好作品。

图3-1　《快乐东西》角色图

上海卡通派制作的《快乐心心》（见图3–2）是中国首部以儿童社会情绪发展为主旨，以提升儿童教育为目的的原创动画片，是一部针对3—6岁学龄前儿童成长需要设计的寓教于乐的动画系列片。所以，片中的主角心心、跳跳、小乌龟、捣捣、朵朵均属于可爱的Q版风格，头大大的、圆圆的，小手小脚更是像婴儿一般肥嘟嘟的，十分呆萌，符合学龄前儿童这个受众群的审美。

图3–2　《快乐心心》

二、色彩差异

动画是一种视听艺术，色彩在视觉要素中占有很重要的地位，决定了整部作品的色彩氛围和情感基调。这也是我们在创作之初设计气氛图的原因。角色的颜色设计对动画片的环境关系和气氛营造有重要的作用。色彩不同，表现出来的角色特点不同，传达给观众的情绪也不同。因此，在实际的设计中，设计者需要结合角色的特点，对角色的定位以及整个片子的风格进行设计，这样设计出来的角色才会符合大众的审美，获得观众的认同。在动画角色设计中，设计者应该掌握一些表达角色情绪的颜色，例如，红色代表活泼、积极、恐怖、警示；橙色代表温暖、亲切、朝气、辉煌、华丽等。

动画片《飞天小女警》（见图3–3）描绘了三位具有神奇力量的小女警成为罪恶克星，与反派战斗、拯救世界的故事。我们来看看三位女英雄的用色：扎着蝴蝶结的花花（红色、黄色）、情绪化的泡泡（黄色、蓝色）和有点假小子气的毛毛（绿色）。设计者大胆地使用高纯度的颜色，让观众第一眼就能感觉到她们的正义感和热情。

图3-3 《飞天小女警》主角

动画片《小马宝莉》(见图3-4)讲述的是独角兽小马和她的几个小马朋友一起在小马镇学习友谊魔法的故事，小马们多用粉蓝、粉紫、粉红色，具有典型的魔幻风格又不失可爱。

图3-4 《小马宝莉》角色合集

都市情感剧《泡芙小姐》(见图3-5)描绘的是中国快节奏的都市生活以及身为都市新女性的主角泡芙小姐的故事。颜色设定性感、妩媚，颇为女性化。

图3-5 《泡芙小姐》剧照

《地铁大逃杀》（见图3-6）是一部惊悚动画片，片中的角色从老人到孩童、从女性到男性，都是不同的灰色调，让人觉得不寒而栗。

图3-6 《地铁大逃杀》剧照

三、有限动画风格

现在的Flash动画造型风格倾向于扁平化（也贴合设计风格），这是因为深受有限动画的影响。

有限动画是20世纪50年代由美国UPA公司首推的一种创作观念,即简化造型设计、减少中间画数量的有限制的动画形式，其发端于质疑乃至反对大规模的动画创作模式、支持以小型工作室和个人艺术家为核心的动画艺术创作。它主要以低成本制作为基础,逐渐形成了自己的技术手法和运行模式,并培养了一批具有独特观念的艺术创作者。与此同时,有限动画的精神逐渐向全世界渗透,被更多的艺术团体接受并推崇。虽然UPA公司最终因资金问题被迫解散,但是有限动画的精神与态度被更多的艺术家采用并实践。 20世纪90年代,数字技术全面发展,也带动了动画创作的全面数字化。

国内动画专业学生人手一册的《动画师生存手册》里其实提到过有限动画，虽然威廉姆斯是带半批评的口吻的，但是概括得十分到位，中译本是这么写的：“人们认为UPA比迪士尼图像更复杂，他们的动画更有‘节制’，而不像迪士尼那么现实主义。”UPA的动画角色设计高度概括、几何化，用现在时髦的话来讲，就是“扁平化”。 UPA最主要的作品就是*Mr.Magoo*（《脱线先生》）（见图3-7）和*Gerald McBoing Boing*（《砰砰杰瑞德》）。

图3-7　《脱线先生》

再来看UPA动画的主要特征：

采用一拍二限帧动画；

各部件分层动画；

采用大量静止的或只有小部分活动的画面；

使用循环动画，素材反复使用；

简化动作，甚至带欺骗性地减少动作；

扁平化（也贴合设计风格），包括减少有透视的场景和有透视的动作。

以上这些特征与Flash动画的技术特征有许多相似之处。

Flash是一个矢量绘画工具，很难处理过于随意和复杂的颜色过渡，因此在设计上更倾向于扁平化。Flash动画的特点之一就是“原件动画”（用Flash画手绘动画是另外一回事了），其核心就是反复利用，用拉升、变形、移动替代实际动作过程和较少的新增造型。很多书都认为元件动画是剪纸动画在电脑上的延伸，其中最著名的应该是《南方公园》（见图3-8），它早期的确是剪纸动画作品，就像UPA风格动画在电脑动画时代的延伸。

Flash最早是作为交互设计软件存在的，它的很多设计理念都来源于平面设计，比如UI、Motion Graphics图形，这些都跟UPA的设计理念相符。《德克斯特实验室》（见图3-9）、《飞天小女警》（见图3-10）等就是比较成功的UPA风格的动画片。

图3-8　《南方公园》剧照

图3-9　《德克斯特实验室》剧照

图3-10　《飞天小女警》剧照

第二节　确立角色

动画角色的形象设计是动画片创作的重要内容。因此，设计形象时一定要准确定位，深入挖掘角色的个性，进行全方位的设计。动画角色的形象是运用美术的造型技法和手段创造出来的，是可以产生动作和表现生命的模型，包括立体的木偶形象、平面的绘画形象和剪纸形象以及电脑生成的二维或三维的形象等。它们是动画片的演员，可以传达感情和意义，能够推动剧情的发展，具有性格特征和人格魅力。

在了解Flash动画中的角色设计的风格和用色之后，我们就要开始绘制角色了。与其他的动画类别一样，设计之前首先要明确角色的特征，在此基础上寻找和发现形象设计的原始素材，经过反复筛选与提炼，然后开始设计形象。运用造型艺术手段描绘出形象的草图或轮廓图，之后进行反复的修改和加工，最后设计出动画角色的形象。比如原创动力在启动《七色战记》这个项目时，前期就画了大量的概念图（见图3–11）。画概念图是策划一个新项目最重要的过程，而整体风格往往就是通过对这些概念图不断取舍改进得出的。对前期概念图的设定进行过多次修改后，才提炼出《七色战记》现在的风格（见图3–12）。

图3–11　《七色战记》概念草图

图3-12 《七色战记》角色图

图3-13是学生做的动画短片《夜场》的角色设计概念图。创作者根据宿舍同学的形象设定了六个造型、色彩各异的角色。考虑到之后的角色动作与表演，对四肢的比例、五官造型、头发细节等方面进行了调整和修改，使之更符合Flash动画的角色特征，最后绘制了颜色定稿（见图3-14）。

图3-15也是学生作品中的角色之一，是一个美式风格的小女孩，从头发颜色、五官的造型到服饰设计（包括身材比例），都符合美式风格的需要，平面化的造型也很符合Flash动画的角色特征，创作者还根据镜头的需要绘制了标准的三视图。三视图，还有后面章节将要提到的表情设计、口型设计和动作设计等都属于在正式的动画制作开始之前做的角色库和基本动作库。

图3-13《夜场》角色设计概念图

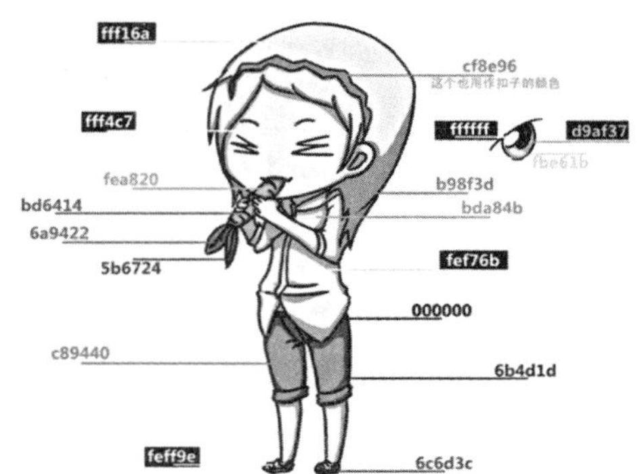

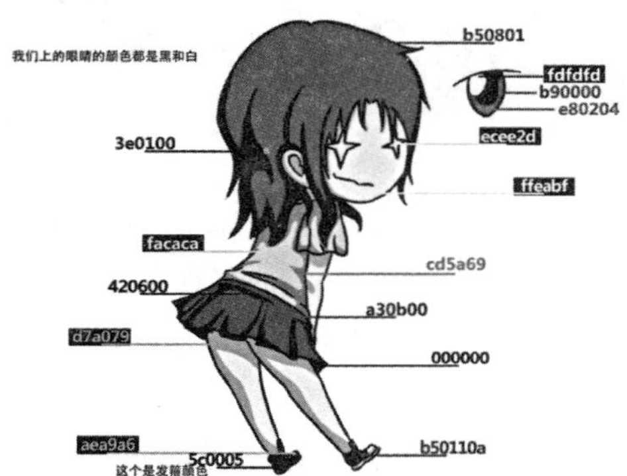

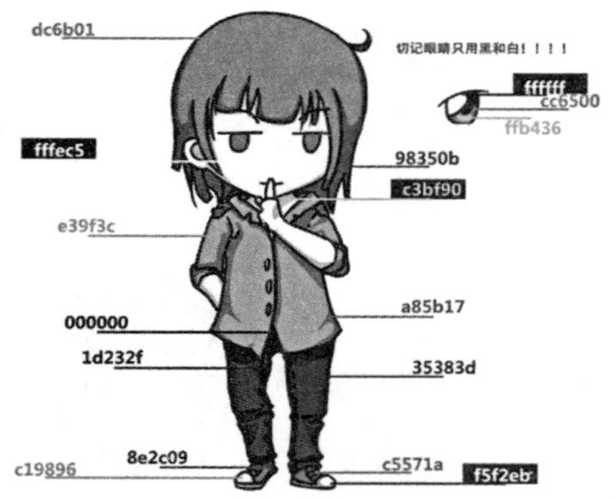

图3-14 《夜场》角色颜色定稿

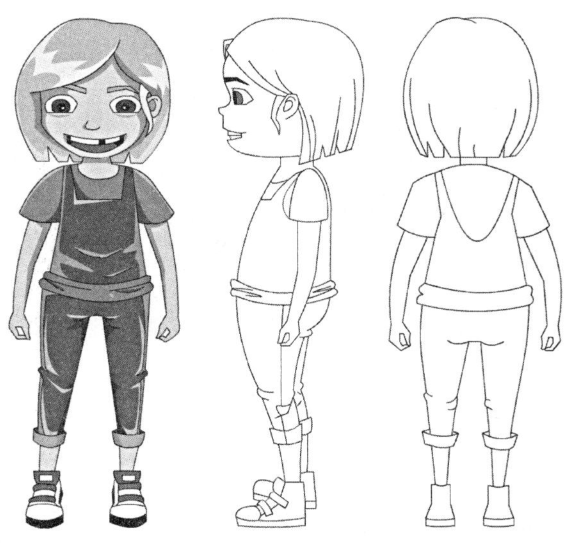

图3-15　美式小女孩三视图

接下来我们将以《七色战记》中红国的红色小兵为例，介绍角色的绘制过程。

（1）新建一个宽300像素、高400像素的文档，保存的文件名为“红国红色小兵”，如图3-16所示。

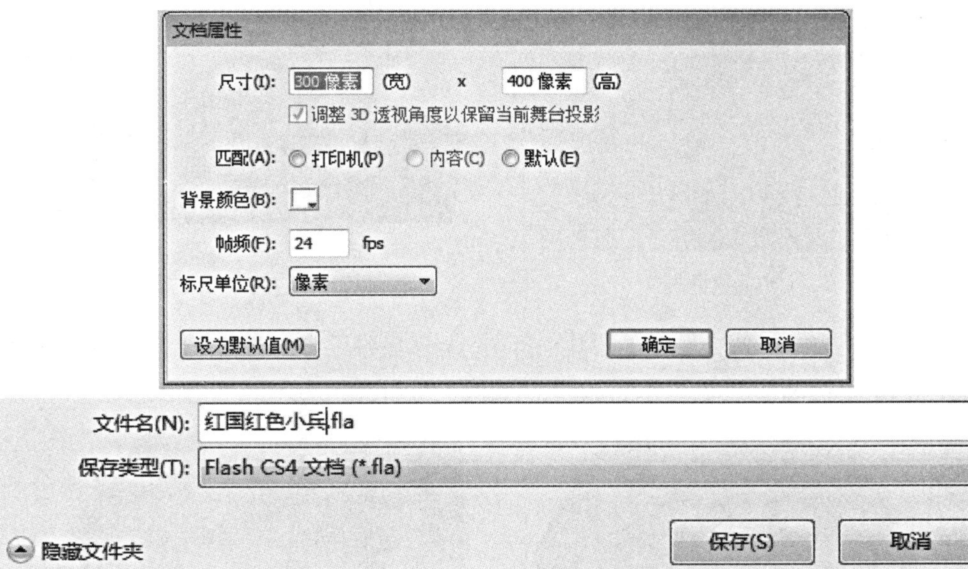

图3-16　新建“红国红色小兵”文档

（2）将图层1的名称修改为“头部”，选择线条工具，用笔触为4的黑色线条绘制小兵头盔的口罩部分，如图3-17、图3-18所示。

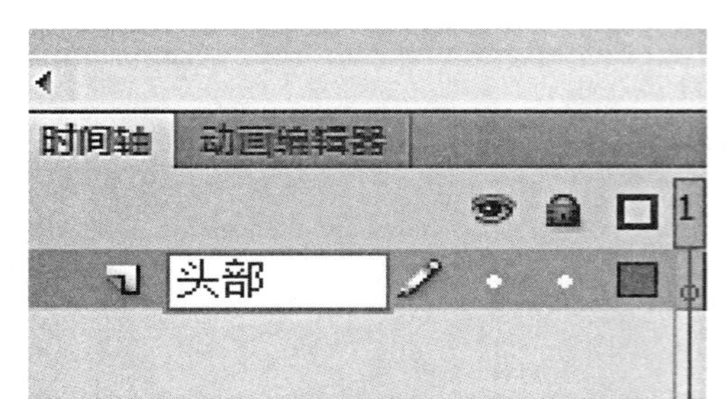

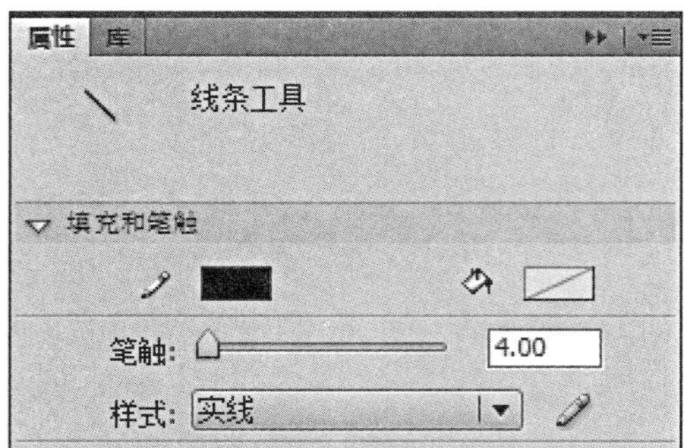

图3-17　新建图层绘制头部

图3-18　绘制头盔

（3）使用油漆桶工具给口罩部分填充颜色，如图3-19、图3-20所示。

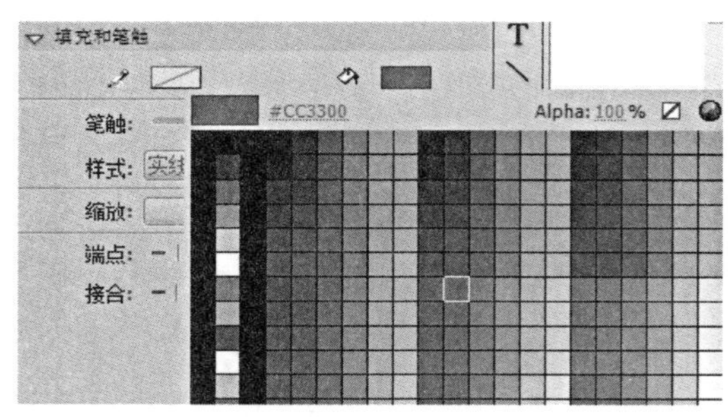

图3-19　使用油漆桶工具

图3-20　为口罩填充颜色

（4）用相同的方法绘制头盔的其他部分，全选已经绘制好的头盔部分，点击右键将其转化为元件，将元件命名为“头盔”，如图3-21、图3-22所示。

图3-21　绘制好的头盔部分

图3-22　将头盔转化为元件

（5）绘制红色小兵的眼睛并填充颜色，将眼睛部分转化为元件，将元件命名为“眼睛”。同一帧上有多个元件时，注意元件之间的叠放顺序，如图3-23所示。

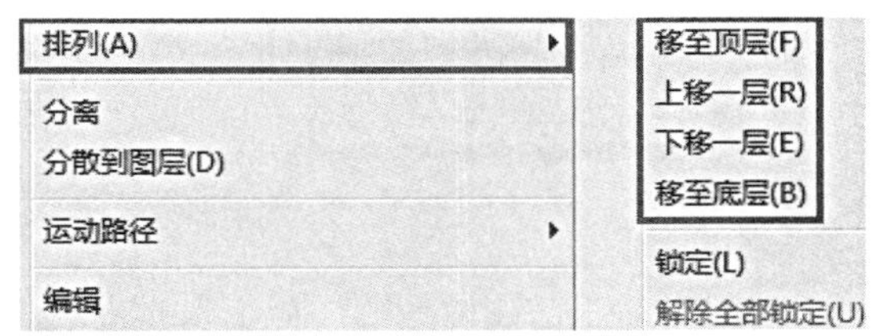

图3-23 调整元件的叠放顺序

（6）在“头部”图层的下面新建一个图层，修改图层名称为“身体”。继续绘制红色小兵的身体部分。因为考虑到角色在之后要做动作，所以绘制身体时要留出与头盔部分重叠的位置，以防穿帮。这时可以将“头部”图层设置为只显示轮廓。将身体部分也转化为元件，命名为“身体”，如图3-24所示。

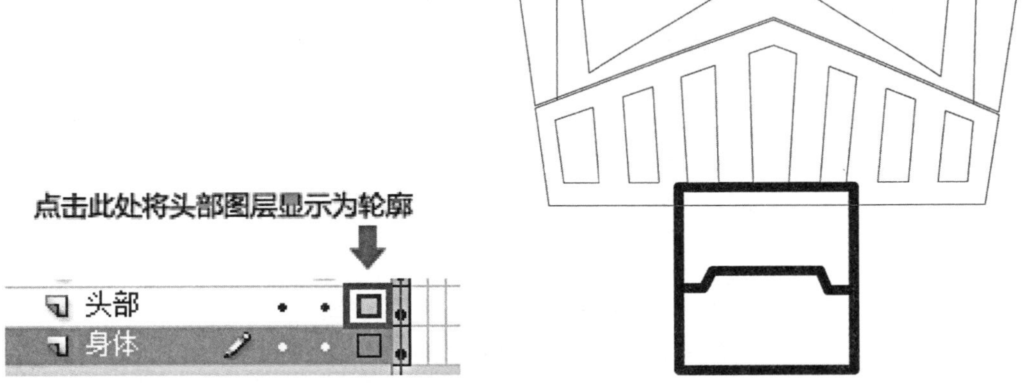

图3-24 设置图层显示模式

（7）在“身体”图层下面新建图层，修改图层名称为“手臂”，绘制小兵的手臂。为了得到完美的弧线，我们可以配合使用部分选取工具，利用锚点来调整线条的弧度，如图3-25所示。

图3-25　利用部分选取工具的锚点调整线条弧度

（8）绘制完左边的手臂，单击鼠标左键并同时按住Alt键复制出另一条手臂，将复制的手臂水平翻转后移到合适的位置便可以得到右手臂，将左右手臂分别转化为元件“左手”“右手”，如图3-26所示。

图3-26　通过复制得到右手臂

（9）再新建一个图层，修改图层名称为“腿”，用相同的方法继续绘制出双腿，并将其转化为元件“左腿”“右腿”。这样红国红色小兵就绘制完成了，如图3-27所示。

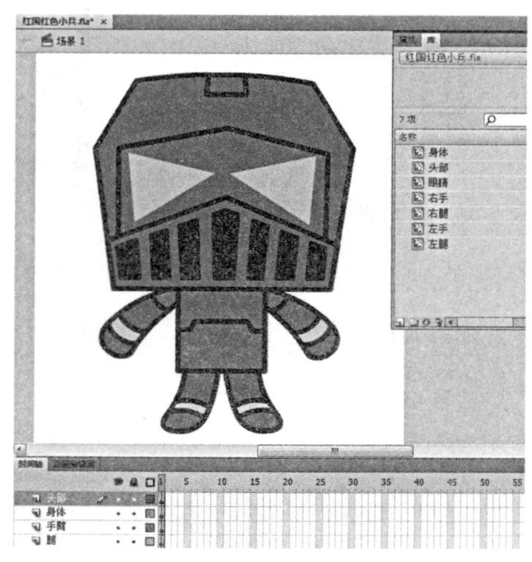

图3-27　绘制完成

第三节　道具的重要性

道具在动画作品中具有举足轻重的地位，它不仅是环境造型的重要组成部分，也是场景设计的重要造型元素，还与场景在环境中的造型、气氛、空间层次、效果以及色调密不可分。在动画作品中，道具除了起到交代故事背景、推动情节发展、渲染影片和辅助表演的作用外，对刻画人物的性格、表现人物情绪亦发挥着重要的作用。

道具是一个不可忽视的独立体系，但并不代表它就孤立于动画作品，它仍必须遵循相互联系、从整体到局部的艺术设计的总原则。在遵循这个总原则的前提下，设计道具时，需要注意道具应与作品的整体风格相一致、与角色造型风格相一致，与角色的个性塑造要求相吻合，与故事情节的发展相一致。

如图3-28所示，《七色战记》在设定各个国家的角色们的道具时都是以各国的国情和国民特点为依据的，如红国经常攻击其他国家，所以给他们设定了最完备多样的武器；紫国国王是个疯狂的科学家，就为他们设定了很多科学仪器；青国人是像海盗一样的种族，他们其实也不算海盗，可以说是天空的强盗。他们搜刮了很多金银财宝，装在自己的船上。为了凸显他们的特色，给他们设计的武器是弯刀；绿国国民很懒惰、非常懒散，具体表现在他们的国王经常睡懒觉，即便自己的国家已经战火连天，也都不予理睬，于是就让国王成天抱着一个枕头。

图3-28 《七色战记》剧照

第四节 全角色剧照图

全角色剧照图相当于全角色的比例图，主要用来确定整部动画片各个角色之间的比例关系，能保证在同一个场景中出现两个或更多的角色时，角色之间的身高比例与体型尺度关系是正确的（见图3–29至图3–33）。

图3-29 《阿吉的中国之旅》全角色剧照

图3-30　学生作品中的角色剧照

图3-31　《七色战记》角色剧照

图3-32　《泡芙小姐》角色剧照

图3-33　企业QQ系列人物设定

第五节　基本动作库

动作是表演艺术的核心元素。在动画表演中，要根据特定的情境，设计能够表现角色性格、符合角色心理的动作。我们在制作动画之前可以依据角色的性格特征和剧本的相关情境，设计与动画作品的整体风格和动画艺术特征密切相关的动作库，比如常用的眨眼动作、角色的表情、口型动作、走路和跑步等的动作库。

一、眨眼

Flash动画中角色眨眼的动作使用频率非常高，经常用来弥补画面平面化或者因长时间的对话而显得动作单一的不足。下面我们介绍用Flash制作侧面眨眼效果动画的方法和技巧（见图3–34）。

正面眨眼的动作分析

侧面眨眼的动作分析

图3–34　眨眼的动作分析

打开已经绘制好眼睛的Flash文档：

（1）分别在图层1和图层2第一帧处绘制正常状态下的眼睛和眉毛，在30帧处插入普通帧，并修改图层名称，如图3–35所示。

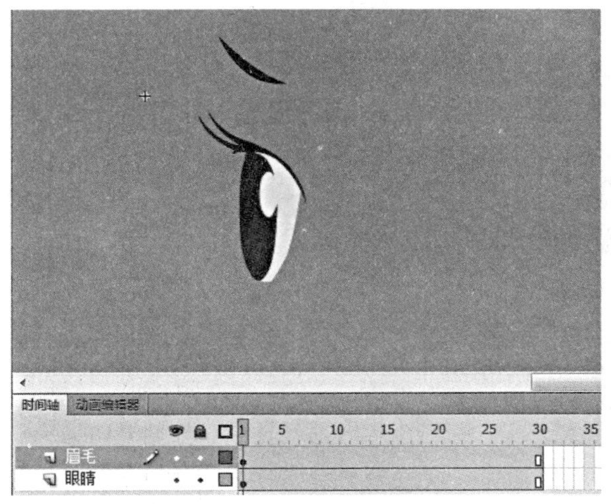

图3-35 绘制眼睛和眉毛

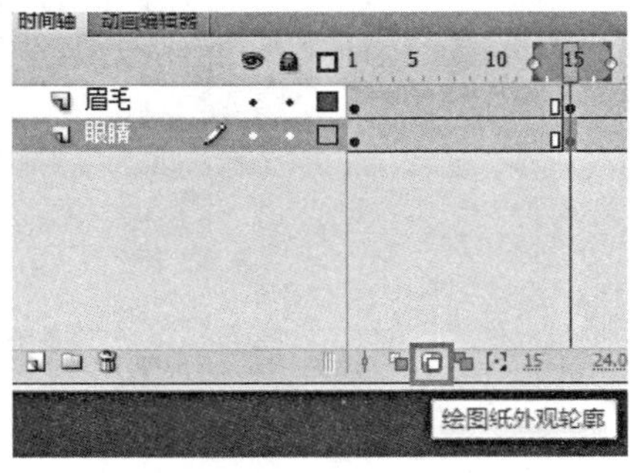

图3-36 “绘图纸外观轮廓”按钮

（2）分别在眉毛和眼睛图层的15帧处插入关键帧，按下“绘图纸外观轮廓”按钮（见图3-36）。把眼睛图层上原有的眼睛删除，并绘制闭上的眼睛，将这一帧的眉毛稍稍往下移动，如图3-37所示。

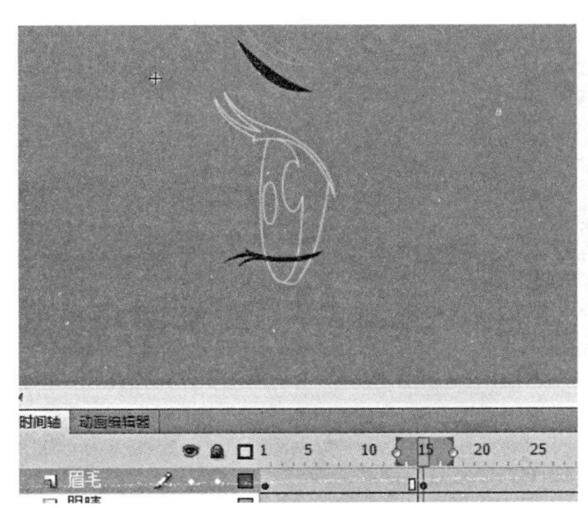

图3-37 绘制闭上的眼睛

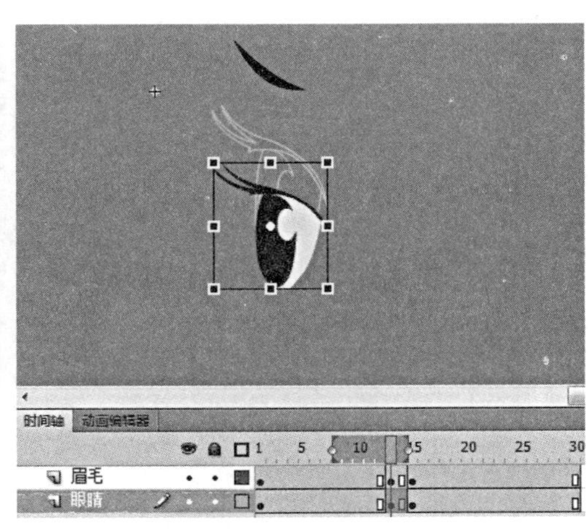

图3-38 将眼睛压扁、眉毛下移

（3）同样在两个图层的13帧处插入关键帧，用任意变形工具将此帧的眼睛压扁，眉毛下移至第一帧和第5帧眉毛的中间位置，如图3-38所示。

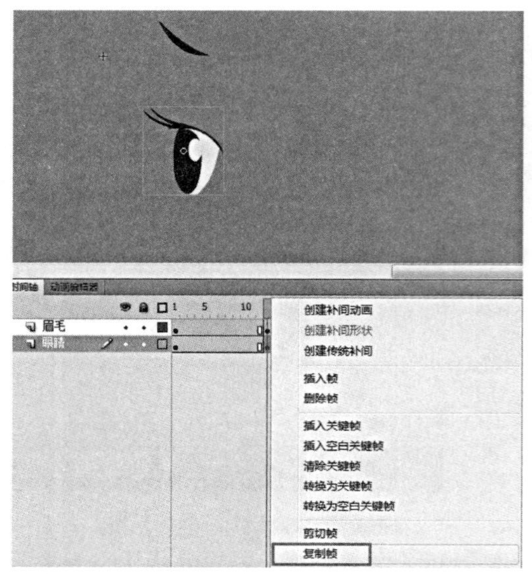

图3-39　复制帧

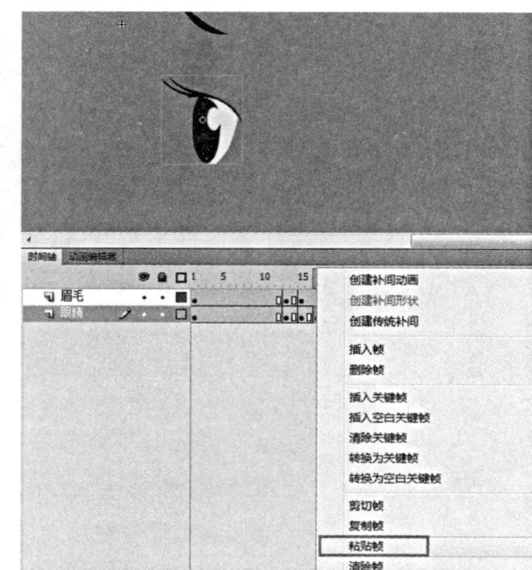

图3-40　粘贴帧

如图3-39、图3-40所示，在两个图层的17帧处插入关键帧，复制13帧处的眉毛和眼睛，粘贴至此帧处,此时一个完整的眨眼动画就完成了。

动画小贴士

“绘图纸外观轮廓”和“绘图纸外观”的功能类似，可在Flash动画设计中同时显示和编辑多个帧的内容，可以在操作的同时查看帧的运动轨迹，方便对动画进行调整。与“绘图纸外观”不同的是，“绘图纸外观轮廓”显示的只是多个帧的外轮廓。

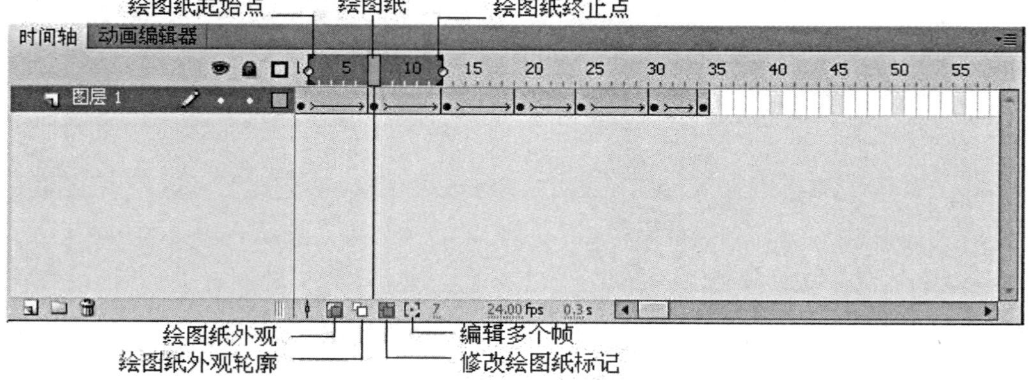

图3-41　绘图纸、绘图纸外观轮廓和编辑多个帧工具

二、表情

Flash动画中的表情相较于传统动画略微僵硬，在这种情况下，抓住角色的表情特征尤其重要。抓住角色的表情特征对于表现角色的个性、身份，体现作者的创作意图，推动剧情的发展，使动画片取得成功至关重要。每一个动画角色，其头部与面部结构不同，表情的刻画亦有差别。

Flash动画中的表情大都较为夸张，但无论怎么夸张，其表情的设计都应以人物的表情为主要参照，因为这样更易于使观众理解并引起他们情感上的共鸣。图3-42是一个角色的所有基础表情，其中眼神和嘴型的变化最为突出，两者相互配合、灵活运用，才能传情达意。同时，眼神与嘴型需根据常用的表情，如喜、怒、哀、愁、乐等做必要的简化与归纳。这样做一方面可以强化角色的性格特征，另一方面可以为原动画的设计提供参考。

图3-42　角色的几种常用表情

三、口型

国内大多数的动画片都是声音与口型不同步的，因为声音大都是后期录制的，所以

在制作口型的动画时只是用几个比较常用的口型，让角色的开口和闭口能大致对上说话的节奏而已，Flash动画中声音与口型同步的更是少之又少。我们同样采取启用口型表的方式来制作角色的口型动画（见图3-43）。在做口型表时要注意以下几点：

（1）在做口型动画的时候要非常注意侧视图中的嘴部变化，必须注意嘴的前后运动。

（2）大多数爆破音，比如b、d、g、m、t等都是由一个口型和一个元音组成的，它的发音主要来自后面的元音，所以我们做爆破音的口型时，可能需要更早地开始准备动作。

（3）在没有发音的情况下不要让嘴部运动完全停止，这时候可以让前一个发音口型晚一点结束，或者下一个发音口型的准备动作早一点开始，这样才能让嘴部的运动不会出现僵硬的情况。

（4）在遇到连续或者不清楚的发音时，可以照着镜子，仔细观察嘴部的张合频率。在快读音节的时候口型不会很大。

（5）如果发现口型跳动比较厉害，可以试着整体调小口型，这样看上去可能会自然一点。还要注意的是，对于有些连续单词，并不需要将每个发音都完全做出来，有的只需一带而过，这样也可以解决口型跳动的问题。

图3-43　常用的几种口型

四、走路、跑步

1. 人走路的运动规律

出右脚甩动左臂（朝前），右臂同时朝后摆。上肢与下肢的运动方向正好相反。另外，人在走路的过程中，头的高低运动成波浪状。当迈开步子时，头顶就略低；当一只脚着地、另一只脚提起朝前弯曲时，头顶就略高。已有人总结出，可以用五幅画描绘人走路时的一个完整的步子。

先来看一下走路的动作分解（见图3-44、图3-45）。

图3-44　侧面走路分析

图3-45　3/4侧走路分析

下面以3/4侧的走路为例分析一下动作的制作过程。

（1）打开素材“角色之女孩”，把除左腿以外的所有图层都隐藏，分别在胯部、左大腿、左小腿和左脚图层连续插入3个关键帧，点击“绘图纸外观”按钮，根据走路的运动规律用任意变形工具调整出胯部、左大腿、左小腿和左脚的位置（见图3-46至图3-48）。

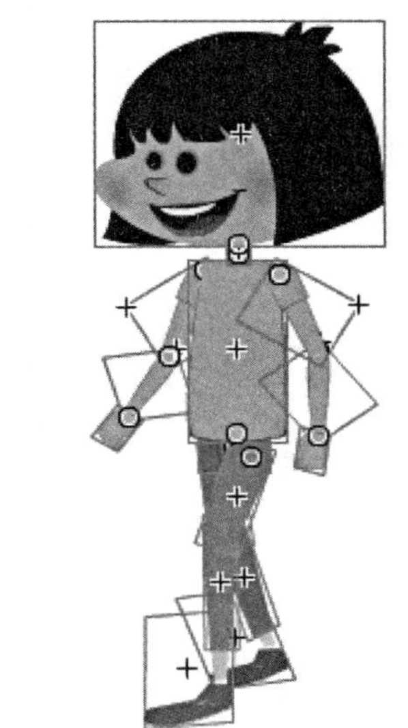

图3-46　素材“角色之女孩”

时间轴 动画编辑器

1 5 10 15 20 25 30

头部
脖子
左手
左上臂
左下臂
上身
左大腿
左小腿
胯部
左脚
右小腿
右大腿
右脚
右手
右下臂
右上臂

图3-47 “角色之女孩”分层示意图

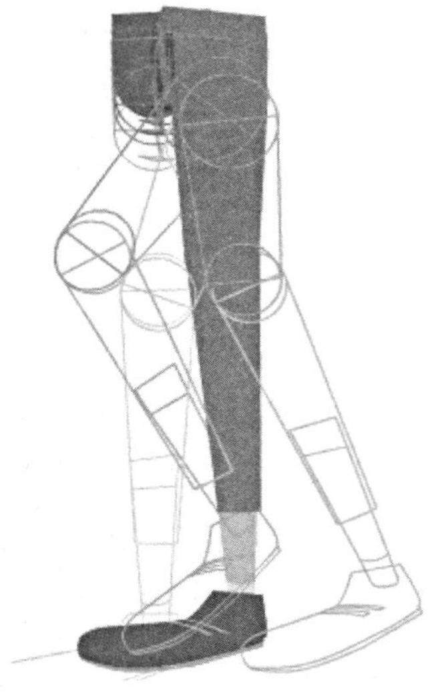

头部
脖子
左手
左上臂
左下臂
上身
左大腿
左小腿
胯部
左脚
右小腿
右大腿
右脚
右手
右下臂
右上臂

图3-48 插入关键帧

（2）用同样的方法，调整出右腿的动作（见图3-49）。

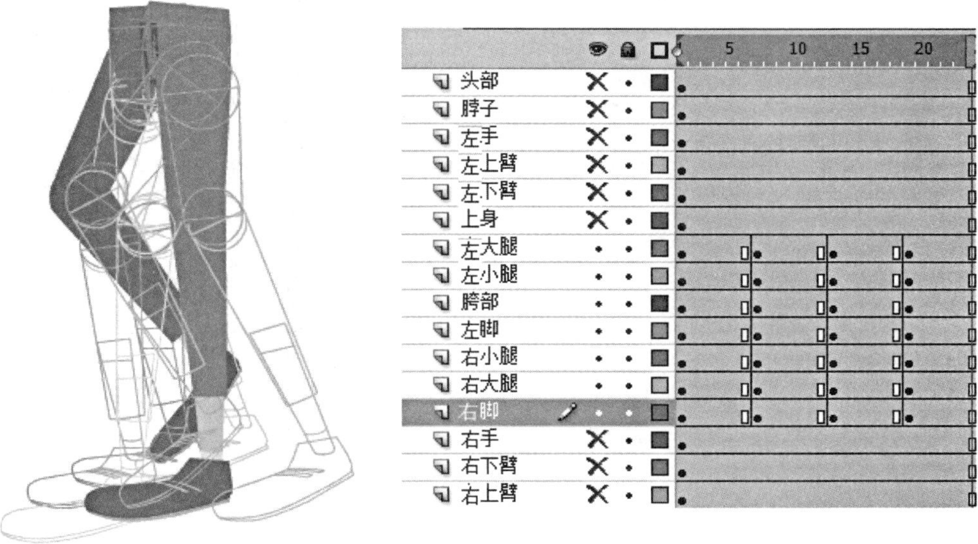

图3-49 调整出左腿的动作

（3）根据腿部的动作和位置，制作手臂、上身和头部的动作（见图3-50）。

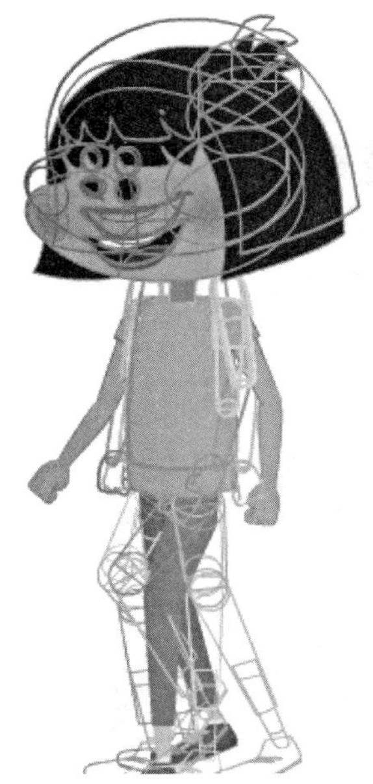

图3-50 制作手臂、上身和头部的动作

（4）注意头部头发的跟随动作。调整好所有的动作之后，时间轴上的帧设置如图3-51所示，此时可以按“Enter”键，播放动画并观看最终效果。

头部
脖子
左手
左上臂
左下臂
上身
左大腿
左小腿
胯部
左脚
右小腿
右大腿
右脚
右手
右下臂
右上臂

图3-51　完成后的动画补间示意图

2. 人跑步动作的基本规律

身体重心前倾，两手自然握拳，手臂略成弯曲状。奔跑时两臂配合双脚的跨步前后摆动。双脚跨步的幅度较大，屈膝的角度要大于走路动作，脚抬得较高。跨步时，头顶的波形运动线相应地也比走路明显。在奔跑时，几乎没有双脚同时着地的过程，而是完全依靠单脚支撑躯干的重量。在跨大步的奔跑动作中，可以有一到两格的画面是双脚同时离开地面的。

跑步的动作分解如图3-52所示。

侧面跑步动作分解

正面跑步动作分解

图3-52　跑步动作分解（《外星棒棒兔》中的角色皮皮，制作：宁波莱彼特文化传媒有限公司）

拓展阅读小贴士

角色设计的灵感来源可以是纸上或者Flash CS4舞台上的一些角色剪影。在多个方案中进行选择时，尽量以形体识别度高和简练夸张为原则，绘制出符合故事内容的动画角色。当确定方案后开始制作基本动作库时，别忘记为角色设定来历和性格特点。为动作注入趣味无限的表演才会让动画角色具有旺盛的生命力。

思考与练习题

利用Flash CS4创作一套（至少三人）角色，要求风格新颖统一，充分利用Flash CS4的优势。

第四章

动态故事板绘制

——画分镜头

本章知识点

确立风格；添加与处理声音；创建动态故事板

学习目标

了解获取和添加声音的方法；绘制草稿；了解如何细化动态故事板

一个动画作品优秀与否，会受前期美术、人设、场景和动画制作等诸多因素的影响。但在创作之初，能否在剧本的基础上思考出具有无限趣味的动态构想，并最终绘制出具有生动表现力的动态故事板，是决定一个动画是否出色的关键性因素。接下来，我们用不同类型的动画实例详细分析如何使用Flash CS4绘制不同类型的动态故事板。

第一节　软件为故事服务

动画故事板是指在动画片中期动画制作之前，首先绘制的以镜头为单位的连续静态画面草稿。那么，什么是一个镜头呢？一个镜头是指摄影机从开机到关机，一次拍摄下来的连续画面。一般情况下，电影摄影机每秒拍摄24帧画面，即每秒24张画面，电视每秒传送25帧画面，因此一个镜头是由一系列连续画面构成的。

动画故事板则是将一系列画面的关键部分用草稿的形式初次呈现出来。画面上除了需要标注时间长度以外，有时还需要标注运镜方式、对白和特效等指示符号。在以往的动画中，传统故事板呈静态。随着Flash CS4软件的使用，出现了一种将初配声音、草稿画面结合在一起，并添加简单的角色动画和运镜方式，最后输出可播放视频的动态故事板。动态故事板常被中后期制作人员当作制作参考对象，因为它的时间、运镜方式和声音部分相比静态故事板都显得更加直观。针对不同类型的动画故事，动态故事板所呈现出的形式也多种多样。

一、电视动画

电视动画一般每集都是一个相对完整的故事，这种设计的益处是——在相对独立的故事主题下，即使观众错过了前面数集，也不妨碍理解当下观看的剧集。以电视动画《新大头儿子与小头爸爸》第1集为例（见图4–1），进入故事时，主要以全景画面来交代

图4–1　《新大头儿子与小头爸爸》第1集截图

故事发生地；随着故事渐入高潮，画面以中近景为主，镜头时长通常在3秒左右，旨在清楚地展现人物表情和动作。由于讲述日常生活的动画台词比较多，所以全片的镜头切换不会很频繁。明确的声画对位和舒缓的镜头节奏，让主要为儿童的观众在观看时不会产生视觉疲劳。

无论是长镜头的使用还是平视的镜头角度，都是为了让观众理解，让他们把注意力集中在电视动画的剧情上。

二、动画电影

为了在有限的时间里用最具吸引力的动态把故事呈现出来，动画电影的创作者在设计镜头和角色动作时，非常注意时间和节奏。如何以遵循叙事逻辑为基础，增强画面的视觉冲击力是优秀的故事板艺术家要不断思考的问题。

图4-2　电影版《十万个冷笑话》截图

右图为电影版《十万个冷笑话》（见图4-2）部分画面截图，奇幻精彩的情节设计和趣味生动的动画是它明显区别于其他2D动画电影的地方。这些让人惊喜的巧思能恰到好处地出现，关键在于镜头时间的合理分配。比如，引发观众情感共鸣的镜头需要适当加长时间；紧张并伴随追逐、打斗等剧情的镜头则需适当减少时间，因为这样有利于加快镜头节奏。合适的节奏，可以更好地让观众投入动画所营造的情景里。

三、网络动画

根据商业性质和用途的不同，网络动画出现了两种不同的形式。一种是定期在网站平台播出的动画片（见图4-3），它和TV动画一样，具有固定的播出时间，每集有独立主题。不过与TV动画不同的是，网络动画擅长叙述小情节和短故事。在声音设计和镜头组接方式上，网络动画也表现得更加自由和充满创意。为了在较短时间内完整表达出文字内容，网络动画一般镜头切换较多，设计主角动作时以简练为主。另一种网络动画是根据商业需要不定期发布的广告宣传片动画（见图4-4），以北京鲸梦文化传播有限公司为知乎做的广告为例，制作的关键在于镜头内部构图创意和镜头之间转换的巧妙设计。Flash系列软件中的多种动画工具可以让数字、文字等图形动起来。由于广告宣传片动画一般以旁白为主，所以在一分钟左右的有限时间内，画面必须尽量保持动态，动画的特性就被充分释放出来了。用Flash软件为不同的故事服务之前，首先应该理清思路，只有清楚自己的创作目的，才能开始接下来的工作。

图4-3　《智子心理诊疗室》截图（制作：上海贺禧动漫公司）

图4-4　《知乎，认真，你就赢》截图（制作：北京鲸梦文化传播有限公司）

第二节　确立风格

在动画制作时，有许多环节在成品中是看不见的，比如动态故事板，它是动态故事板艺术家用自己的动画直觉和绘画能力创造出来的。无论个人绘画风格如何，为了便于中期和后期人员理解故事板，前期在绘制故事板时应该对构图、角色动作、镜头运动方式和特殊效果做明确说明。

如图4-5所示，这是一个狼追人的写实类动态故事板，在Flash CS4里绘制这样的高潮片段，应注意狼的奔跑速度和人的奔跑速度的对比，设定出合适的镜头时长。为了加强紧张气氛，第10镜采用模拟真实跟摄效果，人物始终居于画面中心，狼群紧随其后，使观众非常真切地感受到主角已深陷险境。

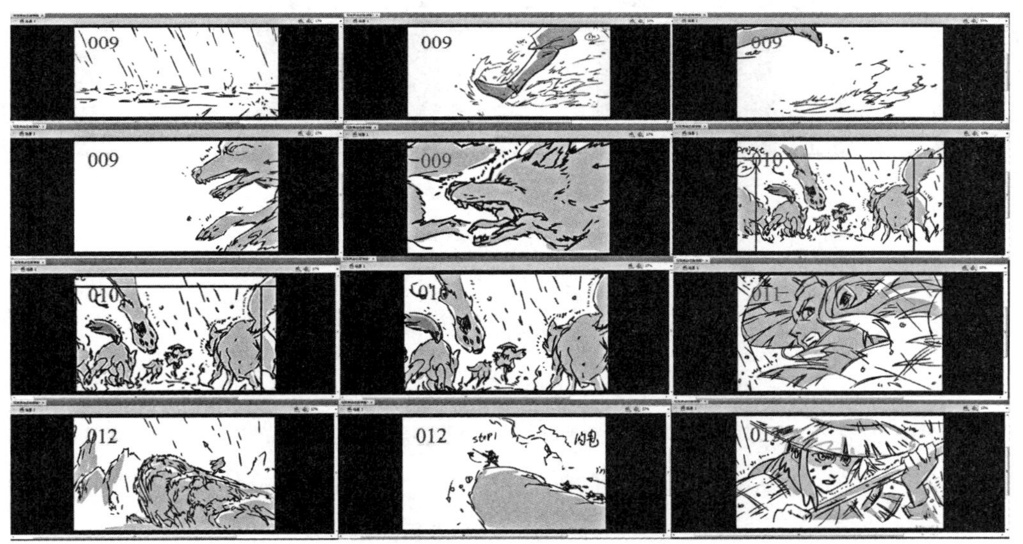

图4-5　《飞越五千年》（制作：北京卡酷传媒有限公司等）

在制作商业动画时，为了提高中期动画制作效率，通常采用简单概括的卡通类设计，这也是目前主流2D动画以卡通风格为主的原因。

如图4-6所示，这段卡通类动态故事板描述了狐狸在森林里暗中观察玩耍的小羊。在片段开始时，笔者用一个摇镜头来交代环境（将在本章第四节对这一实例做详细分解），随着剧情发展，主观视角的镜头穿插其中。在Flash CS4里绘制动态故事板时可以适当模拟摇镜、主观视角，甚至景深等其他效果。工具的使用是为了更好地体现故事，切莫胡乱使用过多的效果，那样反而显得镜头花哨，影响观众理解剧情。

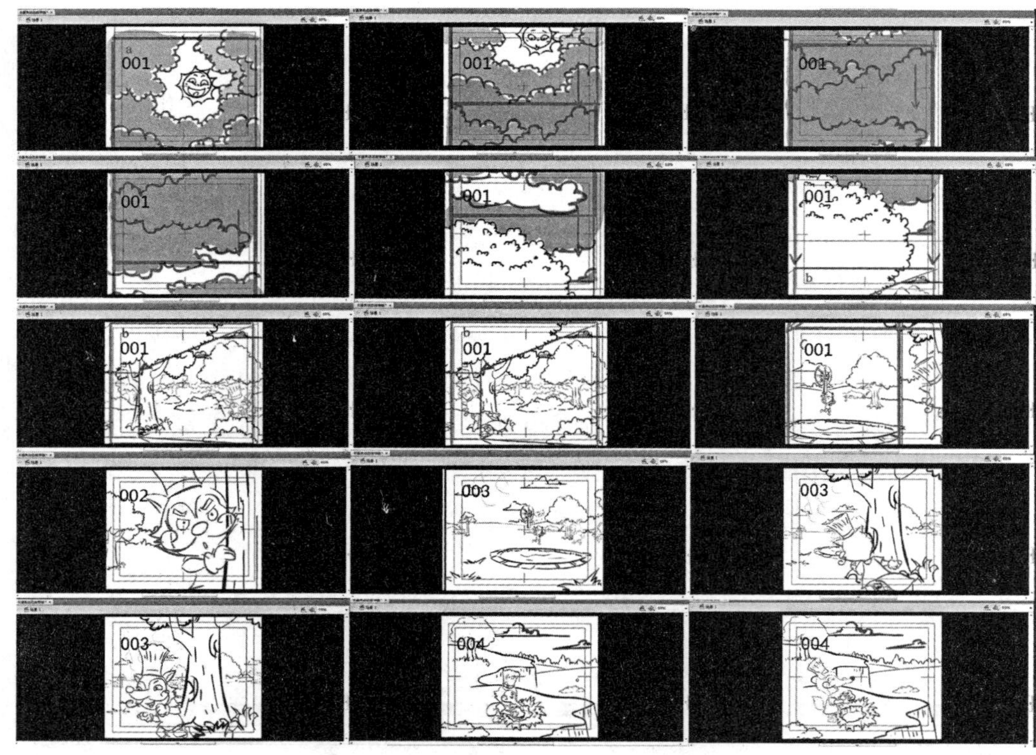

图4-6　卡通类动态故事板

第三节　获取与处理声音

优秀的动画作品会给人带来视觉和听觉双重享受。一部动画热播后，常常可以听见有人模仿剧中角色说话的声音，出色的配音和声效会让人们更加立体地记住角色。

在绘制故事板前一般需要有音乐和声效做铺垫，尤其是打斗和抒情戏。虽然个人创作动画在初配声音时并不能做出像专业工作室那样完善的音频，但是对动态故事板艺术家来说，初期的配音、音效和音乐必不可少，因为在绘制镜头时会以声音作为结构和节奏依据，少了这些，会让动态故事板看起来毫无节奏可言。

一、如何获取声音

在第二章的第一节里，我们已经学会了如何在Flash CS4 里创建动画项目文件，可是如何获得声音呢？如何在Flash CS4里导入声音？要想获得一段前期草配声音，比较方便的工具是手机、录音笔等；如果计划录制质量比较好的音频，那么请提前准备好可以收声的麦克风。将它与电脑连接后，我们可以尝试借助一个非常棒的音频收录和编辑软件——Adobe Audition3.0来获取一段声音。

（1）双击“Adobe Audition3.0”图标，进入其操作界面，单击选择“工具栏”>“多轨”命令进入多轨模式，操作界面如图4-7所示。

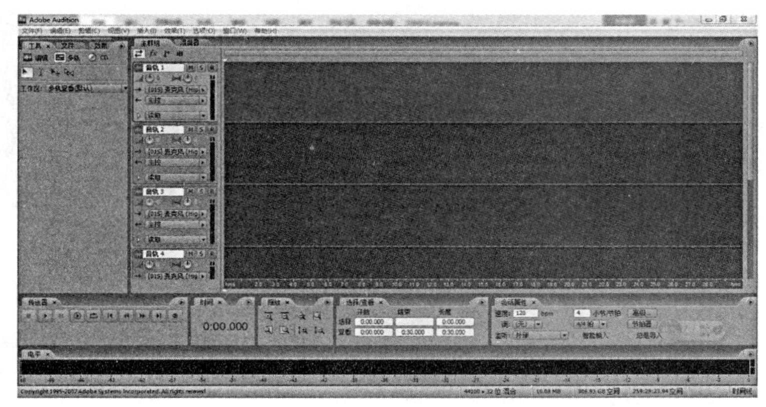

图4-7　多轨模式

（2）选择要录制声音的音轨，即在音轨空白的地方单击，面板从灰色变成紫色。在音轨面板点击“R”字按钮，出现录音文件，将之存放于窗口，为此文件命名为“配音”后点击保存，此时音轨面板上的“R”字按钮变成红色，如图4-8所示。

图 4-8　保存为“Adobe Audition SES”格式

（3）单击“传送器”>“录音”按钮，开始录制声音（见图4-9），此时对着麦克风或者话筒说话，当音轨上出现波形图案时，说明你的声音已经被录入了，如图4-10 所示。

图4-9　录音按钮

图4-10　录入的音频

（4）如果你觉得已经录好了音，再次按小红点“录音”键结束录制。为了确保录音质量，可以在结束录制后按键盘空格键或者“传送器”>“播放键”反复试听，确认无误后点击“文件”>“导出”>“混缩音频”，如图4-11所示。

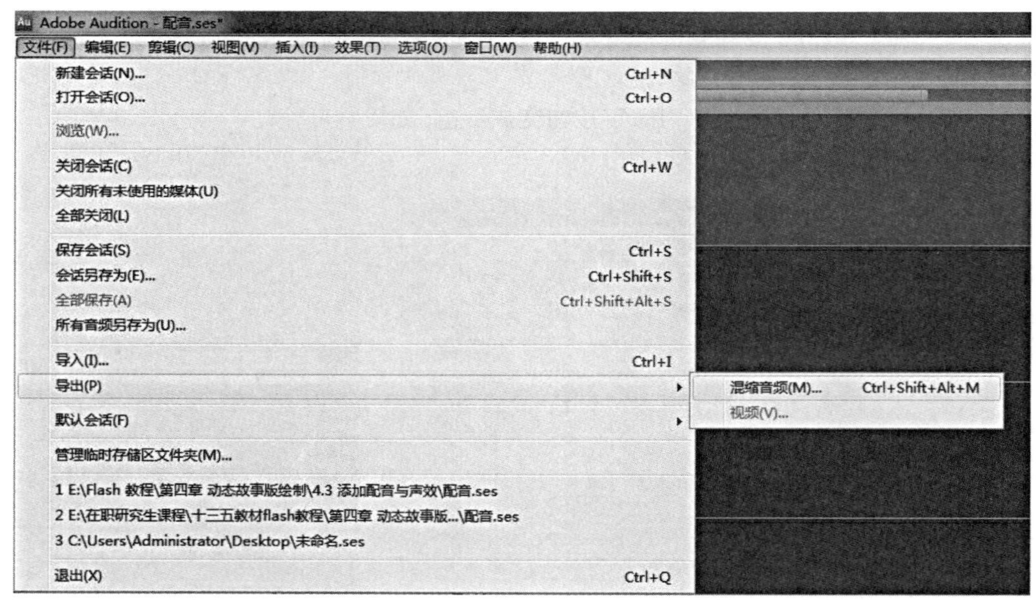

图4-11　导出音频

（5）Flash CS4支持MP3、WAV和AIFF音频文件，在弹出的混缩音频对话框中，选择保存类型为Flash CS4能导入的格式即可（这里编者选择MP3格式），在文件名栏输入“玩耍”，点击保存，如图4-12所示。

图4-12 保存MP3音频

二、添加声音

古语有云：巧妇难为无米之炊。只有把所需条件准备齐全了，才能大胆地发挥想象力去创作。当我们根据故事文字脚本从不同渠道获得主要的配音、音效或者音乐后，要将其按照类型命名，并放在统一的文件夹里备用。

这里要注意，动态故事板绘制前准备的所有声音都是可被替换的。因为不论何种类型的动画都要经过两个阶段的声音调整。第一阶段添加声音，这是为了给动态故事板绘制提供结构依据，因此比较随性和自由，可以由制作者自己来初配。第二阶段是在动画完成后，需要找专业的配音演员来为角色配音；音乐部分，除了可以找原创作者买版权后使用外，也可以让音乐人为动画创作音乐。下面我们使用上一小节已收录的配音文件以及免费下载的声效文件，为Flash CS4动态故事板的绘制做声音准备。

（1）创建“Flash 动态故事板”项目文件，点击“属性面板”>“编辑”，出现对话框后，在尺寸栏输入“720×576像素”（国内电视标准分辨率），将帧频改成“25” fps（见图4-13），点击“确定”。

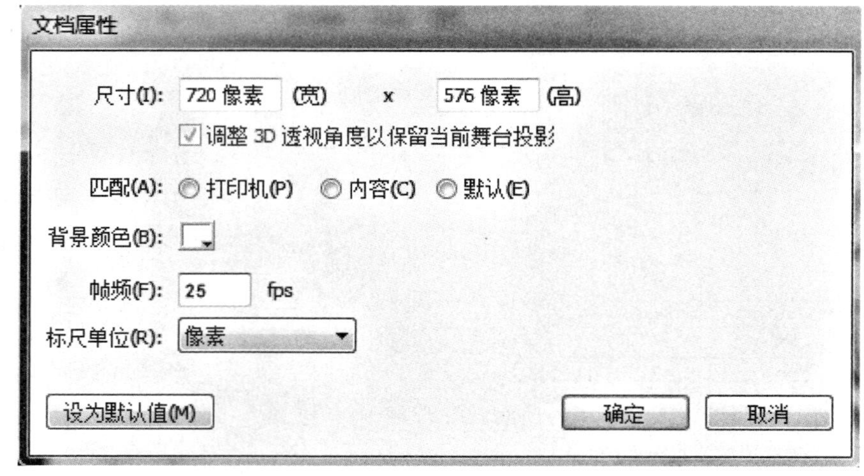

图4-13　更改文档属性

（2）创建放置声音的图层，并为其修改名称。双击时间轴上的“图层1”名称，输入“音频”，并按“Enter”键，如图4-14所示。

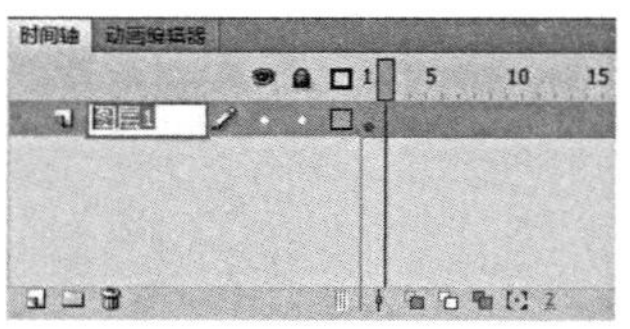

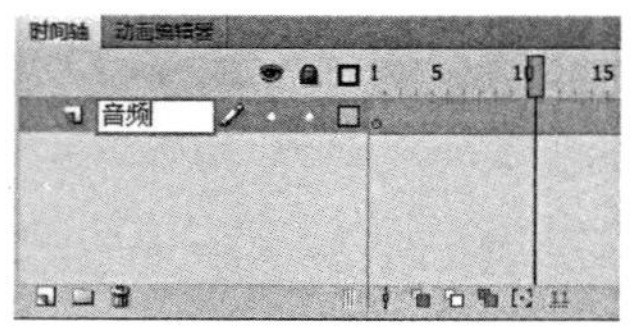

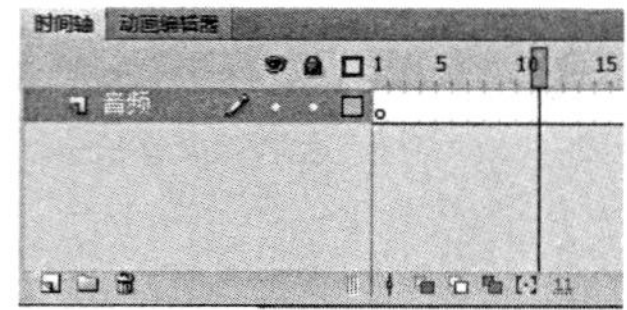

图4-14　新建“音频”图层

（3）选择“文件”>“导入”>“导入到库”，弹出对话框后，框选导入的音频文件，点击“打开”按钮（见图4-15），此时配音文件已经导入库。

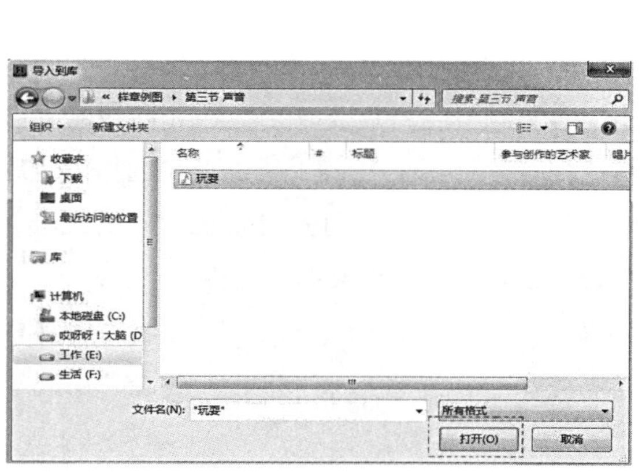

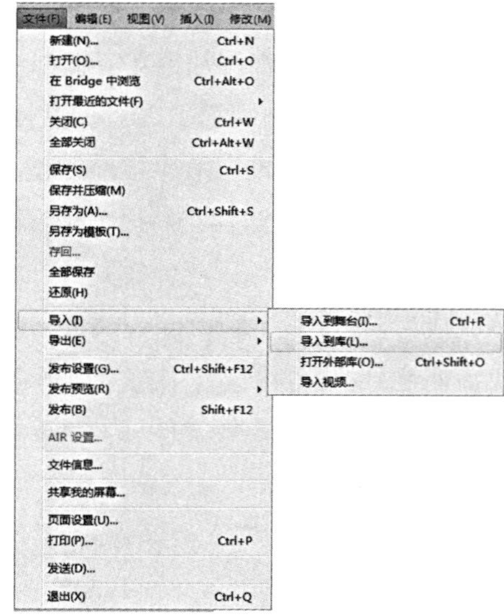

图4-15　导入配音文件到库

（4）点击“库”按钮（见图4–16），检查要添加的配音是否已全部导入。接下来，在时间轴的“音频”图层上想要插入声音的帧处按“F6”或者点击鼠标右键后选择“插入关键帧”，点击“玩要.mp3”文件并将其拖入舞台，关键帧（时间轴）上自动显示波形图案，这表示声音已添加成功。单击音频起始帧，属性栏出现“声音”选项界面，点击“同步”后面的倒三角按钮，打开其下拉列表，选择同步为“数据流”，这样就可以保证音频在Flash里正常播放了，即保证我们在拖动时间轴的时候，能同步听到音频的内容，并可根据声音的高低调整镜头、动作的时间与节奏，使声音与动作、镜头节奏完美呈现（见图4–17）。

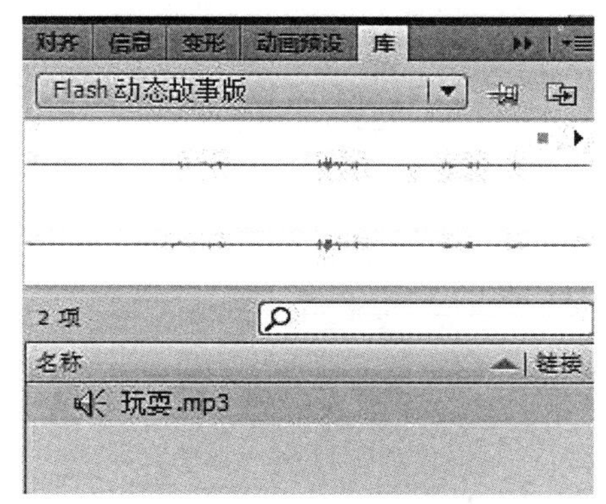

图4–16　库

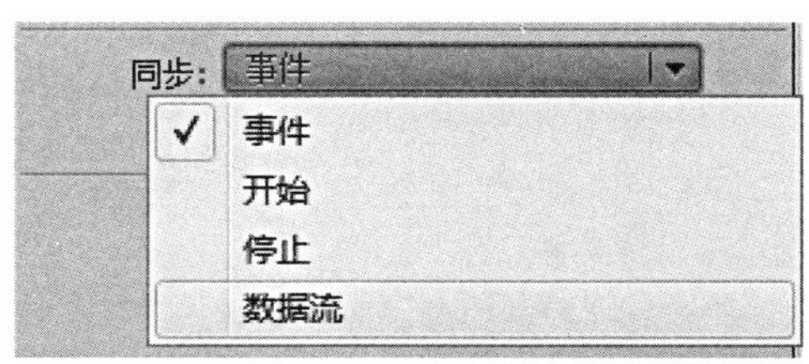

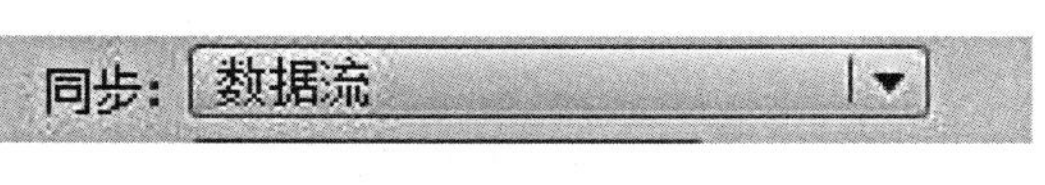

图4–17　将同步设置为“数据流”

下面我们来分析一下事件、开始、停止、数据流的区别。

事件。事件触发的播放样式。可以将声音和一个事件的发生过程同步在一起。事件声音在它的起始关键帧开始显示时播放，并独立于时间轴，播放完整个声音时停止。

开始。与前一个播放样式相似，但不同的是，在播放触发的声音文件前会先确定当前有哪些声音文件正在播放，如果发现被触发的声音文件的另一个实例正在播放，就会忽略本次请求而不播放该声音文件。此选项可以有效地防止同样的声音文件被重叠播放。

停止。帮助把声音文件静音。

数据流。流媒体播放方式。

动画小贴士

将声音文件导入库，点击“打开”按钮后，有时候会弹出如图4-18所示的对话框，这说明所导入的声音文件与Flash CS4所要求的格式、属性不符。看到这里，有人肯定会感到疑惑，为什么自己的文件同样是MP3格式却导不进去。针对这一问题，我们应该从声音的属性里找原因。声音文件的属性包括采样率、频率和比特率等详细信息，即使是同样的格式，其中任何一个条件不同，都有可能不被Flash CS4识别，所以当软件自动提示“读取文件出现问题”时，我们可以将文件导入格式工厂软件里，再次转换成MP3格式，之后重复上面的导入步骤，就可以顺利导入文件了。

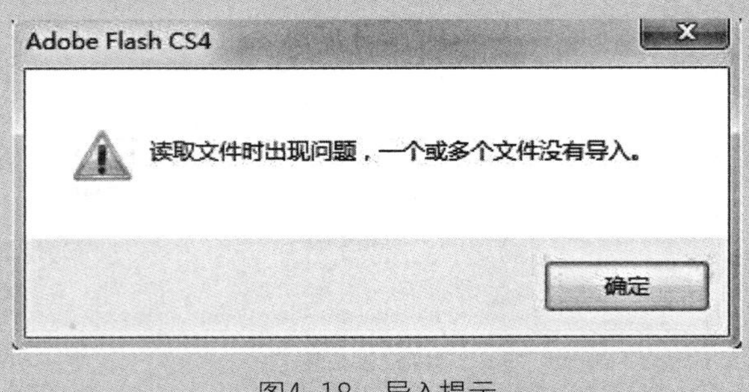

图4-18　导入提示

完成以上步骤以后，我们就可以尝试在Flash CS4中截取所需长度的音频和更改音量了。

三、处理和编辑声音

故事板艺术家在Flash里导入音频之后，常常会发现声音还不够完美，比如由于录音时准备时间太长，音频起始部分有持续很长时间的环境噪音，而我们希望音频从人说话处开始播放，或者音频的音量还需要再调整。此时，我们就需要通过一些操作来解决这些问题。

（1）点击“音频”图层起始关键帧，右边属性栏中会出现“编辑声音封套”按钮（见图4-19），点击它会弹出“编辑封套”对话框，此时看到的是不太明显的声音波形，点击查看选项中的“缩小”图标，显示更加完整的波形。

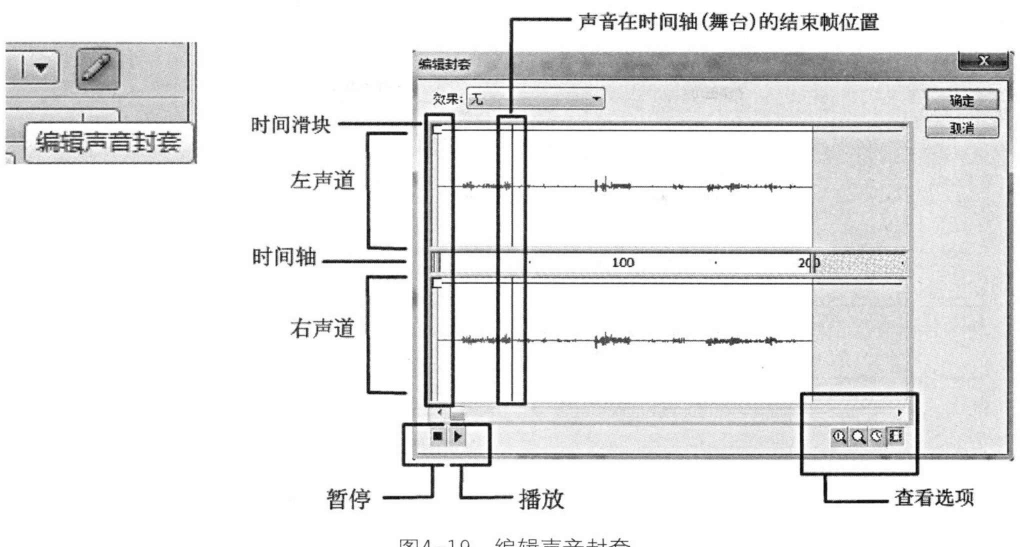

图4-19　编辑声音封套

（2）为了让“编辑封套”对话框中声音素材的时间轴与最外面（舞台）的时间轴的显示保持一致，单击右下角的“帧”图标，对话框中的“时间轴”将变为以帧为单位显示。此时再把时间滑块拉向有波形的位置，如图4-20所示，这样前面的噪音部分将会被剪掉。

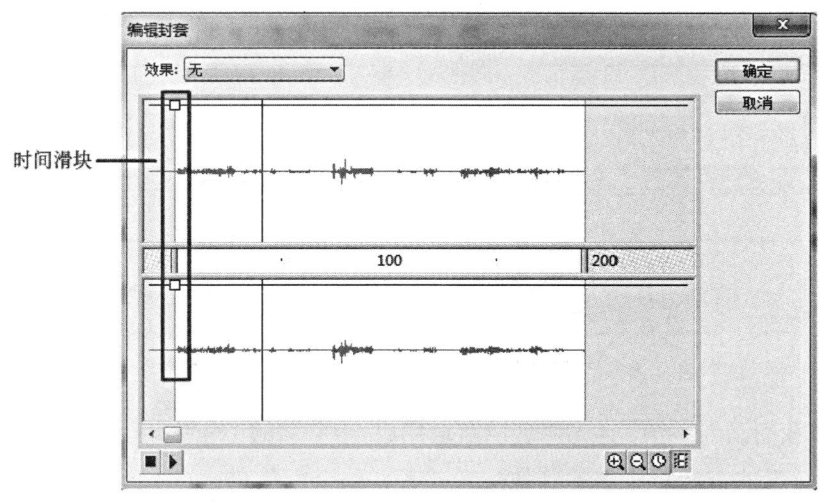

图4-20　更改声音起始位置

（3）单击左下角的三角形“播放”按钮，反复试听声音是否是从人说话处开始截取的。确定之后单击左声道的顶部水平线，线条上出现一个空心的方框，这个空心小方框被称为“时间滑块”。接下来，我们将进行声音的淡入操作，即通过控制时间滑块添加关键帧，将声音按照由小到大的音量播放。单击时间滑块并向下拉，音量随着时间滑块

拉低而减弱，当时间滑块被拉至左声道最低处时，音量被调至无声。找到需要加大音量的地方，用鼠标单击此处后出现另一个时间滑块，将它拖拽至最高处（如果声音原本音量比较大，可以将此时间滑块拖拽到略偏下的位置），如图4-21所示。

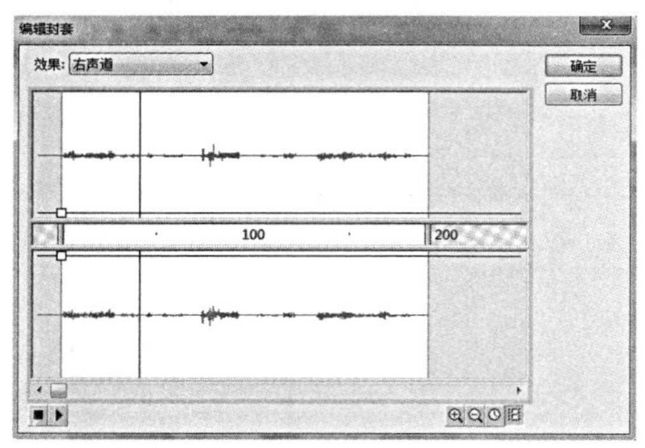

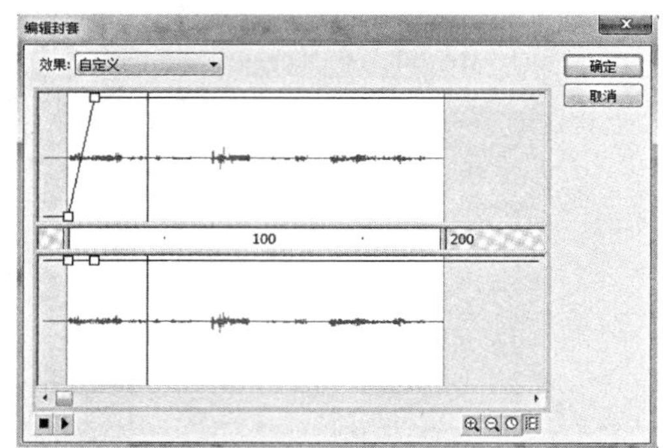

图4-21　左声道淡入效果

（4）按照左声道的声音编辑方法将右声道也做出淡入效果，感兴趣的同学还可以用上面所介绍的方法做出声音的淡出效果，即音量从有到无。当一段动画快要结束时，声音常常会由强变弱，直至消失。操作方法是将声音起始帧的时间滑块拉至较高的位置，接着将末帧的时间滑块拖拽至最低处。单击“播放”图标，反复试听后单击“确定”，如图4-22所示。

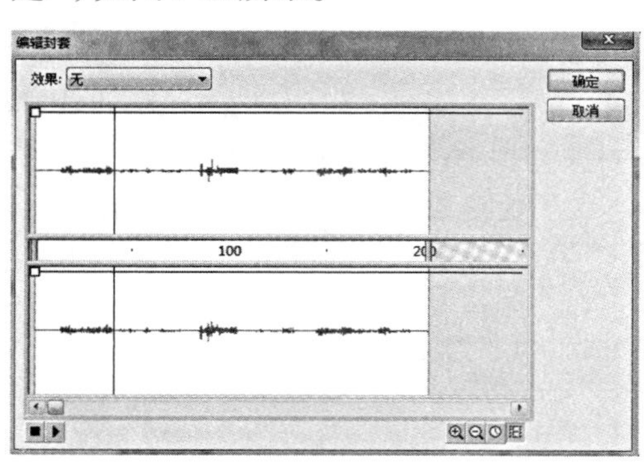

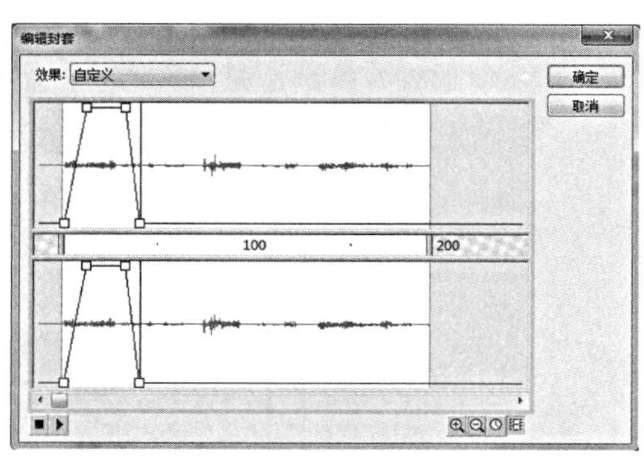

图4-22　淡入、淡出声音（左和右分别为未编辑效果与完成后效果）

现在我们已经学会了导入声音以及运用Flash CS4的“编辑声音封套”工具处理声音，按照所学的方法将所需的其他配音或者音乐全部放进去，为下面的绘制做声音上的准备。

要注意的是，执行以下的步骤前，请确认数位板与电脑顺利连接，用手写笔在数位板上试画几次，直到鼠标和手写笔完全同步，这表示工具已经准备好，可以开始绘制动态故事板了。

第四节　创建动态故事板

判断一个动态故事板的片段是否优秀，可以将它展示给完全没看过这个故事的观众，看在没有绘制者的讲解的情况下，观众是否能明白故事的内容，是否能理解并体会绘制者要传达的笑点和泪点。在动画的另外一门基础课——“动画视听语言”上我们已经学会了如何运用镜头艺术，它是故事板的理论支持，而Flash CS4则是绘制故事板的技术支持。

一、灵感从草稿开始

看到剧本时，我们脑中会联想出一些画面和动态影像，此时可以在Flash CS4已经创建好的舞台上按照时间的逻辑关系快速将其画出来，不用考虑造型是否美观、场景是否准确，只需要粗略地绘制出三点关键信息即可：

（1）角色身处何地。背景是野外、家里、大海还是陆地，以三维的视角设计角色和场景的关系，注意纵深感和方位感，简单画些结构线即可。

（2）角色与镜头的相对位置。角色距离镜头越近，景别越大。景别有远景、全景、中景、近景和特写等不同类型。注意：角色的姿态以直观清晰为佳。

（3）角色与角色之间的相对位置。主角与配色是否有肢体和语言互动，当发生互动时，注意两个角色之间不要长时间地互相遮挡，应适当地拉开空间距离。

实例 1：动态故事板之推镜头、固定镜头、摇镜头草图（电视动画）

本实例中，编者将要绘制一段狐狸暗中观察森林里的小羊的情节。此时天气晴朗，狐狸独自在森林里寻找小羊的踪迹，当看到正在奔跑玩耍的小羊时，他躲在树后想着坏主意。根据文字剧本，首先为一段同时拥有摇镜、固定镜和推镜的连镜头绘制草图（即自始至终都是一个镜头）。

（1）找到之前的“4.3添加与编辑声音”文件夹>“2.添加声音”章节创建的项目文件“Flash 动态故事板”，并将其重命名为“Flash 动态故事板 实例1”。双击打开它，此时声音部分已经先行导入，有了音乐和配音做结构基础，我们需要依据剧本和声音粗略估计分镜用时。比如编者为本段故事板设定的时间为6.3秒左右，那么单击并拖选“音频”图层6.3秒处以后的关键帧，右键选择“删除帧”或者按Shift+F5键。此时舞台的分辨率为720x576像素,这是国内PAL制视频常用的设置，帧速度为25帧/秒，保持背景色为白色，如图4–23所示。

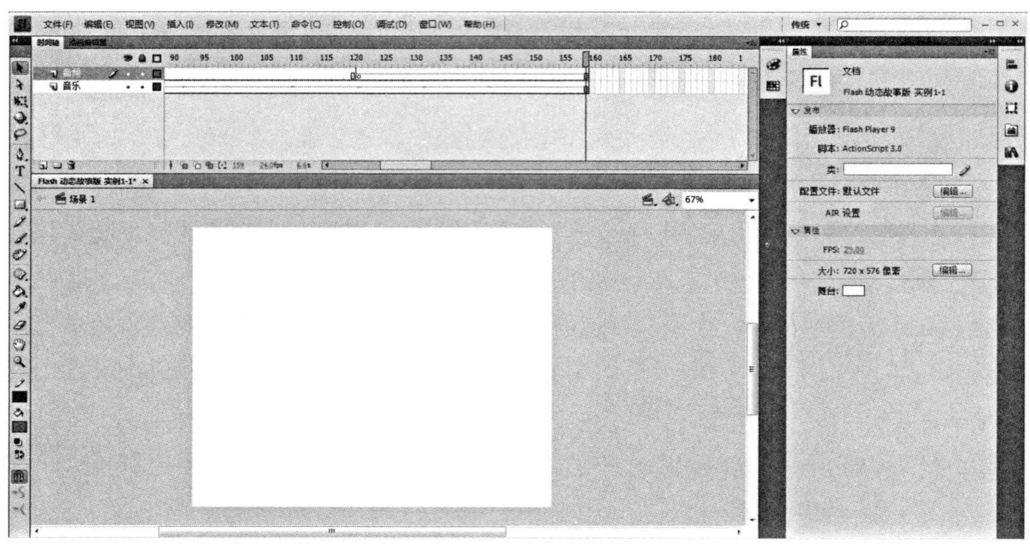

图4-23　PAL制视频项目文件操作界面

(2) 为了适合电视播放，避免画面主体部分在不同规格的电视屏幕上显示不完整，首先新建“安全框”图层，并将后面步骤所需的“镜头号”和“草图”图层创建出来（如图4-24）。所谓的安全框，实际上是安全框和遮丑框的总称。由于电视尺寸不同，所以用于在电视上播出的动画播放时，图像外边缘的部分内容会被切掉。为确保主要的景物和角色表演被观众看到，绘制者常在画面外边缘不超过10%的区域内画两个线框，外线框被称为动作安全框，内线框被称为文字安全框。动作安全框为主要场景设置和角色表演提供空间参考，尺寸约为645×520像素；文字安全框则是给字幕和片尾制作人员名单提供空间参考，尺寸约为576×468像素，设计时尽量不要超出线框。为了在绘制时有中心参考，可以找到画面十字中心点并绘制出十字形，将安全框做四等分标注。

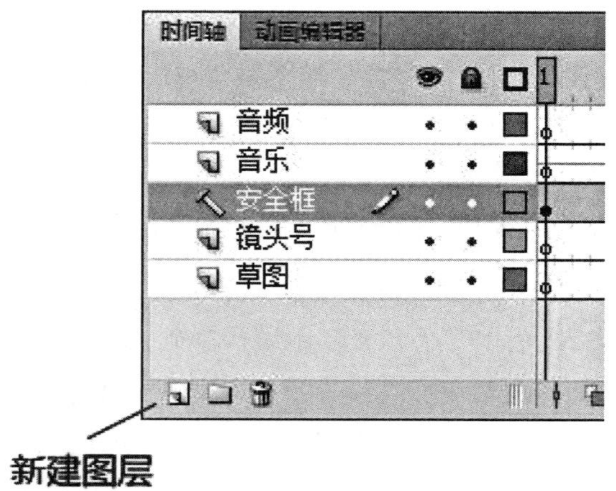

图4-24　新建图层

遮丑框是一种将舞台之外多余画面挡住的黑色边框。Flash CS4的工作区主要集中在舞台上，当镜头运动时，多余的画面也会毫无保留地露出来。为了在绘制时只看到舞台上的画面，减少其他不必要元素的干扰，此时可以绘制一个简易的遮丑框。

第一步：单击“安全框”图层，在舞台上用矩形工具绘制出一个尺寸大约为1440×1152像素、无笔触线、只有填充色的黑色实心矩形，此矩形的中心点与舞台的中心点吻合，此时黑色实心框完全覆盖舞台。

第二步：在刚刚绘制的黑色矩形旁边随意绘制一个无笔触线、除黑色外任意色彩的矩形，并对矩形的属性进行设置：长为720，宽为576，X值为0，Y值为0。

第三步：删掉第二步绘制的矩形。遮丑框绘制完成。

完成以上步骤后，右键选择“安全框”>“引导层”，把安全框这一层设为“引导层”，此时“安全框”字符前的文件夹标志变成一个锤子图案，如图4-25所示。

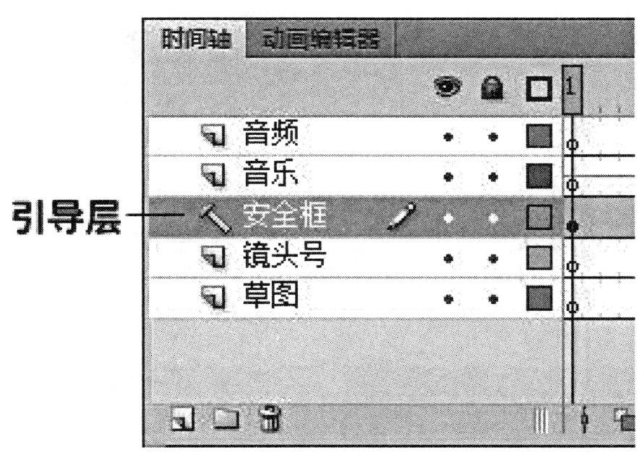

图4-25　安全框

动画小贴士

与普通图层不同，引导层上的内容只在舞台中显示，而预览影片或者导出影片时则会隐藏起来，所以很适合用来放置制作时使用的各种参考线和参考图片。这里我们介绍了引导层的隐藏功能，在第六章中，我们还会介绍引导层的其他动画功能，例如可利用它让物体按照我们设计的路径活动。

（3）单击“草图”图层第1帧的空白帧处，选择“插入”>“时间轴”>“空白关键帧”（或者按快捷键F6），单击工具栏“刷子工具”，在属性栏中选择“颜色”>“油漆桶”>“蓝”255（见图4-26），在第1帧处绘制出摇镜起始画面草图，要注意各元素之间的组合，画出前景、中景和远景的内容，体现空间。单击“草图”图层第51帧处，选择“插

入”>“时间轴”>“空白关键帧”（或者按快捷键F6),绘制出摇镜终止画面草图，完成后单击“镜头号”图层并在对应的草图关键帧上输入镜头号，如图4-27所示。

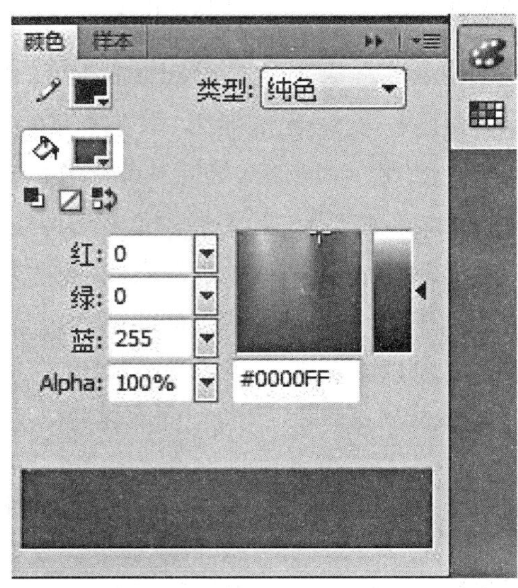

图4-26　选择绘画工具

图4-27　摇镜头草图（左为起始画面，右为终止画面）

（4）单击“草图”图层第64帧的空白帧处，选择“插入”>“时间轴”>“空白关键帧”（或者按快捷键F6），单击工具栏“刷子工具”，简单绘制出固定镜头中主角蹑手蹑脚地向左边行走的姿态，在第84帧处插入空白关键帧，绘制出主角趴在树后偷看左前方的场景，如图4-28所示。

图4-28　固定镜头草图

（5）画故事板草图时，不必拘泥于角色的外在形象，应该思考角色的内在性格特征，并将这一特征体现在角色的举手投足上。由于角色是趴在树后偷看左前方的，所以我们兼用SC01—05镜，利用推镜向观众展现角色窥视的内容。

（6）选择“草图”图层第115帧，点击“插入”>“时间轴”>“空白关键帧”，利用刷子工具绘制出推镜终止画面，如图4–29所示。

图4–29　推镜草图（左为推镜初始画面，右为推镜终止画面）

（7） 通过以上草图的绘制，我们的电视动画动态故事板实例1的雏形就已经构思出来了，按空格键播放，可以查看角色和场景设定是否出错，时间、节奏安排是否妥当。确认后不要忘记选择“文件”>“保存”（快捷键Ctrl+S）。

实例 2：动态故事板之拉镜、移镜草图（网络动画）

在本实例中编者要根据网络动画的文字剧本,绘制出草图和动态故事板：青年乞丐被一只怀表催眠后，渐渐回忆起前日自己在警局里被警察询问的画面。威严的警局门口坐着一排警犬，刚被同是乞丐的老太太暴打一顿之后，青年乞丐显得异常沮丧，乞丐大娘先向警察诉说：“唉！同志，这小子骗我老太太装成他妈。”根据这段文字剧本，首先在Flash CS4里将想法用草图表达出来。

（1）如图4-30所示，在Flash CS4里创建一个名为“Flash 动态故事板 实例2”的项目文件，将“图层1”重命名为“音频”，并把所需声音先行导入。

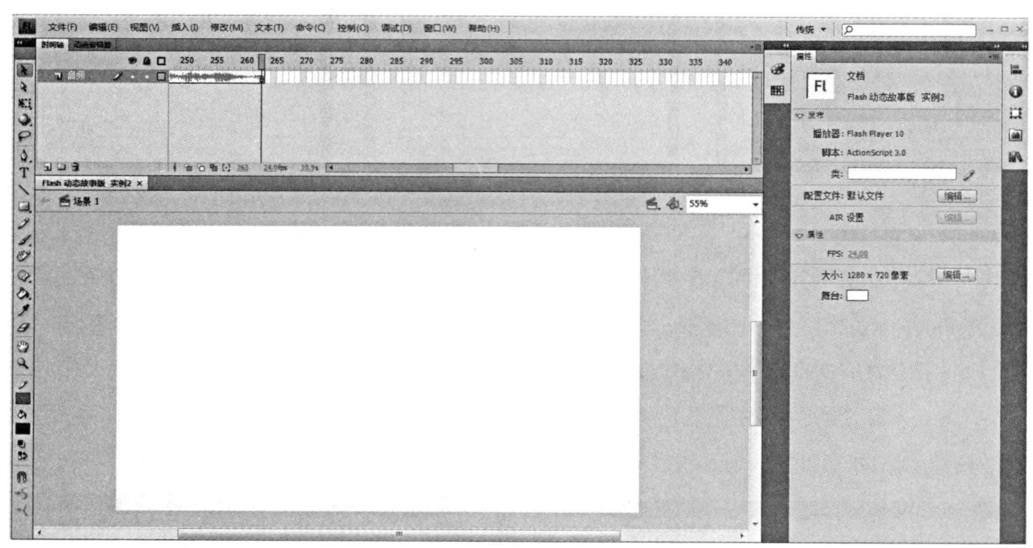

4-30 创建“Flash 动态故事板 实例2”

在时间轴上的相应位置（根据绘制者对剧本的理解），将本段故事板的时间设定为10.9秒左右，删除10.9秒之后的帧数，将舞台大小设置为常规网络平台标清尺寸——1280×720像素,帧速度为24帧/秒，保持背景色为白色。

（2）创建“遮丑框”图层和“草稿”图层（见图4-31），绘制一个2560×1590像素的黑色框，删掉中间1280×720像素的屏幕部分即可得到“遮丑框”，将“遮丑框”属性改为“引导层”，如图4-32所示。

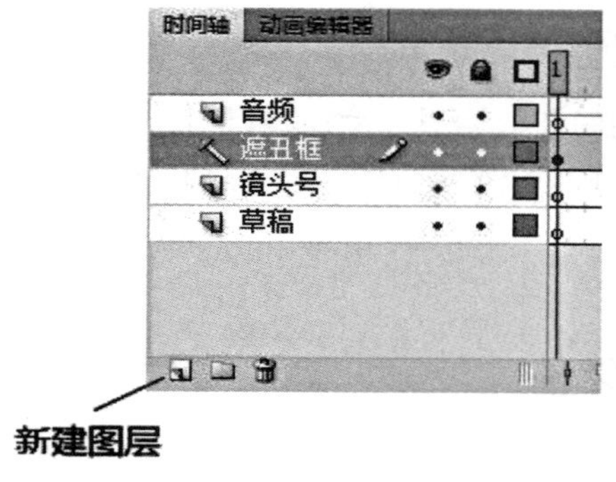

图4-31 新建图层

图4-32 遮丑框

（3）单击“草图”图层第1帧的空白帧处，选择“插入”>“时间轴”>“空白关键帧”（或者按快捷键F6 ），单击工具栏“刷子工具”，在属性栏中选择“颜色”>“油漆桶”>“黑色”，在第1帧处绘制出拉镜的终止画面草图，接着重新选择笔刷为“红色”，在画面中绘制出镜头运动方向指示标记，选择“镜头号”图层，在其第1帧处插入空白关键帧，输入镜头号“SC01”，如图4-33所示。

图4-33　拉镜草图

（4）由于上个镜头是角色正在被时钟催眠，编者瞬间联想到眩晕的画面，所以可以即兴添加一些符合情景的转场元素，在“草图”图层第103帧处插入空白关键帧，绘制出象征晕眩效果的波纹草图，如图4-34所示。

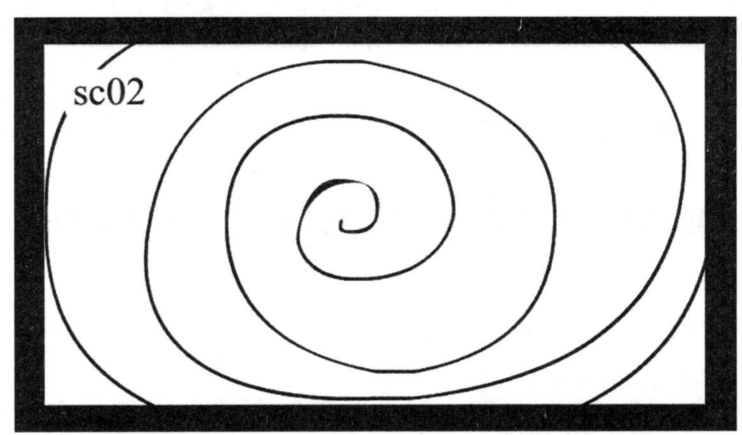

图4-34　SC02

（5）选择“草图”图层第153帧，点击“插入”>“时间轴”>“空白关键帧”，利用刷子工具绘制出警局门前情况的草图，注意前景的角色与角色之间要尽量拉开距离，不要挤在一起，如图4-35所示。

（6）选择“草图”图层第193帧，点击“插入”>“时间轴”>“空白关键帧”，利用刷子工具绘制出警局内问询情况的草图，用红色方框和箭头标出移镜的开始画面和终止画面，如图4-36所示。

图4-35　SC03

图4-36　SC04

（7）通常情况下网络动画的绘制不需要限定安全框，因为各大网站不会对视频内容进行裁剪，所以绘制时可放心利用所有空间绘制想到的任何东西。在动态故事板实例2中，编者用4个简单的草图来描述一些情景，此时可通过按空格键反复播放，观看粗略的镜头和时间安排，确认后要保存文件。

二、创建动态故事板

选择Flash创建动态故事板最大的优势是省时、直观。Flash CS4让我们可以随时检查已完成的内容是否需要调整；拖动时间轴的指针可以看到每个镜头和动作；上一秒钟删除的东西可以在下一秒钟找回来，库面板的储存功能让很多动态故事板艺术家体会过失而复得的惊喜。一个动态故事板如同一个完成的动画作品，它同时具有声音和动态画面两个部分。

我们在Flash CS4中将每个镜头的草图绘制好以后，剩下的工作就比较轻松了。根据草图绘制出更加细致的角色动态和背景时，要将注意力集中于设计角色的表情和肢体动作。虽然物体移动和镜头运动都可以放心地使用Flash CS4的补间动画功能来完成，但是在动作转换处，仍然需要绘制者在元件内部设置关键帧，必要时甚至需要亲手绘制动作指示。

实例 3：细化动态故事板之推镜头、固定镜头、摇镜头（电视动画）

（1）打开“Flash 动态故事版 实例1”，选择“窗口”>“工作区”>“设计人员”界面，为了更快捷地找到文件资源，首先整理库面板。点击库面板中的元件图标，对于音频元件，可以通过点击缩略图预览区的“播放”按钮来试听音乐或配音。通过缩略图预览，可以明确影片剪辑或者图形元件信息。双击元件图标，以镜头号来重命名文件。

（2）首先将暂时不需要编辑的图层全部锁定，点击图层名称后的第二个圆点，此时圆点变成一把锁。单击时间轴面板上最左边的“新建图层”图标，创建一个新图层，并将其命名为“故事板”，重复以上步骤，创建另一个新图层，将其命名为“故事板2”，以备不时之需，如图4-37所示。

（3）点击“镜头号”图层名称后面的绿色实心方框图标，实心方框变为线框，舞台上的镜头号字符变成线形轮廓，点击“草图”图层名称后的红色实心方框，红色实心方框变为线框，此时舞台上的草图呈轮廓显示，如图4-38所示。

图4-37 锁定图层、创建图层

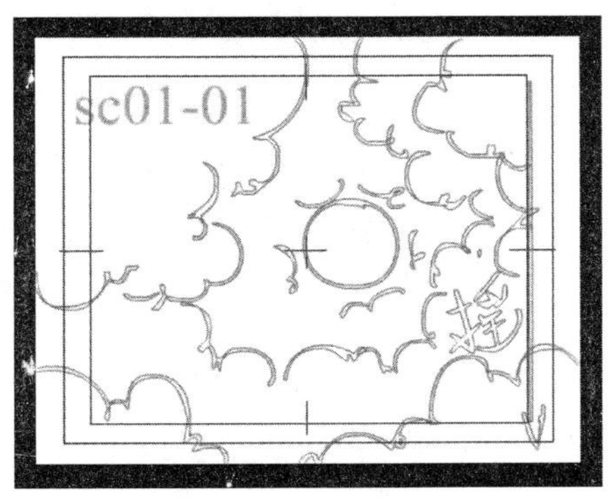

图4-38 草图呈轮廓显示

（4）单击“故事板”图层第1帧处，选择“插入”>“时间轴”>“空白关键帧”（快捷键F7）。

（5）单击工具栏“刷子工具”，在属性面板的颜色区域内点击油漆桶图标，鼠标箭头从“笔刷”变为“吸管”，选择“蓝色”或者“灰色”，在舞台上绘制出“SC01”镜头的起始画面a。

（6）全选画面，右键选择“转换为元件”，弹出对话框，在名称栏输入“SC01”，将元件的类型更改为“图形”。“类型”栏旁边的是“注册” 注册(R): 按钮，按钮上共有9个空心矩形，它们代表创建元件中心点的位置，此时要确保按钮上中心的矩形为实心，如果不是，请用鼠标点击它，最后点击弹出的对话框中的“确定”按钮，则“SC01”元件创建成功。

（7）双击进入“SC01”元件内部，将“图层1”重命名为“场景”，以起始画面a为基础向下绘制出尺寸为664×2800像素（相当于4.7个舞台大小）的全局图，绘制时可以限定尺寸大小。首先绘制出结束画面b（ SC01—02 ），最后再把中间区域的画面补全，如图4–39所示 。

（8）单击“故事板”图层第34帧、第51帧处，选择“插入”>“时间轴”>“关键帧”（快捷键是F6），点击第34帧和第51帧中间的任何一帧，右键选择“创建传统动画”，此时第34帧和第51帧之间出现一条带箭头的线，向上拖动SCO1元件直到画面b出现在舞台内 （见图4–39）。

（9）此时补间动画是匀速的，而摇镜头最好的效果应该是补间过程呈现慢—快—慢的节奏，因此还需要调整补间动画的节奏。单击第34帧与第51帧补间动画处，属性面板出现倒三角形状的“补间”图标，选择“补间”>“缓动”（即点击“缓动”后面的铅笔图标），出现自定义缓入/缓出对话框，横向轴代表帧，纵向轴代表补间，点击起始帧（左下角黑色实心小方框）出现一个空心小圆圈式的连接手柄，点击空心小圆圈并将其拖拽到横向轴第44帧处（见图4–40）。

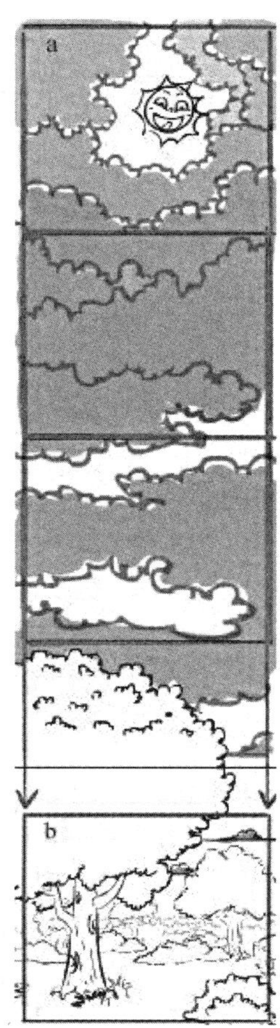

图4–39　SC01摇镜头

图4–40　自定义缓入/缓出

重复以上的步骤，将结束帧的连接手柄也拖拽到横向轴第40帧处，点击左下方的三角形“播放”图标以预览动画，确认符合预期效果后，单击对话框的“确定”按钮。

（10）由于固定镜头从第51帧开始，所以SC01-02镜的角色动作从第51帧开始，到第102帧结束。双击SC01元件进入内部，新建图层并将其命名为“狐狸角色”。

（11）根据故事板草图，在“狐狸角色”图层第84帧处，插入空白关键帧，并绘制狐狸趴在树后向画面前方偷看的动态，绘制完成后点击“文件”>“保存”，如图4-41所示。

图4-41　固定镜头

（12）接下来开始创建动态故事板的推镜头部分，双击进入元件SC01单元格处，选择“场景”图层第103帧处，插入关键帧，绘制出画面c，如图4-42所示。

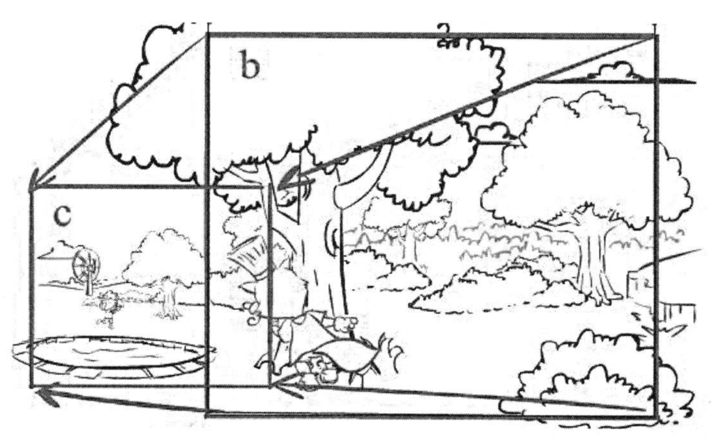

图4-42　推镜头

（13）在“故事板”图层第123帧处插入关键帧，并在第103帧和第123帧之间添加补间动画，按照第（9）步所介绍的方法为补间动画添加节奏，操作完成后，点击“确定”按钮，如图4-43所示。

（14）完成后，将“草图”图层设置为引导层，并点击隐藏“草图”图层（见图4-44），回到舞台并选择“文件”>“导出”>“导出影片”（快捷键Ctrl+Enter），将文件命名为“Flash 动态故事板实例1完成”，保存类型选择“SWF影片”。

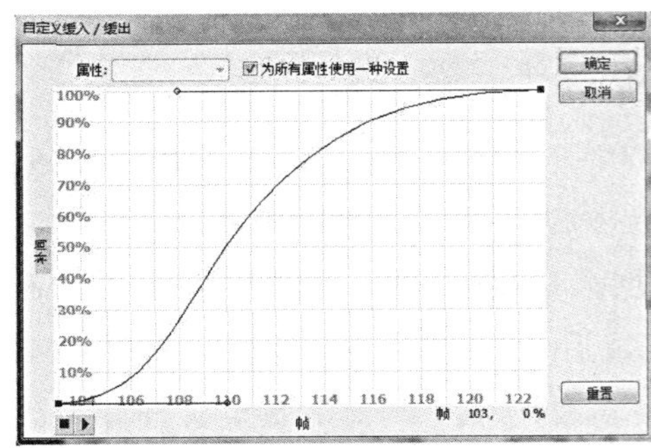

图4-43　所示的自定义缓动

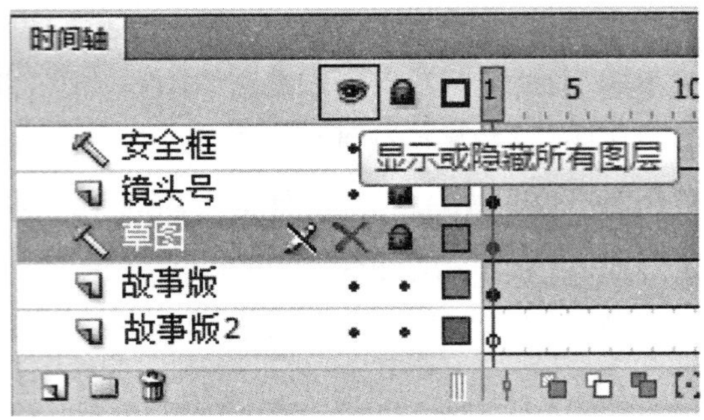

图4-44　隐藏"草图"图层

实例4：细化动态故事板之拉镜头、移镜头（网络动画）

（1）打开"Flash动态故事板 实例2"，选择"窗口">"工作区">"设计人员"界面，为了更便捷地找到文件资源，首先整理库面板。点击库面板中的元件图标，对于音频元件，可以通过点击缩略图预览区的"播放"按钮，试听音乐或配音。通过缩略图预览，可以明确影片剪辑或者图形元件信息。双击元件图标，以镜头号来重新命名文件。

（2）首先，点击图层名称后的第二个圆点，此时圆点变成一把锁，将暂时不需要编辑的图层全部锁定。单击时间轴面板上最左边的"新建图层"图标，创建3个新图层，分别将其命名为"故事板""故事板1""故事板2"，如图4-45所示。

（3）为了不影响接下来绘制的画面，编者将舞台上的镜头号字符和草图变成线形轮廓显示，分别点击"镜头号"图层和"草图"图层名称后的实心方框图标，点击后实心方框显示为线框，此时舞台中的画面随之发生变化，如图4-46、图4-47所示。

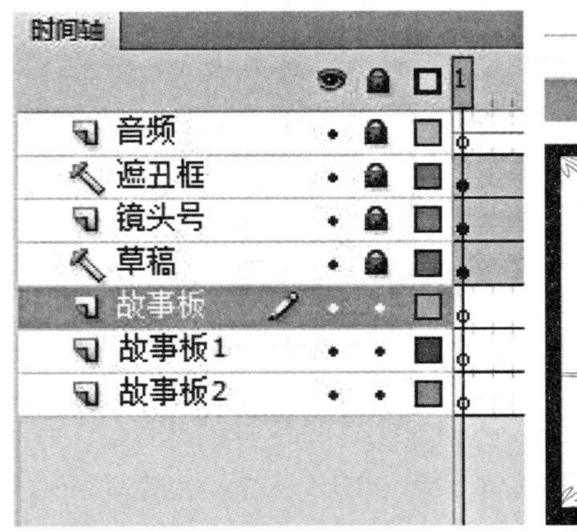

图4-45　新建故事板图层

图4-46　轮廓显示按钮

图4-47　呈轮廓显示的图像

（4）单击"故事板1"图层第1帧处，选择"插入">"时间轴">"空白关键帧"（快捷键F7）。

（5）单击工具栏“刷子工具”，在属性面板的颜色区域内点击油漆桶图标，鼠标箭头从“笔刷”变为“吸管”，选择“灰色”并在舞台上绘制出乞丐被左上方的怀表催眠的画面，即SC01镜。

（6）全选画面，右键选择“转换为元件”，弹出对话框，在名称栏输入“SC01”，在“类型”栏选择“图形”，点击“注册”中心点后点击“确定”按钮。

（7）双击进入SC01元件内部，将“图层1”重命名为“场景”，新建4个图层，将其分别命名为“鱼缸”“怀表”“头部”“身体”。接下来，将画面中散乱的元素创建成若干个“组合”（快捷键为Ctrl+G），并将每个“组合”的图形复制到相应的图层中去，如图4-48所示。

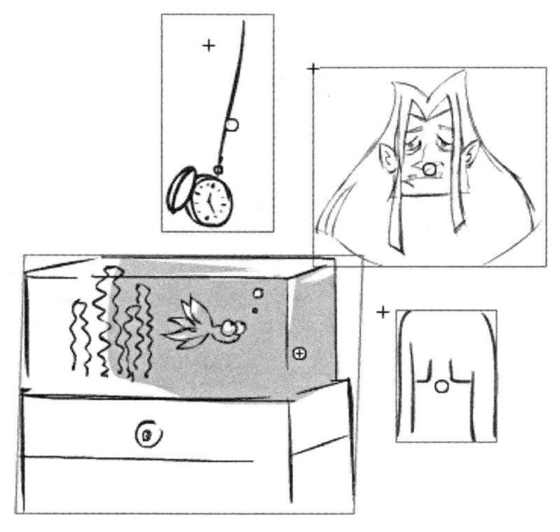

图4-48　将“组”放入图层

（8）在SC01元件内部简单地创建出角色、道具的起始和结束动画，以能清晰显示角色和道具的动作时间为宜。将怀表转换为元件，在“怀表”图层第12帧、第25帧处插入关键帧，作为怀表从画外下落进入画内的始末帧，此时点击第1帧并按“Delete”键，删除第1帧的画面。在第12帧和第25帧中添加补间动画，如图4-49所示。

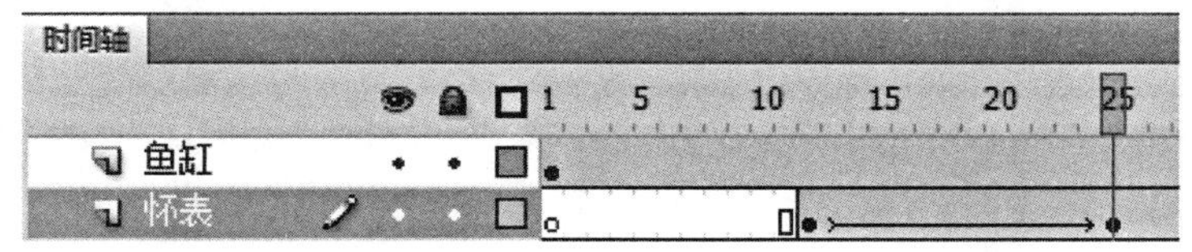

图4-49　添加补间动画

（9）怀表下落之后，选择“头部”图层，在其第26帧处插入关键帧，绘制出乞丐见到怀表后惊讶的表情，如图4-50所示。

图4-50　角色表情变化

（10）选择“头部”图层，在其第98帧处插入关键帧，绘制出乞丐睡着的表情，同时在“怀表”图层的第84帧和第114帧处插入关键帧，将第114帧的怀表移出画面。在“鱼缸”图层的第84帧和第114帧处插入关键帧，将第114帧的鱼缸移出画面，如图4-51所示。

图4-51　SC01

（11）双击舞台，退出SC01元件内部，在“故事板1”图层的第1帧和第124帧处插入关键帧，点击结束帧，选择“任意变形工具”（快捷键Q）,将画面缩小至草图指示的大小，完成后保存文件。

（12）在“故事板2”图层的第87帧和第153帧处插入关键帧，点击工具栏中的“椭圆工具”，并将笔触颜色改为“黑色”，不填充颜色，同时按住Shift键在舞台上绘制一个正圆，将正圆转换为元件，并命名为“眩晕”。双击“眩晕”元件，即进入其内部，此时的时间轴面板上只有一个图层，名称为“图层1”，接下来在这个图层上的第40帧处插入关键帧，框选第40帧处的圆圈，将其放大至超出舞台边线，在第3帧处插入关键帧。单击第1帧之后，选择“属性”>“色彩效果”>“样式”>“Alpha”>“0”，如图4-52所示。

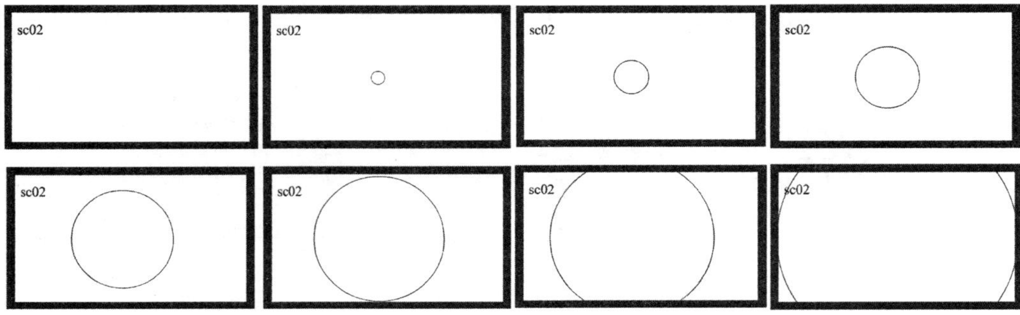

图4-52　SC02

（13）选中“眩晕”元件，按下键盘上的F8快捷键，创建名为“SC02”的图形元件，完成后的元件犹如套娃玩具：一个元件里包含另一个元件。双击进入外层元件——“SC02”元件内部，在原有的图层上新建9个图层，分别按照“眩晕1”“眩晕2”等依次命名，将眩晕元件复制到每一个图层内。选择“眩晕1”图层，点击眩晕元件，在左侧属性面板中选择“循环”>“第一帧”>“4”,按照此种方法，将每一层的元件循环第1帧改为比下一层多4帧，直到“眩晕9”图层的元件第1帧为元件内部的第36帧，此时画面为循环波动画，如图4-53、图4-54所示。

图4-53　编辑SC02

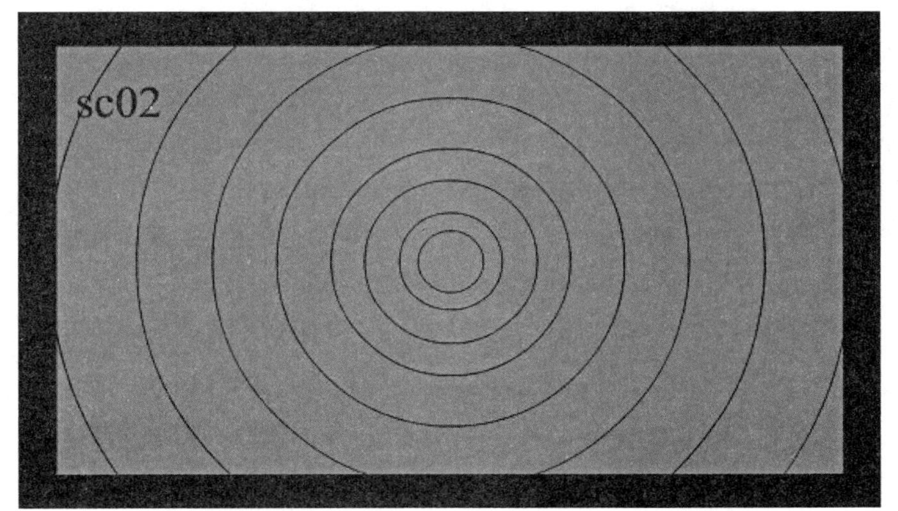

图4-54　循环波动画

（14）进入眩晕元件内部，为第3帧与第40帧补间动画添加缓动值，输入数值“-76”（见图4-55）。退出眩晕元件，回到外部舞台故事板图层，将“故事板2”图层的第87帧画面元件的Alpha值设为0，并在此图层第101帧处插入关键帧，添加补间动画。

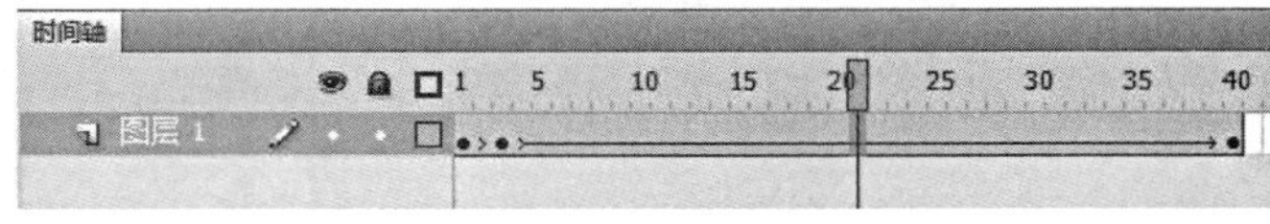

图4-55　为补间添加缓动

（15）在“故事板1”图层的第153帧和193帧处插入空白关键帧，依据草图绘制出更细致的场景和角色，此为固定镜头，如图4-56所示。

图4-56　草图与细化

（16）在“故事板”图层第193帧处插入空白关键帧，绘制出警局内部情景，此时警察正在询问抓来的乞丐和乞丐老太太，并为他们做笔录。依据草图绘制出以下两个部分——前景墙壁和中后景室内（见图4-57）。完成后，选中二者并将其转换为元件“SC04”。

图4-57　警局内部

（17）双击进入SC04元件内部，将上个步骤绘制的前景和中后景复制到两个图层，并以“前景”命名上面的图层，以“中后景”命名下面的图层。

（18）首先将“前景”图层里的画面转换为元件，命名为“前景”，并在此图层第1帧和第100帧处插入关键帧，添加补间动画，然后将第100帧处的墙壁元件向左移动至能看见警察为止。

（19）退出墙壁元件，回到外部舞台“故事板”图层，在第263帧处插入关键帧，将元件向左移动168cm左右，添加补间动画，如图4-58所示。

图4-58　SC04移镜头

完成后，回到外部舞台，按Enter键可以反复播放与查看。选择“文件”>“导出”>“导出影片”（快捷键Ctrl+Enter），将文件名改为“Flash 动态故事板实例2完成”，保存类型选择“SWF影片”。

把动画项目文件保存到完成文件夹里，动态故事板就完成了。这里只是用两个比较常规的案例向大家展示不同类型动态故事板的制作过程。软件的使用步骤大同小异，而每个故事则不尽相同，因此，根据自己独特的动画思维，利用Flash CS4创建出精彩的动态故事板才是最有意义的。

拓展阅读小贴士

本章介绍了从获取声音到创建动态故事板的过程。与传统动画不同的是，Flash CS4为故事板和声音的匹配搭建了一座桥梁。这种不断互相影响并促进的过程，不仅让动态故事板变得更加明确直观，而且也节省了数字动画的制作时间。在绘制草图阶段，选择何种工具因人而异。如果你并不喜欢利用软件绘制草图，可以尝试着在纸上绘制，之后将画完的草图扫描到电脑中并将其导入Flash CS4，最后按照时间顺序将相应图片从库中拖拽到舞台上，这里要注意的是：导入前使用图片处理软件时，要将纸绘图片的尺寸统一处理为动画项目舞台大小，以避免由尺寸不合适带来的位置错误。

思考与练习题

根据以上实例操作，首先尝试创作一个一分钟以内的故事剧本，然后在Flash CS4里根据剧本发挥奇思妙想，绘制出动态故事板。

第五章

故事在哪里发生

——场景绘制

本章知识点

矢量图与位图；设计主场景；绘制特殊气氛背景

学习目标

理解矢量图与位图的区别；了解主场景和特殊气氛背景的设计方法；根据镜头设计场景

故事在哪里发生，就意味着角色在何处表演。我们将角色在画面中所处的空间定义为背景或者场景。Flash动画的背景按照描述图像的格式不同，分为矢量图和位图。因为软件特性和绘画方法的区别，矢量图和位图呈现出截然不同的审美趣味。在本章的学习过程中，为了展现出Flash在背景设计方面的功能特性，我们将主要介绍如何在Flash CS4中绘制矢量背景。

第一节　矢量背景与位图背景

在Flash CS4里绘制并存储的图像只有一种类型，那就是矢量图。矢量图通常被称为向量图，由点、线、面、填充色、边框等方式组合而成。一张矢量图就像一个装满玩具的盒子，盒子里的每一个玩具都是相对独立的个体，创作者将里面的任何一个玩具进行改装和涂鸦，都不会影响其他玩具。因此，矢量图在编辑过程中非常易于操作，创作者可以对图内对象的形状、位置、颜色、大小随意进行改变。

矢量图存储的不是像素，而是指令。计算机会将图像中的颜色和形状记录成一个"函数表达式"，当打开这些文件时，计算机可以根据这个"函数表达式"将画面中的每个对象显示出来，其清晰度不会受图像本身缩小和放大的影响。

位图是传统动画背景中常用的图片类型，通常在Photoshop等软件中绘制完成。位图又叫点阵图，之所以被称为点阵图,是因为它实际上是由无数个点组成的，这些点又叫"像素点"。将这些像素点放大很多倍后我们会发现，它们是一个个有颜色的正方形，并按照创作者设计的颜色过渡整齐并有序地排列着，就像是拼图一样，共同组成一幅完整的图像。创作者无法对其中的某一个像素点进行删除或者改变，只能对所有像素点的颜色饱和度、色相或者明度进行更改。当绘制人员将位图放大时，图像中会渐渐出现密密麻麻的像素点，即马赛克现象。

位图会因为放大而出现马赛克、变得模糊不清，而矢量图则不会，因为矢量图和分辨率（单位尺寸中所包含的像素点数目）没什么关系。计算机或者软件会参照分辨率的高低对新的图像进行计算，矢量图可以自动适应新的大小，保持颜色和形状清晰可见。下面以电视动画《快乐东西》场景截图为例（见图5–1）进行说明。

矢量图在某些特定的环境下可以通过软件转换为位图，图形保持不变；反之，位图转换为矢量图则会失真。因为位图在转换为矢量图的过程中会进行机械的计算和数据处理，最后生成由色块组成的矢量图。如图5–2所示，从左向右看，第一列是电视动画《快乐东西》的矢量场景，矢量图转换为位图后，画面几乎没有任何变化；第二列是电视动画《飞越五千年》中的场景图，位图转换为矢量图后，色彩过渡、明度变化都会融合简化成单色，图像的外轮廓形状也变得更加平直。位图转换为矢量图后，其画面风格发生了明显的变化。

图5-1 《快乐东西》截图 （制作：北京其欣然数码科技有限公司）

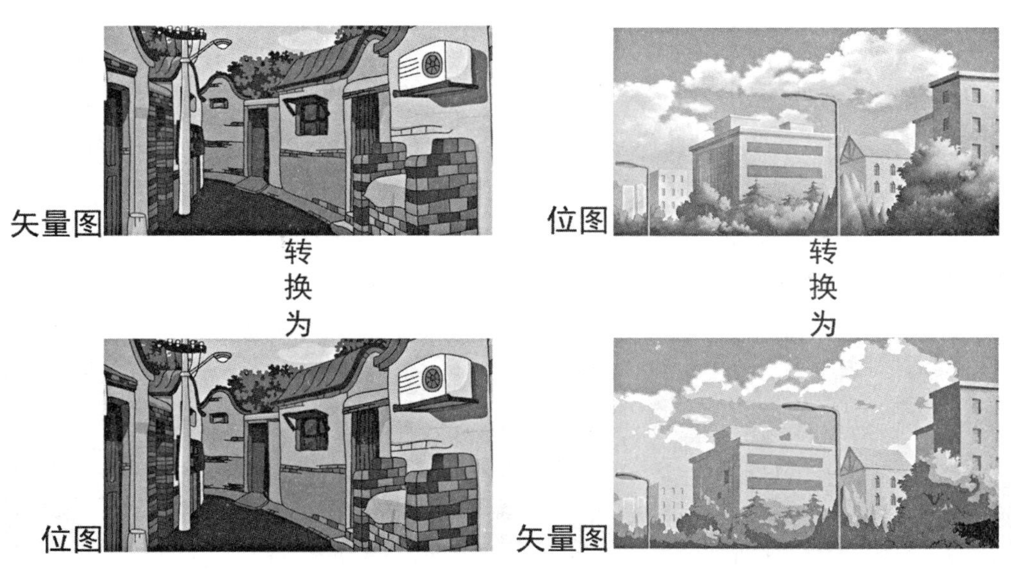

图5-2 《快乐东西》（左）和《飞越五千年》（右）（制作：北京卡酷传媒有限公司）

一、矢量背景

目前可以画出矢量图背景的绘图软件有Flash、Illustrator、Coreldraw等，Illustrator和coreldraw拥有繁多的图形功能和效果功能，目前广泛应用印刷、多媒体设计和平面设计的领域，与它们相比，Flash CS4的绘制工具显得比较简单，绘制效果也比较少。由

于动画背景通常是以外边框造型线条为主的，填色方式是平涂加一个暗面阴影，所以在常用绘制工具中，Flash CS4 比Illustrator和Coreldraw更容易满足这些要求。相对于其他矢量绘图软件而言，Flash CS4简单易学、上手快，因此成为许多电视动画和网络动画背景制作时的首选软件。

受发源于现代设计的新艺术运动风格的影响，矢量背景自诞生之初就显得格外与众不同。与写实风格的设计理念相反的是，矢量背景不注重颜色的写实感和明暗的自然过渡。只要能表现故事的发生场景，方便将背景动画化并且有效地传达创意，甚至可以将背景简化到只剩下点、线或者面。矢量背景发展至今，有两类风格：一类是抽象派，风格自由，创作者可以大胆发挥自己的想象力，不被常规的美术风格所限制，然后用最简洁的图形元素在Flash CS4中将想法拼贴制作出来，这种类型给人很强烈的设计感和现代感；另一类是基于现实夸张化的卡通派，这类背景将现实场景提炼、夸张和简化。

抽象派矢量背景中最具风格化的当属像素动画类。1985年，任天堂出品的著名横版过关游戏《超级马里奥兄弟》风靡全世界，人们首次见到由无数个小点组合在一起形成的画面风格。如今，30多年过去了，虽然在红白机上玩像素游戏已经不再流行了，但这种画面风格却被许多动画创作者沿用，并演变成一种独具魅力的复古风格。如图5-3所示，*Another One Bites the Dust* 是一部点阵式像素风格类的音乐动画，是福州大学数字媒体艺术专业同学的毕业设计作品。其背景全部由色点组成，产生了一种怪诞戏谑的动画效果。

图5-3 *Another One Bites the Dust* 截图（来源：福州大学数字媒体艺术专业毕业设计作品）

在国内早期的Flash动画作品中，“小小”动画系列为了强调火柴人的表演和打斗动作，有意弱化背景的存在感，只画出了背景物体的外轮廓线。这种先锋尝试不仅大大提高了制作效率，也使作者的动画具有明显的标志性（见图5-4）。

图5-4 《小小8号》截图（制作：小小）

除了只用线条绘制出背景以外，也可以利用平涂色块绘制出有趣的背景，就像抽象派艺术的先驱瓦西里·康定斯基的绘画作品那样，使用简洁而明快的对比色，通过寥寥数笔用颜色平涂出物体的形状，不在乎物体的受光和阴影。如图5-5所示，从美国喜剧中心频道在1997年制作的系列动画《南方公园》中，我们可以明显感受到来自抽象派艺术作品的影响。

图5-5 《南方公园》截图与康定斯基作品

在广告动画和具有个人风格的系列动画短片中，创作者多擅用抽象背景。以故事性为主的Flash动画，为了增强说服力、让观众尽快融入到作者创造的世界中去，常常基于写实性绘制卡通矢量背景。如图5-6所示，在Flash动画《小米的森林》的世界观设定中，为了向观众呈现一个神秘的森林以及森林中的遗失的文明和人们从未见过的古怪生物，创作者采用规整统一的边线勾勒出背景物体外形，采用平涂的方式上色，最后添加细腻的阴影和高光，低饱和度的灰色基调给人一种雅致、遗世独立的感觉。

图5-6 《小米的森林》（制作：娃娃鱼动画工作室）

有时候因为虚构的故事加入了很多怪诞的元素，动画背景也会选择更加卡通化的造型和高饱和度的颜色。受美国联合制片公司（UPA）“有限动画”的影响，极简主义风格不仅让动画角色造型化繁为简，也让Flash动画背景从早期二维传统动画的写实风格变得于更加扁平化和富于设计感。

如图5-7所示，《欢乐树的朋友们》（*Happy Tree Friends*）是一部充满黑色幽默的Flash动画片，2000年开始在Youtube上播映。它的角色创意来自于导演的信手涂鸦，背景是无边线的平涂色块。

图5-7 《欢乐树的朋友们》（*Happy Tree Friends*）（制作：Mondo Media）

表现中国古代题材的Flash 动画，有时会在平涂色块上加入粗细不同的边线，用这些极富表现力的边线，使造型更加精致与细腻。Flash动画《小破孩之景阳冈》的矢量背景在构图和造型设计上既具有古典美又具有现代感（见图5–8）。

图5–8　网络动画《小破孩之景阳冈》（制作：拾荒动画工作室）

富于变化的边线虽然很美观，但是什么地方该粗、什么地方该细，完全是由创作者掌握的，具有极强的个人风格，这样非常不利于商业流程化操作。对剧集动画来说，10分钟左右的Flash 动画片需要绘制几十个到几百个背景，如果全部由一个创作者来画，那就太慢了，可是让不同的人来画，边线造型风格又不一样。怎么办呢？答案是：统一使用粗细均匀的线条。这样不仅能统一画面风格，而且能大大提高工作效率。《快乐东西》是一部主要围绕北京胡同内发生的家庭故事展开叙述的Flash 动画，背景包括2000年左右的北京胡同、四合院和街景。在绘制这些具有明显地域特色和时代特点的场景时，统一使用了规范的线条、平涂色和主光源阴影，使细节表现丰富，充满了生活气息（见图5–9）。

图5–9　《快乐东西》（制作：北京其欣然数码科技有限公司）

二、位图背景

常用的位图绘制软件有Photoshop、Painter和Easy Paint Tool Sai等，这些软件在绘画领域里各有所长，只要创作者熟悉软件的基本操作，就能绘制出令人满意的背景图，当然前提是创作者必须掌握一定的美术绘画技法。Flash动画除了可以画出来，也可以实拍，甚至可以利用三维软件制作。下面我们将介绍三种获取背景的方法。

1. 传统二维动画背景

对空间设定有严谨逻辑结构的剧本来说，在位图软件（如Photoshop）里可以绘制出更加符合历史背景、透视原理、材质和灯光设计等要求的背景图，如网络动画《黑白无双》（见图5-10）。

图5-10　《黑白无双》（制作：娃娃鱼动画工作室）

2. 三维背景

随着近年来Autodesk Maya和3ds Max等三维软件的普及应用，对于一部分Flash 动画的背景，创作者会选择在这些软件中制作三维模型，然后按照动态故事板导出所需角度和尺寸的背景图。电视动画《新大头儿子与小头爸爸》采用Flash加三维技术制作背景，真实地再现了大头儿子一家的日常生活场景（见图5-11）。

3. 实景拍摄背景

少部分追求个性化的网络动画和广告动画会选择这种方式。拍摄对象可以是真实的生活场景（如图5-12《扬子江航空创意广告动画》），也可以是综合材料制作的场景（如图5-13网络动画《哐哐日记》），不过实拍背景通常不能直接使用，需要在位图处理软件中对色彩、构图和大小等做后期调整。

图5-11　电视动画《新大头儿子与小头爸爸》(制作：央视动画有限公司)

图5-12　《扬子江航空创意广告动画》(动画制作：北京映纷创意文化传播有限公司)

图5-13　网络动画《哐哐日记》(制作：北京互象动画有限公司)

第二节 设计主场景

对一部动画作品来说，观众首先看到的是角色和场景共处的画面，好的场景不仅让人产生审美愉悦感，还能使观众产生共鸣。在制作之前，绘制者应该具有场景思维，即创造符合故事剧情的场景。

网络系列动画《欢乐树的朋友们》（*Happy Tree Friends*）是美国盟国媒体动画制作公司在1990年发布的，片中的主角以麋鹿、臭鼬、海狸和松鼠等生活在美洲地区的动物为原型，讲述了它们在森林中生活的故事。片中随处可见松树和橡树，它们是北美地区最常见的树种（见图5-14）。在设计背景时，创作者根据故事和角色设定，适当加入了一些富有既定文化特色的元素，符合故事的地域特性。

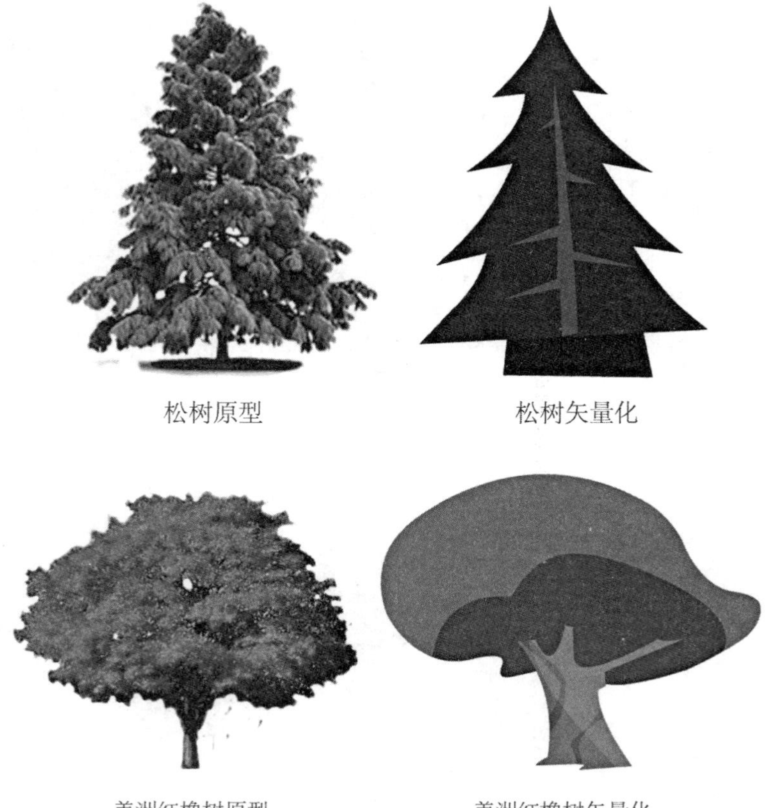

图5-14 系列动画《欢乐树的朋友们》（*Happy Tree Friends*）中常见的树种

这个动画片的主场景包括大森林、各种小动物的家和工作场所。在初期设计时，动画师不仅要考虑动物们的地域属性，还要考虑主角们的性格特征以及生活习性。如图5–15所示，这是金花鼠Giggles的家，墙壁最右边的相框中是麋鹿Lumpy的剪影，这说明了角色之间的朋友关系，为片尾处Lumpy按门铃送花做了铺垫。在场景中添加显示角色之间内在联系的道具可帮助观众理解剧情。

图5–15　Giggles 的家

一、空间透视

动画场景是依据动态故事板想象出的空间环境。完整的动画场景体现了角色所处的环境，给镜头调度提供了依据，同时也明确了画面构图和景物透视关系。为了在二维空间中模拟出三维空间的视觉关系，我们可以通过透视原理的帮助，达到绘制目的。

透视原理以人的眼睛为视点，再现了现实空间中物体的位置。透视共分为三种类型。

1. 色彩透视

由于空气的缘故，景物实际投射到眼睛时，颜色会发生变化。近处的物体色彩明暗对比强烈，偏暖色调；远处的物体色彩明暗差别小，偏冷色调。

2. 消逝透视

随着景物距离视点越来越远，其外轮廓越来越模糊。

3. 线透视

随着景物距离视点越来越远，景物越来越小，外形上呈现规律性的透视变化。

色彩透视和消逝透视很容易理解，即随着距离变远，颜色趋向冷色调、清晰度降低，这部分将在之后的“光影与色彩”一节中举例说明。其实无论是色调还是清晰程度，在画面中都是通过颜色的变化表现出来的，而线透视主要揭示了物体在空间中的体积变化。

透视原理基于眼睛在观察景物时的主观感受。假设我们在观察景物时，眼睛与景物之间有一面透明玻璃（如图5-16所示），此时眼睛的位置被称为视点，这面玻璃相当于绘制场景时的舞台，玻璃后的景物是我们要绘制在Flash CS4舞台上的场景。随着视点与景物相对位置发生变化，会产生三种不同透视类型：一点透视、两点透视和三点透视。通常为了满足故事需要，要为一个完整的动画作品绘制不同的透视场景。接下来以动画片《欢乐树的朋友们》中三个不同的透视场景来做具体说明。

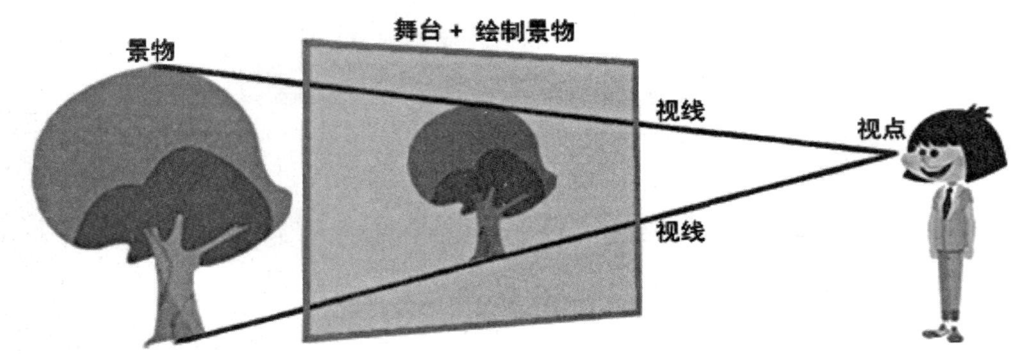

图5-16　透视图基本组成部分

实例 1：一点透视

当地平线上只有一个消失点，且景物的一面与舞台平行时，为一点透视，即景物纵深方向的延长线相交于消失点。一点透视通常用于景物正面对着镜头的情况或者纵深感较强的动画场景。

在动画片《欢乐树的朋友们》的第15集中，Flaky、Sniffles和Giggles（剧中三个主要角色的名字）相约去鬼城探险。根据故事设定，本集的主场景为鬼城，这里阴森恐怖，坐落在一片荒野之中，三位主角乘矿车轨道驶入鬼城大门。接下来,让我们开始绘制本集主场景——鬼城。

（1）创建Flash文件（ActionScript3.0）文档，并将其命名为“鬼城”，在时间轴上新建4个图层，分别命名为“中心点”“故事板”“一点透视”“场景”，并将前3个图层属性改为引导层。

（2）选择“中心点”图层，在舞台中心处用线条工具绘制一个红色十字，以便绘制时作为中心参考；打开已经画好的动态故事板中的鬼城场景草稿，将其复制到“鬼城”文档>“故事板”图层中，调整至合适大小后，将此图层放置到最底层。

（3）在“一点透视”图层中用铅笔工具绘制出透视线（见图5-17）。

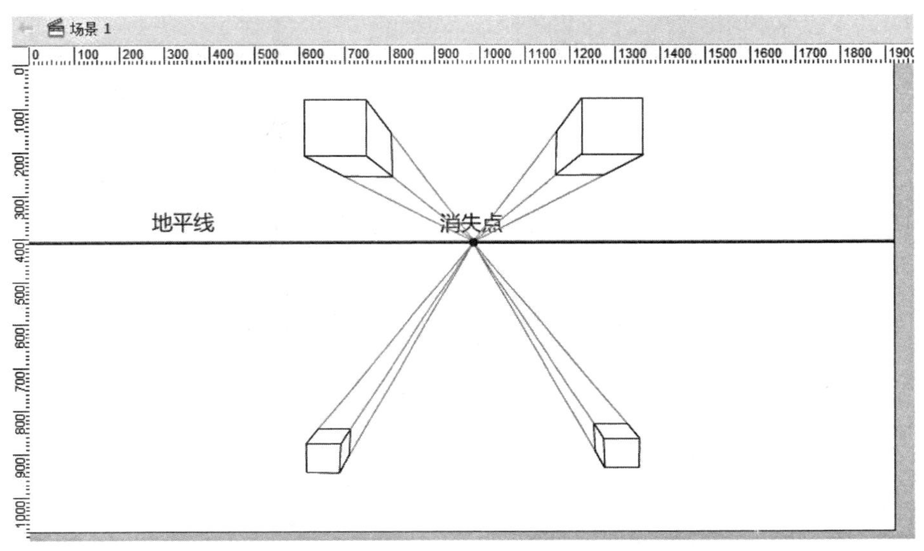

图5-17　一点透视

（4）参考一点透视图和故事板场景草稿，在“场景”图层中绘制细致的线稿。

（5）接下来，我们可以用几何图形调节法来完成绘制（见图5-18）。

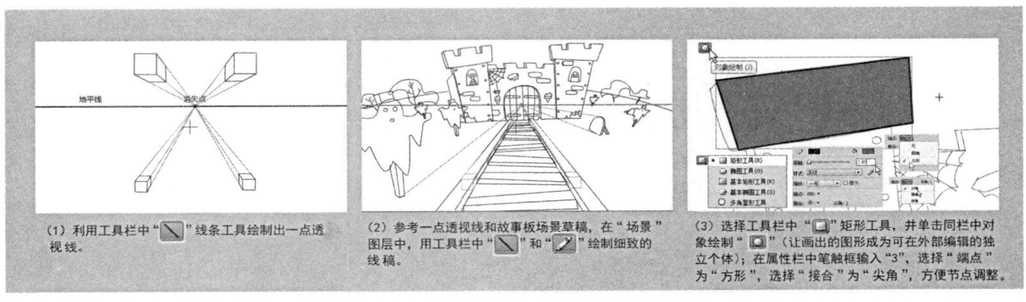

（1）利用工具栏中“ ”线条工具绘制出一点透视线。

（2）参考一点透视线和故事板场景草稿，在“场景”图层中，用工具栏中“ ”和“ ”绘制细致的线稿。

（3）选择工具栏中“ ”矩形工具，并单击同栏中对象绘制“ ”（让画出的图形成为可在外部编辑的独立个体）；在属性栏中笔触框输入“3”，选择“端点”为“方形”，选择“接合”为“尖角”，方便节点调整。

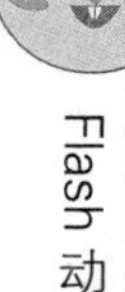

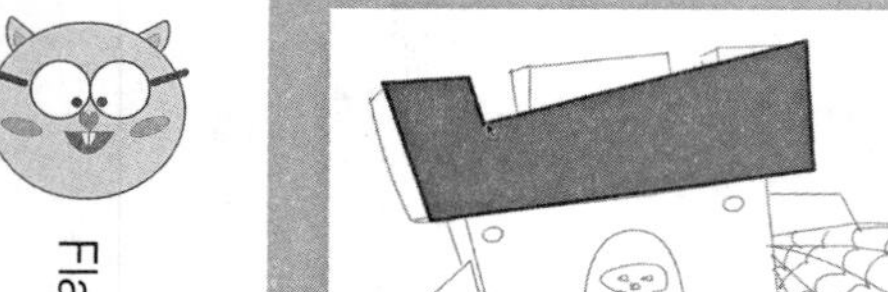

（4）单击工具栏中“ ”选择工具，将鼠标箭头放在图形需要转折的边线上，按住键盘“Alt”键，箭头后面出现一个直角标记，同时向上或者向下拖动，则边线出现转折和节点。

（5）用“Alt”键+“ ”选择工具，调节出城堡凹槽。

（6）同样的方法，调节出城堡第二个凹槽，注意造型参照底层的线稿。

（7）城堡的造型调节好之后，将箭头移至靠近如图位置的边线时，箭头下方自动出现弧线标记，此时向下拖动。则边线出现向下的弯度。

（8）用几何图形调节的方法，绘制出城堡全部的造型。

（9）这个方法的要领是用几何图形自动画出基本图形，然后利用选择工具调整出所需造型，就捏橡皮泥一样，这里的鼠标箭头就像是手，能拖拽出任意造型。绘制出前景和背景后，用铅笔工具画出城堡表面的装饰物。

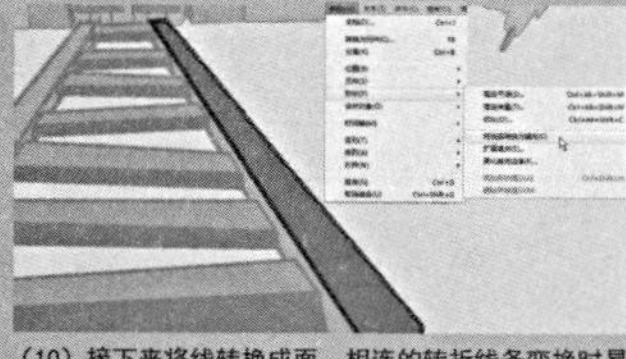

（10）接下来将线转换成面，相连的转折线条变换时易出现错误，所以从少量的单独线条开始转换。双击进入铁轨中的一个绘制对象里（此时除了选中对象，其他的颜色都会变淡）选中一条边线，选择顶部的菜单栏“修改 ”>“ 形状 ”>“ 将线条转换为填充 ”。

（11）同上一步骤。将线条转换为面，是为了以后调整线条的粗细，使其更美观。

（12）用以上方法将剩下的所有边线转换成面，单击顶部菜单栏“ 编辑 ”>“ 全选 ”所有对象，接着选择菜单栏“ 修改 ”>“ 形状 ”>“ 将线条转换为填充 ”。

（13）此时所有的边线都已经转换为面，从外表看，暂时没有什么差别，接下来开始调整。

（14）单击选择工具“，双击前景层木桩，进入绘制对象中。

（15）接下来开始修整图形，将箭头贴近边缘，箭头下方出现弧形，向下拉，让图形末端由粗变细。

（16）将箭头贴近末端节点，软件会自动选中节点，向上拖动，底部线条形状变得纤细。

（17）利用同样的方法将木桩的暗面线条也修整出来，此时木桩的边缘线变得更加美观。

（18）按照以上的方法，将铁轨、城堡和装饰物的边缘线按照视觉习惯——近粗远细 ——修整。

图5-18　几何图形调节法过程图

实例 2：两点透视

如图5–19所示，如果地平线上有两个消失点，景物的铅垂轮廓线平行于舞台，其他两个面的水平线向画面纵深处延伸，相交于地平线上的两个消失点，这就是两点透视。两点透视通常用于表现多角度的景物和街道。

在动画片《欢乐树的朋友们》的第20集中，Cuddles（剧中一个主要角色的名字）在甜品车上买了一个冰淇淋，并开心地踩着滑板踏上了甜蜜旅程。动画第一个场景就是有甜品售卖车的公路，公路边上有一些零散的枫树。它的绘制过程如下：

（1）准备工作与“一点透视”的实例1相同，创建Flash文件（ActionScript3.0）文档，并将其命名为“公路”。在时间轴上新建4个图层，分别命名为“中心点”“故事板”“两点透视”“场景”，并将前3个图层属性改为引导层。

（2）在“两点透视”图层中用铅笔工具绘制出如图5–19所示的透视线。

（3）选择“中心点”图层，将实例1中绘制的红色十字中心点复制到当前位置；打开已经画好的动态故事板中的公路场景草稿，将其复制到“公路”文档>“故事板”图层中，调整至合适状态后，将此图层放置到最底层。

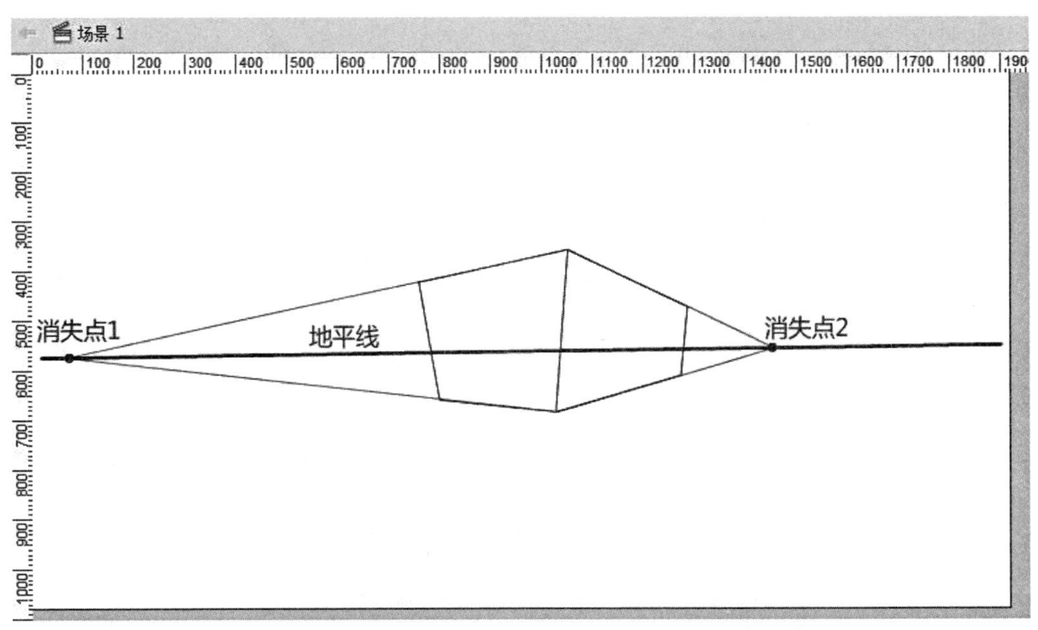

图5–19　两点透视

（4）参考两点透视图和故事板场景草稿，在“场景”图层中绘制细致的线稿。

（5）实例1中我们利用几何图形调节法完成绘制，这次利用墨水瓶填充法来完成接下来的绘制（见图5–20）：

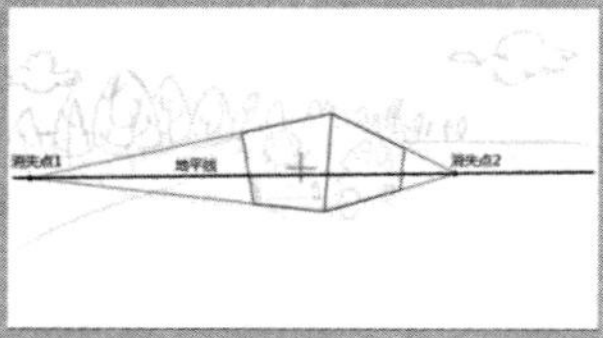

（1）同样利用“ ”线条工具绘制出两点透视线。

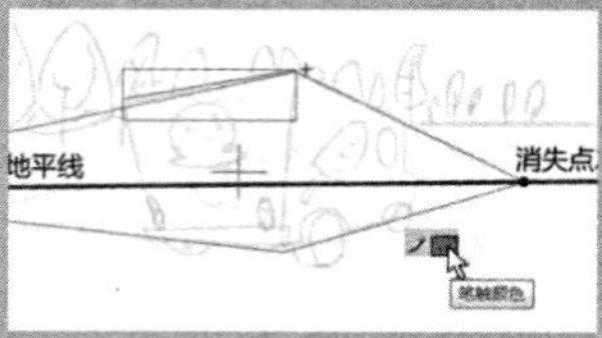

（2）参考两点透视线和故事板场景草稿，在“场景”图层中，用“ ”线条工具或者“ ”铅笔工具绘制甜食车的外轮廓，注意画前选择“对象绘制”，笔触选择红色。

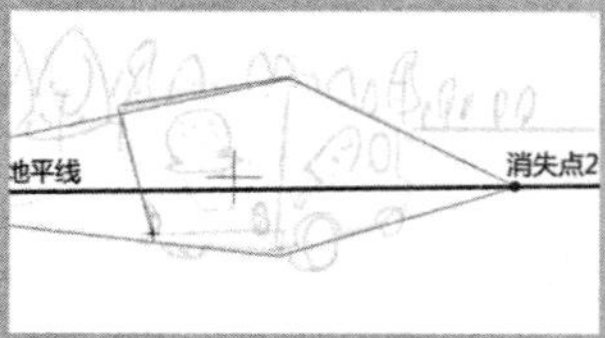

（3）继续按照透视线和草稿绘制甜食车外轮廓。

（4）由于设定的场景边线风格如漫画般比较粗，所以接下来我们在已画好的车外轮廓上，将边线的形状单独用线条绘制出来。

（5）单击选中车子一个面的三个边线，此时蓝色的对象绘制框出现。

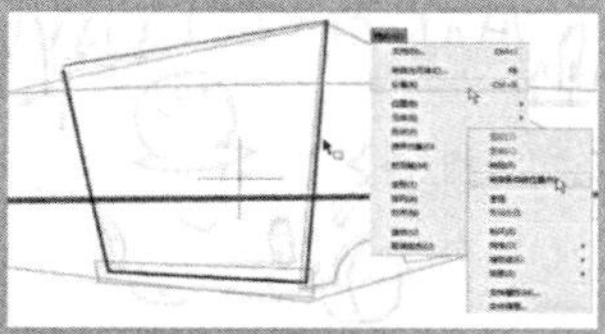

（6） 将三条边线剪切，并双击进入剩下边线的内部，右键单击“粘贴到当前位置”，框选粘贴后的三条边线，选择顶部菜单栏中“修改”>“分离”，此时线条不再是相互独立的个体，而是相互连接形成一个整体。

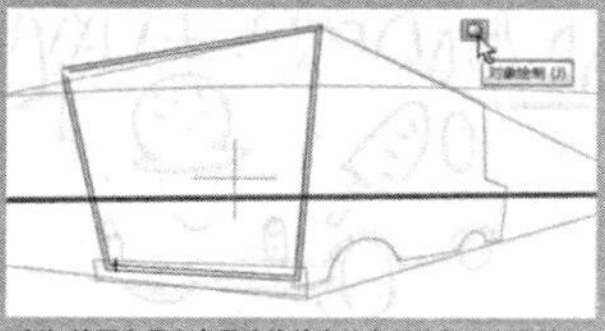

（7）接下来画出车子边线轮廓的内部线条，有两种方法：第一种是直接用铅笔工具和线条工具绘制（画前记得再次单击“对象绘制”，即可取消）；第二种是复制矩形轮廓线，将其缩放至 95% 左右放置在内部。

（8）接着绘制出车子的窗户、轮胎等其他部分，并用上面介绍过的方法将其边线的形状也同时画出来。

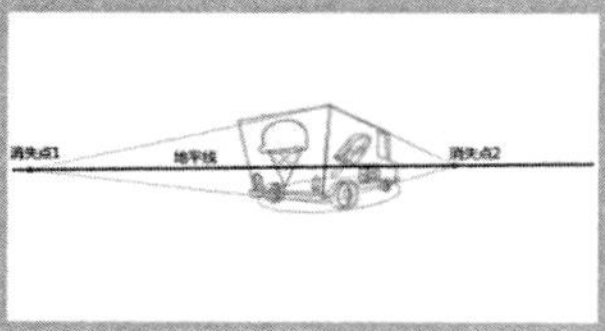

（9）记住，画的时候要参照透视线。笔触选择红色的原因是：当最终的画面完成时，这些红色线条将要被删除，所以选择视觉上较明显的颜色。

（10）车子画好后，绘制出树木、云彩等其他景物，后景物在视觉上要弱化，因此将后景处理成无边的，不用为轮廓画线条。

（11）线稿画好之后，选择工具栏中“ ”颜料桶工具，在所需填色的地方点击一下，此时因有不封闭的线条，内部空间无法填色。

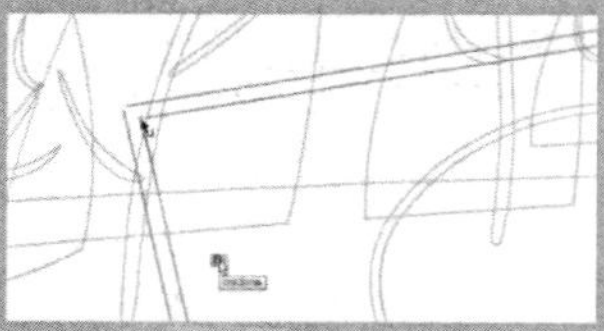

（12）此时可以单击“ ”选择工具，并点击贴紧至对象工具“ ”，将鼠标移至未连接线条的端点时，箭头自动显示直角符号。

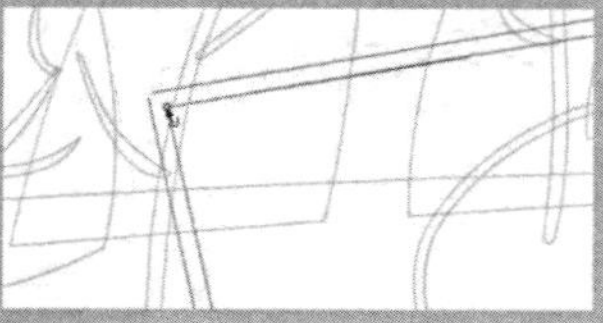

（13）当鼠标牵引着线条自动贴合至另一条线的端点时，箭头顶点出现空心圆圈，表示线条已联合封闭。

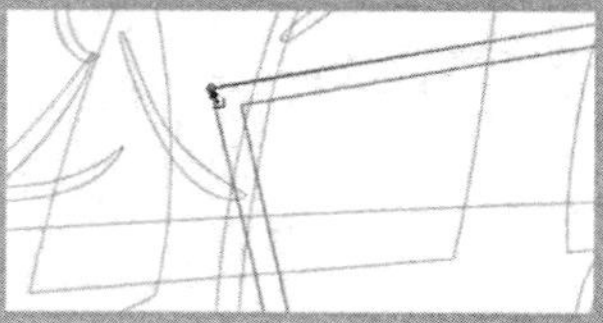

（14）用同样的方法将外轮廓线条也调整为封闭。

（15）还可以在缩小视图后，选择油漆桶，单击孔隙大小工具“ ”，选择封闭小空隙，这样即使线条不闭合，也可顺利填色。

（16）使用以上两种填色方法，将所有景物的颜色填充完整。

（17）颜色填充好之后，接下来要将先前画的红色线稿去除。单击选择绘制对象，此时“属性”面板中出现笔触“ ”，单击笔触图标，选择下拉菜单中的“ ”，则红色边线被去除。选择的对象如果是不可在外面编辑的组或者元件，则需要双击对象进入其内部，然后进行选择去除边线。

（18）线稿去除之后，场景绘制完成。

图5-20　墨水瓶填充法过程图

实例 3：三点透视

如图5-21所示，基于两点透视，如果视点采取俯视或者仰视的角度，那么在天空或者地平面之下会出现第三个点，这就是三点透视。

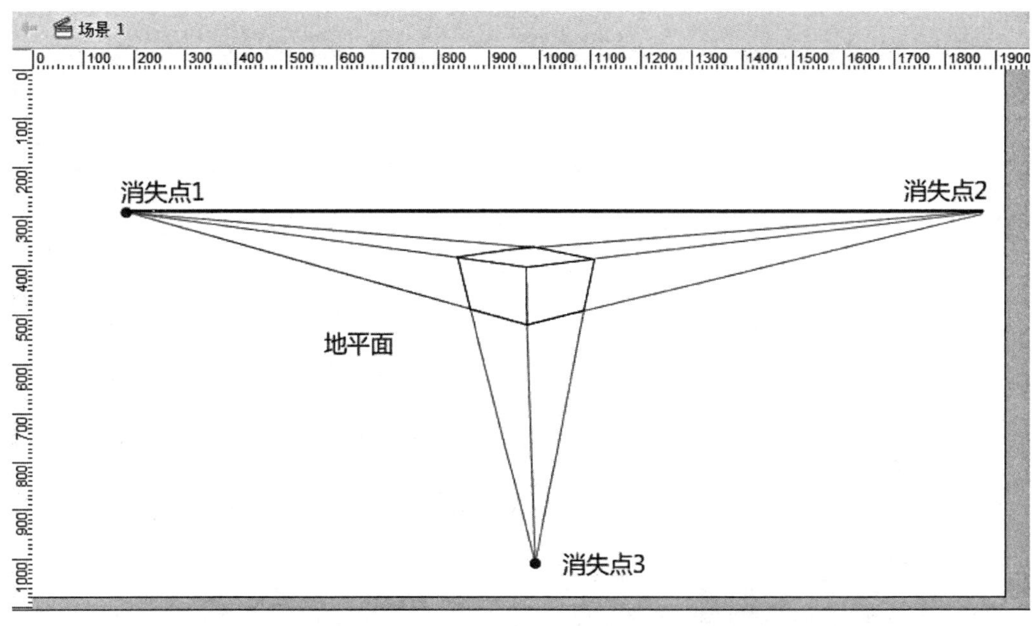

图5-21 三点透视

动画片《欢乐树的朋友们》的第36集讲述了小伙伴们在表演教室里排练新年节目，随后发生了一系列悲剧的故事。主场景是森林中有观众席的表演教室，是集排练与演出为一体的空间，要将其内部设计成圆形剧场。它的绘制过程如下：

(1) 创建Flash文件（ActionScript3.0）文档，并将其命名为“剧场”。在时间轴上新建4个图层，分别命名为“中心点”“故事板”“三点透视”“场景”，并将前3个图层属性改为引导层。

(2) 在“三点透视”图层中用铅笔工具绘制出如图5-21所示的透视线。

(3) 选择“中心点”图层，将实例2中绘制的红色十字中心点复制到当前位置；打开已经画好的动态故事板中剧场的草稿，将其复制到“剧场”文档>“故事板”图层中，调整至合适状态后，将此图层放置到最底层。

(4) 参考两点透视图和故事板场景草稿，在“场景”图层中绘制细致的线稿。

(5) 为了灵活运用以上两个实例介绍的方法，下面将进行综合运用，如图5-22所示 。

Flash 动画教程

(1) 绘制三点透视线。

(2) 参考故事板场景草稿和透视线，利用" "线条工具画出剧场主体部分的线稿，注意将剧场边线造型用直线条勾勒出来。

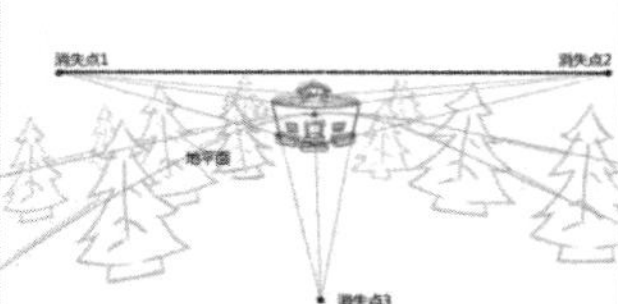

(3) 剧场位于山坡顶，画出山坡线，注意将山坡线条在画外封闭，以便填色，方法是选择顶部菜单栏"视图">"粘贴板"，在舞台的粘贴板上将山坡线条连接起来。

(4) 剧场的线稿完成后，单击" "矩形工具，选择颜料桶不填充颜色" "，笔触为红色" "（任何显眼的颜色都可以），接着绘制松树线稿。

(5) 利用" "颜料桶工具为线稿填充颜色。

(6) 将笔触线条去除。

(7) 选择菜单栏中"修改">"组合"，接着单击" "椭圆工具，绘制出剧场的顶部花纹，此时新绘制的图案成为一个整体，双击退出组合，则显示组合线框，注意将新绘制的图案线条转换为填充。

(8) 单击花纹组合，右键选择"排列">"下移一层"，将其放置在四根木桩的后面。在填色阶段，如果组合、绘制对象的外框和背景的颜色相同，区分不开，可以单击菜单栏"编辑">"首选参数"，在弹出的对话框中选择"常规">"加亮颜色"，修改外框颜色。

(9) 剧场周围有许多松树，这里先绘制一棵，剩下的可以复制。单击选择松树，右键复制，并粘贴。

(10) 将复制出来的松树移动到左边空白处，并利用" "任意变形工具，将复制的松树按照透视方向调整出合适的大小和角度。

(11) 按照上面的方法将松树复制到所有需要的地方，注意将远处的松树颜色饱和度调低。

(12) 接下来用" "刷子工具画出雪的形状。

(13) 用颜料桶工具将雪的空白处填充，并将表演教室外墙的花纹用刷子画出来。

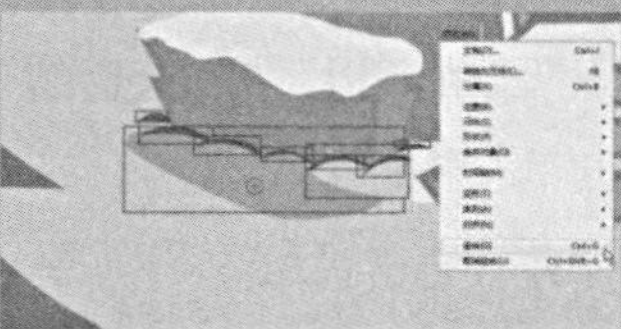

(14) 因为剧场门口的石头会陷入松软的雪里，所以创建新的组合，用刷子工具在里面绘制出覆盖雪的造型。

(15) 双击退出组合，回到舞台上，复制覆盖雪组合，并将其放在另一个石头上面，注意最后要将两个覆盖雪的组合都排列在顶层上。

(16) 接下来绘制剧场的暗面和灯光部分，利用" "铅笔工具在每个需要加阴影的地方画出一条明暗分界线。

(17) 选择颜料桶工具，在路灯下分界线的内部填充明度增加的颜色，并在剧场和雪的分界线下填充暗部颜色。

(18) 将明暗分界线去除，利用椭圆工具绘制出大小不一的星星，场景绘制完成。

图5-22　综合运用两种方法的过程图

二、构图与表现

构图一词，来源于西方绘画，如今广泛应用于现代绘画、平面设计和摄影中。场景作为承载动画角色表演的空间，不仅有一定的审美要求，还拥有传达故事剧情的能力。为了让剧本中的重要元素在画面中被观众注意，场景设计师在实际绘制时，常常和导演、故事板设计师一起研究，通过对场景进行有意识的构图设计，更好地引导观众去注意导演想要强调的部分。

因约束范围不同，构图法则分为平面构图法和纵深构图法。平面构图法是对场景的二维平面进行布局，即对画面的上下左右的比例进行设计，有以下六种类型：

第一种是三分法则，它是一种在保持视觉平衡的基础上，将重点景物突出的构图法，原理是用线条把画面横向和纵向分别等分成三部分（见图5–23），四条相交线共有四个交点，将主要的景物放在四个交点围成的区域内，可以使其处于观众视觉注意力的中心范围。

图5–23　三分法则

第二种是正负形空间，由图和底的关系转变而来，前景中绘制的物体组成正空间，背景为负空间（见图5–24）。它们是组成画面的两个部分，既互相借用又互相影响。绘制者不仅要设计正空间，也要注意负空间的节奏和美感。

图5-24　正负形空间

第三种是分割构图，将画面用简洁的线条分成若干部分，这些组成部分之间会产生面积和形状的对比。比如在动画场景中渲染广阔的环境时，常用地平线或者海平面做分割线（见图5-25），这样能产生一望无际的视觉效果，同时也具有强烈的设计感。

图5-25　分割构图

第四种是“S”形构图，在画面中，将“S”形的物体向画面深处延伸，这样的场景多用于角色在空间中有纵深方向的位置移动（见图5-26），“S”形构图的场景对观众有视觉引导的作用。

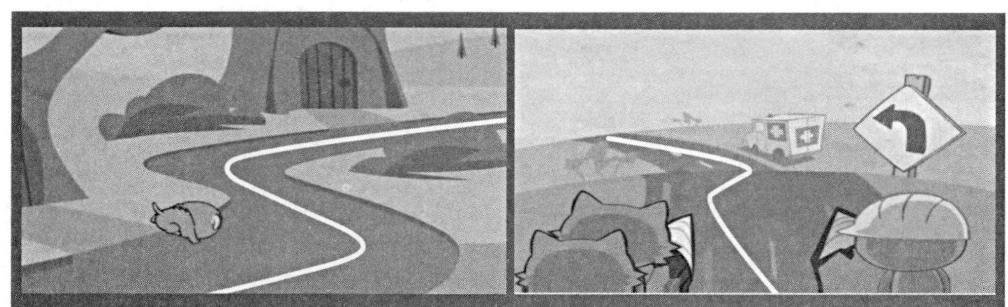

图5-26　“S”形构图

第五种是三角形构图，是指场景中重要道具的位置形成一个虚拟的三角形（见图5-27）。这个三角形可以是正三角形、斜三角形或倒三角形，它不仅让画面具有稳定的效果，而且其高度也为角色表演预留了空间。三角形构图常用于角色上下表演幅度大的内景或者体现建筑高耸雄伟的外景。

图5-27 三角形构图

第六种是轴对称构图，它以画面中轴线为对称轴，左右对称，使场景具有和谐的美感。它是中国传统绘画构图中最具代表性的方式，但除了建筑物以外，其他场景最忌讳没有变化的绝对对称。为了避免死板，设计的时候可以打破常规，使相同的景物稍有变化和不同（见图5-28），以便看起来更加生动。

图5-28 轴对称构图

纵深构图法是对二维画面进行虚拟三维的设计，通过纵深方向的景物遮挡，加强场景的前后空间感（见图5-29），使Flash 动画的场景具有虚拟的三维视觉效果。

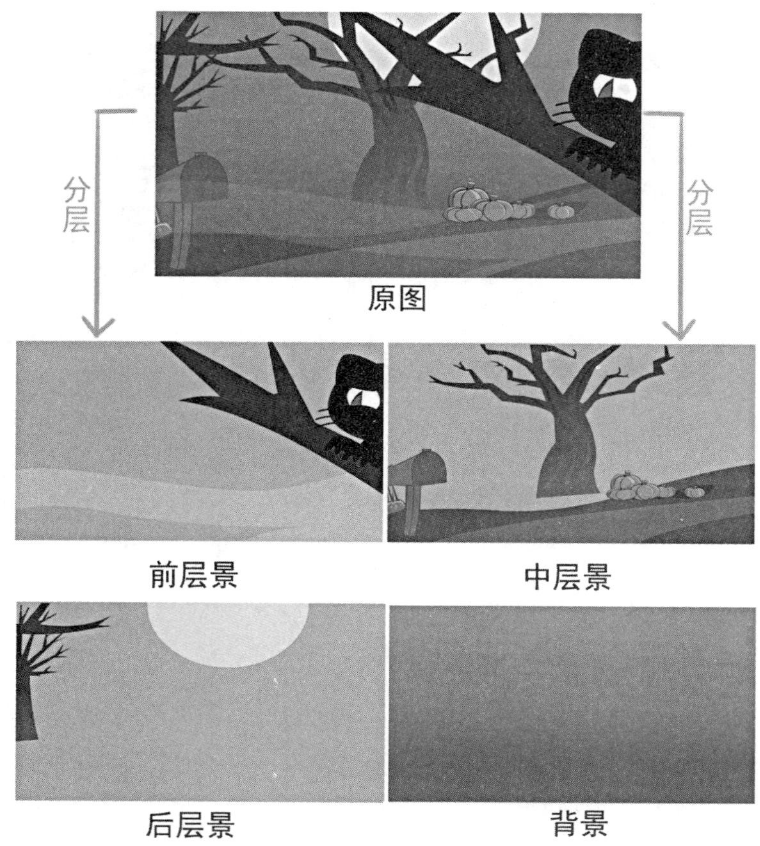

图5-29　纵深构图

前层景是处于画面最前方的景物，因为离镜头最近，所以颜色明暗对比最强，比例也最大。如果镜头在运动中，那么前景会对其他层的景物会产生不同程度的遮掩；在固定镜头中，最好让其停在画面的边缘位置，以防遮住在中层景表演的角色。

中层景在场景中起“表演舞台”的作用，是画面中的第二层景物，可以给角色提供表演的场地。中层景也是视觉重点，绘制时需要对细节部分精心设计。

后层景是第三层景物，颜色与背景较接近，与中层景、前层景共同形成纵深空间，起烘托气氛和补充中景的作用。

背景是场景中离镜头最远的一层，在绘制时不宜过分强调造型、突显颜色。背景可为画面奠定基调，也起着烘托气氛的作用。

三、光影与色彩

光源和阴影通常是一起出现的。物体之所以能被眼睛看见，是因为自然界的各种物体在光线的照射下，会反射出不同颜色的光线，它们通过角膜进入眼睛，在视网膜上成像。没有被光线照射到的地方，则成为暗面，并在与之接触的面上形成阴影（见图5-30）。

图5-30　光源与阴影

对场景设计师来说，定义场景的色彩时首先要考虑光源为何种光，以及光源来自何方，因为这会直接影响景物的色彩基调。比如白天与夜晚相比，色调更温暖；正午与下午相比，亮度更高，这是因为太阳光到地球的距离不同，方位也在不停地变换。在每一个动画镜头中，光源离景物越近，景物的明暗对比越强烈，画面也更加清晰明快；反之，则明暗对比越弱，色彩也更加相近，模糊不清。此外，由于视觉习惯，在透视的作用下，场景中距离镜头越远的景物，颜色越趋向冷色调，明暗对比越弱；反之，则越趋向暖色调，明暗对比越强。因此，为场景中任何一个景物的阴影寻找合适的填充色时，都要考虑以上所有因素。

正面光的光源是从镜头的方向照射过去的，阴影面积较小，景物的细节部分让人一览无遗，适合用来塑造日常的动画场景；侧面光通常是从场景的 45° 方向照射的，这样的光线增加了阴影的面积，让场景更具立体感和可信度，适用于叙事性较强的Flash动画场景。

以上两种是动画镜头中常用的光源位置，有时为了表现故事情节，会将光源放在特殊位置，以渲染特殊环境氛围。比如绘制充满神秘莫测或者恐怖氛围的场景时，会采用低视角光，即光源低于镜头，从低角度照射，视觉中心的上方阴影加重，使场景产生压抑感；反之则称为顶光，也叫高视角光，即光源从顶部照射，其作用是表现故事有新线

索和新希望，或者突出居中的重要场景道具；还有一种几乎只在黑暗的环境下使用，以表现景物轮廓，这就是逆光，即让光源从景物的后面照射。其作用是着重表现景物的剪影，忽略细节刻画，让观众产生好奇心和探索欲望，期待将发生的故事。

生活中的光源通常来自太阳，也叫自然光。自然光比较分散，产生的光影比较柔和。下面介绍一下如何在Flash CS4里添加柔光的阴影。

实例 4：为自然光添加阴影的方法（侧面柔光）

（1）如图5–31所示，创建文档并将其命名为“自然光步骤”，将未添加阴影的场景按照纵深空间的排列顺序——从前到后依次为前景、中景、后景和背景，放置在相应的同名图层上，并且锁定背景图层，以免误操作。接下来，从画面中部的房子1（小熊形房子）开始，学习如何使用渐变工具和滤镜添加柔光阴影。

图5–31　创建文档并添加相应图层

（2）选择“绘制对象”或者新建组件，在“中层”图层上利用“铅笔工具”画出阴影的形状（见图5–32）。注意笔触选择饱和度高、较显眼的颜色，这样在后面的填色过程中容易与背景和填充色区分。

图5-32 画出阴影形状

（3）为阴影找一个合适的填充色，利用“滴管工具”吸取房子的固有色（见图5-33），在颜色面板中单击工具，弹出选色面板，单击右上方的色轮。

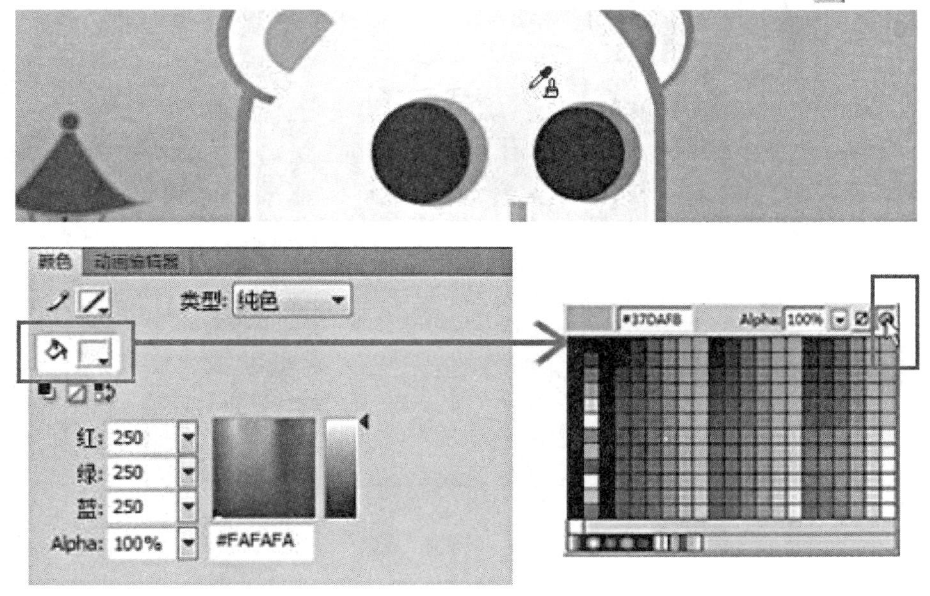

图5-33 为阴影选择填充色

（4）弹出拾色器对话框，对各参数进行设置：色调（E）值为“120”，饱和度（S）值为“216”，亮度（L）值为“192”，红（R）值为“159”，绿（G）值为“249”，蓝（U）值为“250”。输入之后，单击对话框左下方“确定”按钮；选择“颜料桶工具”后，在需要填充颜色的线框内部点击一下（见图5-34）。

（5）将阴影的边线删除，双击退出组件或绘制对象内部，接着右键选择“转换为元件”，在名称栏键入“房子1—阴影”，类型选择“影片剪辑”，单击“注册”图标（快捷键为R）中间的空心方框，这个操作会让新建元件的控制点居中。

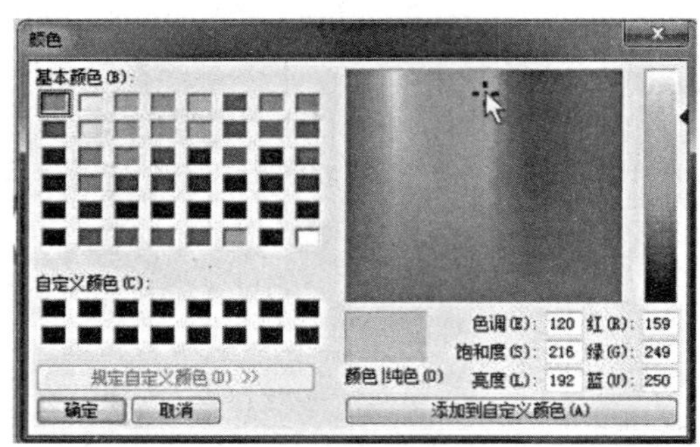

图5-34　设置阴影颜色

（6）单击元件“房子1—阴影”时，右边的属性面板中会出现许多不同的参数设置选项，单击“滤镜”>“添加滤镜”>“模糊”，将模糊X值和模糊Y值都改为“60”像素，使阴影的边缘变为柔和的过渡，柔光效果看起来就会非常自然（见图5–35）。

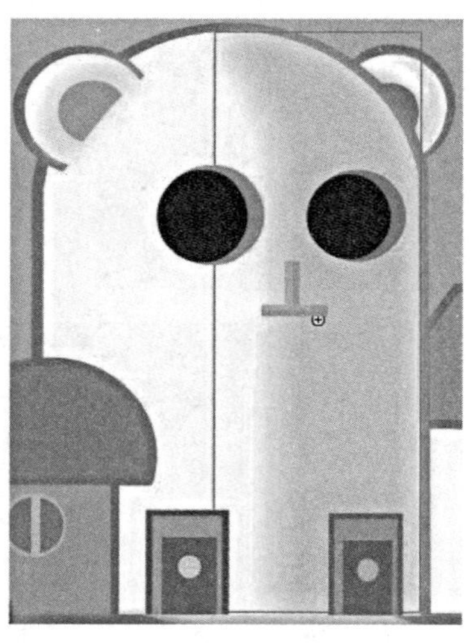

图5-35　“模糊”设置

（7）接下来，为白云添加阴影，使其和天空更加和谐。这里利用线性渐变色，将云的颜色由纯白过渡到天空的颜色（见图5–36）。双击进入组件内部，接着单击云彩色块，在右边的颜色面板中选择“类型”>“线性”，双击滑动条第一个滑块，在出现的色板中选择纯白色，Alpha值为“100%”；双击滑动条第二个滑块，在出现的色板中选择纯白色，Alpha值为“0%”，此时云从刚开始的纯白色，变为由左至右逐渐透明。

图5-36　为云设置渐变效果

（8）由于太阳在白云的左上方，所以云的颜色应是由上至下逐渐透明，再加上蓝色的天空作为衬底，云最终应由白色变成蓝色。初始的白云是由左至右逐渐透明，这时需要改变云的渐变方向，选中云（如果是组件的话，双击进入内部选中；如果是绘制对象，在外部单击就可以选中），点击工具栏中的第三个按钮“任意变形工具”>“渐变变形工具”，这时出现控制点和参考线，点击控制点，向下旋转即可改变渐变方向；将鼠标箭头放在控制线上，按住不放并向上拉，渐变范围缩小，当白云顶端的透明值恰好为100%、白云底端的透明值为0%时，则调整完成，此时白云像淡彩画一样，渐隐于天空中（见图5-37）。

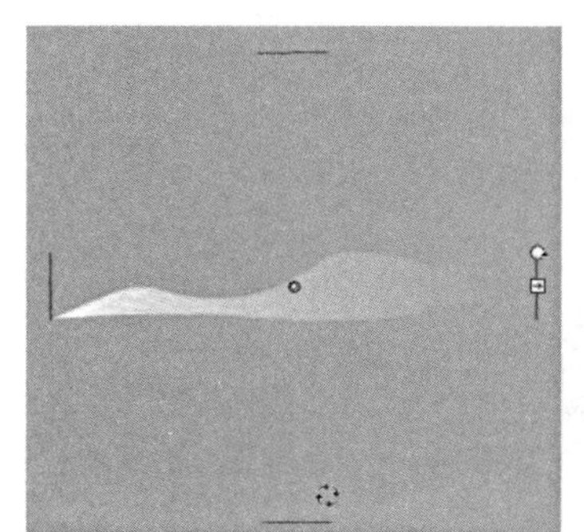

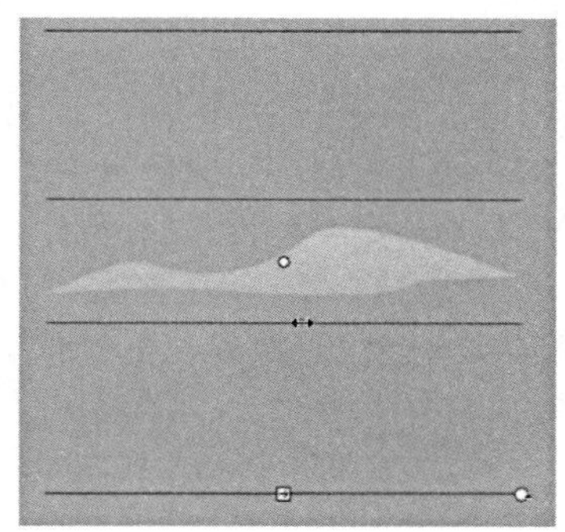

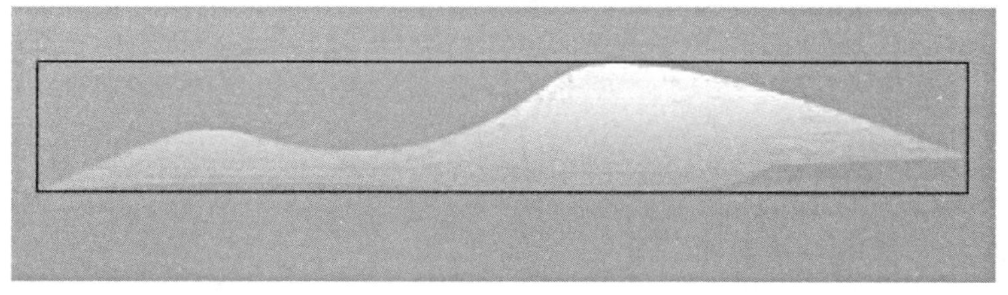

图5-37　调整云的渐变效果至最终完成

（9）接下来，按照已介绍的为房子1添加阴影的方法，为其他房子和树木添加柔光的阴影（见图5-38）。注意阴影下的装饰物和门比阴影外的颜色要暗，这里可以依次单击属性面板中元件的“色彩效果”>“样式”>“色调”，点击“着色”框，鼠标箭头会自动变成吸管状；吸取饱和度降低的相应阴影色后，将色调的滑动条向右移动，直到感觉装饰物和门处在阴影下并不突兀。需要注意的是，随着透视变化，场景中越靠近后方的景层，阴影的颜色亮度值越高（在固有色相同的情况下）。当所有操作结束后，回到场景1的舞台上观看整体效果。

图5-38　添加柔光的整体效果

在较暗的环境或者黑夜中，光源离建筑物越近，光照强度越强。如果场景中出现路灯或者火光，光影该如何添加？场景会发生哪些变化？接下来，开始这两种照明类型的绘制过程。

实例 5：灯光下阴影的添加方法（侧面硬光）

（1）如图5-39所示，打开第五章文件夹>5.2文件夹>实例2.灯光步骤.fla，此时时间轴上有四个图层，每个图层都包含一部分景物，它们共同组成了场景。假设阴天时，场景处在较暗的环境中。如果打开路灯，那么所有景物靠近路灯的一面会比较亮，另一面则处在暗处。

图5-39　打开“灯光步骤”文档

(2)首先选择“颜料桶工具”，将填充色设置为纯白色，即红“255”、绿“255”、蓝“255”、Alpha“100%”，为路灯的灯泡填充颜色(见图5-40)，模拟开灯的效果。退出灯泡组件，用“椭圆工具”+Shift键绘制一个正圆，将其组合并双击进入其内部，类型选择“放射状”，将滑动条上的第一个滑块和第二个滑块的Alpha值分别设置为100%和0%，模拟出光晕效果。

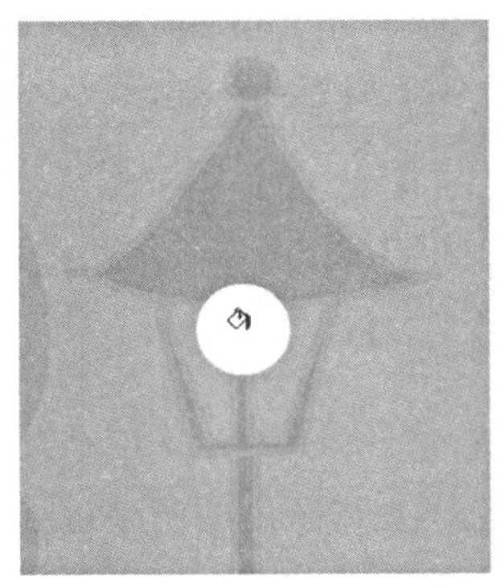

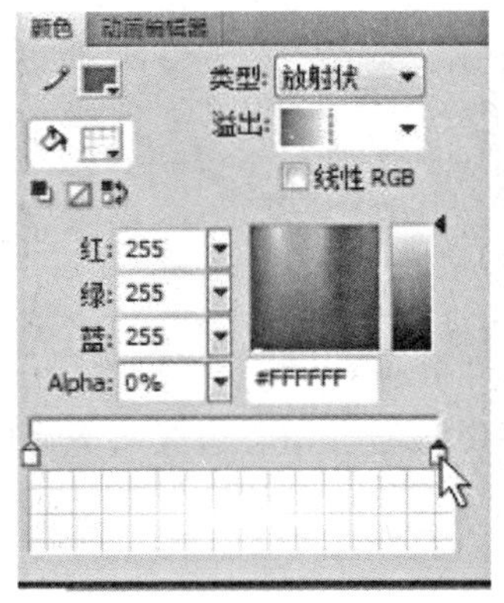

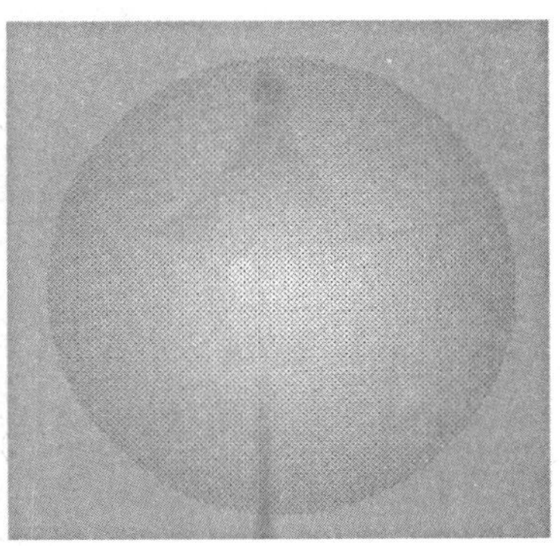

图5-40　为路灯的灯泡填充颜色

(3)绘制出路灯的光晕后，双击退出光晕组件内部，回到舞台(见图5-41)。

图5-41　绘制出路灯的光晕

(4)为蘑菇形房子添加阴影(此处介绍“刷子工具”的新用法)。先单击选择“刷子工具”并用其画出阴影轮廓。通常为轮廓填充颜色的方法是利用“颜料桶工具”，但是这种方法在填充小面积颜色时并不方便。为了让阴影看起来更加自然、接近手绘，这里用另一种方法。点击“刷子模式”下拉菜单中的“内部绘画”，这时候就可以大胆地在轮廓限制下绘画了，即使一不小心画出框，也不用担心，软件会自动消除画出界的部分(见图5-42)。

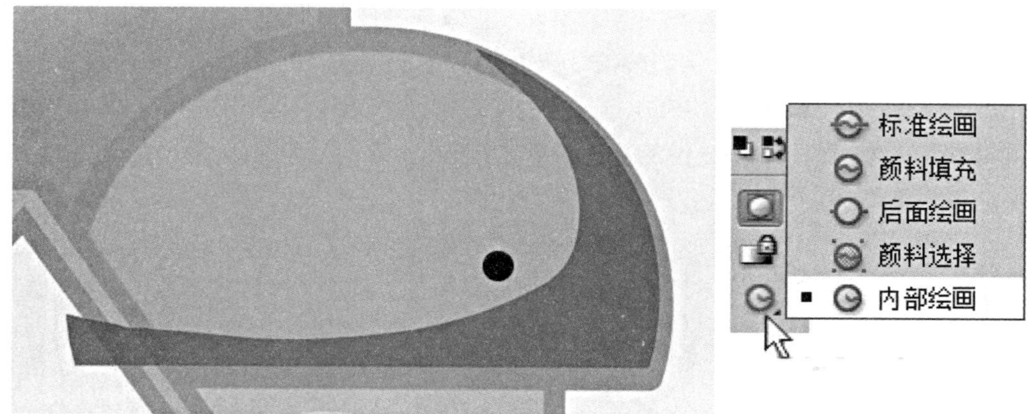

图5-42　用“刷子工具”填充阴影

(5)为规则形状添加阴影时，可能会担心边缘部分没办法整齐画出来。比如蘑菇形房子的围墙可以看成一个长方形，如果利用刷子直接画就会出现需要后期调整边缘的情况，这时候可以选择“矩形工具”，在组件中按住鼠标左键不放、拖拉出矩形，单击“橡皮擦工具”，将多余的部分擦除(见图5-43)。

图5-43　为规则形状添加阴影

（6）为复杂形状添加阴影，同样可以利用“橡皮擦工具”擦除的方法。以场景中的树木为例，为树冠复制一个相同的组件，并使其覆盖原本的树冠组件，然后擦除不需要的部分，就剩下树冠的阴影了。

（7）根据透视中的色彩透视和消逝透视原理可知，前景图层的明暗对比较后面其他层更强烈。如图5-44所示，草丛与镜头距离最近，因此在这里不可选择亮度值过高的阴影色填充。复制草丛，并将复制出的草丛覆盖在原本的草丛上面，然后向下移动，将底层原本的草丛作为阴影露出。超出草丛原有形状的部分，可利用“选择工具”对其进行修整。

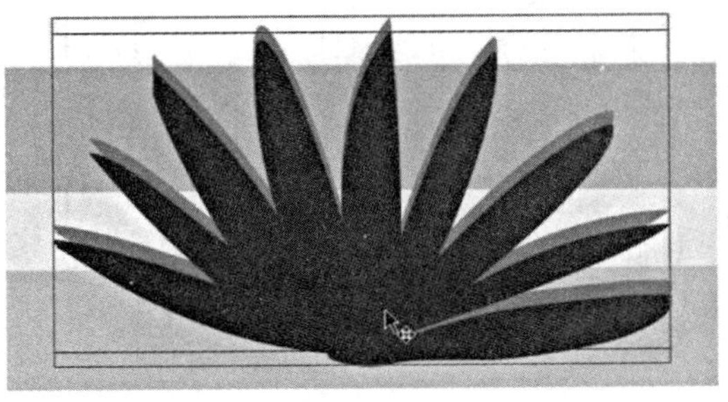

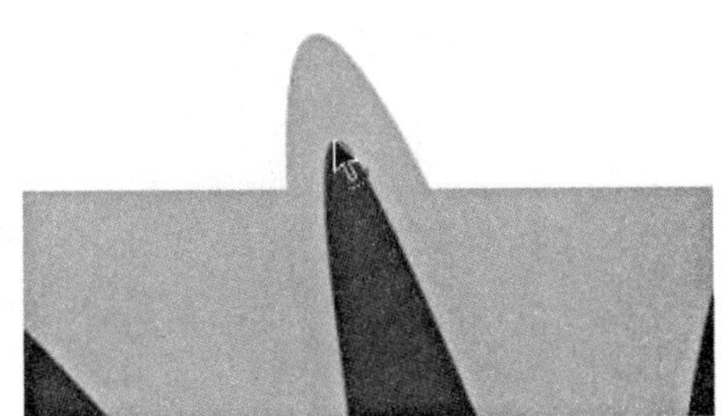

图5-44　“草丛”的阴影效果

（8）投影分两层——草坪上的部分和地面的部分（见图5-45）。利用“矩形工具”和“铅笔工具”绘制出阴影形状，在工具面板中选择“滴管工具”，移动吸管至草坪和底面吸取原本的颜色，将填充色的亮度（L）值调低至100左右，透明度Alpha值调至38%左右，填充好颜色后将边线删除。

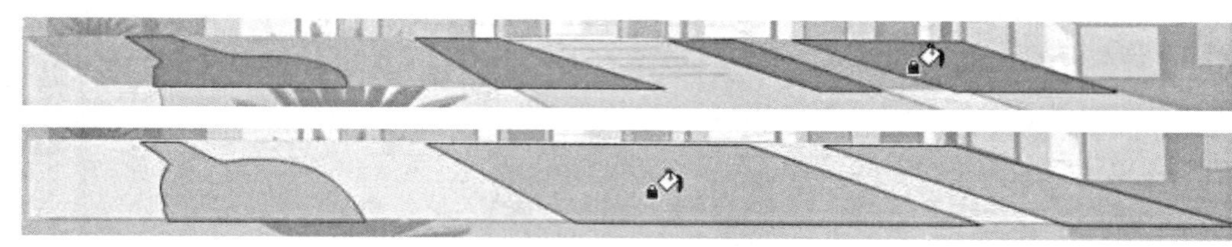

图5-45　为草坪和地面绘制阴影

（9）利用颜色面板中的线性渐变工具填充背景里的白云。要注意的是，阴天时的白云比较暗，因此渐变起始的滑块Alpha值分别为0%和28%。

（10）其他的房子的绘制步骤也为：新建组件、用铅笔工具绘制阴影轮廓、填充颜色和删除轮廓线条。阴影轮廓有多种绘制方法，相较于其他方法，用铅笔工具绘制的好处是绘制比较自由，细化之前可以看见形状是否合适。在熟悉的情况下，可以直接利用形状工具自动绘制出有填充色而无边线的基本形状，之后调整或者删除多余的部分即可（见图5-46）。

图5-46　在灯光下添加阴影的整体效果

实例 6：火光的照明效果（逆光）

（1）如图5-47所示，打开第五章文件夹>5.2文件>实例3.火光逆光步骤.fla，注意后层景与上个实例有所不同。当黑夜的场景中出现火焰时，整个画面偏向暖色调，比如原图中天空和云彩已经被映成深红色。处于逆光之中的物体将会突出外轮廓，弱化暗部细节。

图5-47　打开"火光逆光步骤"文档

（2）黑夜里的火光成为唯一光源，对景物的色调起决定性作用。在为景物添加阴影之前，先将景物的颜色改为暗红色。以房子1为例，双击进入房子1（小熊形房子）的围墙组件中，选择填充颜色：红"31"、绿"17"、蓝"12"、Alpha值"100%"，为房子1的主体部分填充颜色；接着为窗户选择填充色：红"231"、绿"167"、蓝"123"、Alpha值"100%"，为窗户填充更加明亮的颜色；删除房子1中门上的细节部分，并为门填充更暗的颜色。

（3）如图5-48所示，复制改变颜色后的房子1，移动它并使它覆盖原有的组件，注意要与原来的组件完全重叠。

图5-48　复制改变颜色后的房子并移动

（4）将上步复制的组件转换为图形元件，单击它，选择“属性面板”>“色彩效果”，将色调值的滑块移动到“40%”的位置，使红色值为“251”、绿色值为“122”、蓝色值为“61”（见图5-49）。

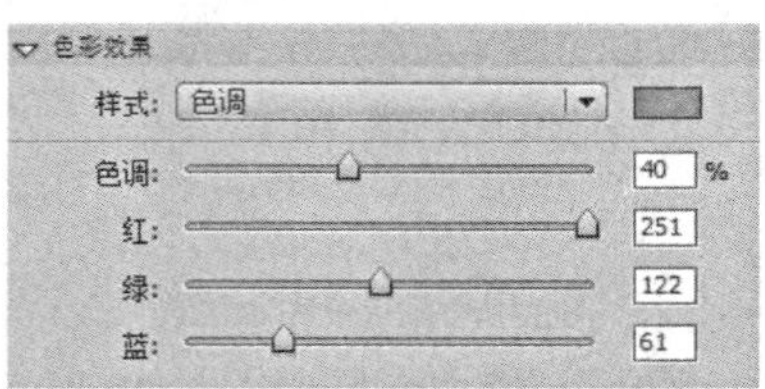

图5-49　设置房子1的色彩效果

再次复制房子1，选择“修改”>“分离”，将复制出来的组件分离成可编辑的图形，即俗称的“打散”组件。

（5）为上一个步骤打散的组件填充线性渐变色，将渐变滑动条中第一个滑块的Alpha值改为“34%”，第二个滑块的Alpha值改为“0%”（见图5-50）。注意：由于右边比左边的火光强烈，所以要确定图形上的渐变方向——由左至右亮度逐渐增加。如果显示的不是这种效果，也可以利用“渐变变形工具”调整控点，从而调整出正确的渐变方向。

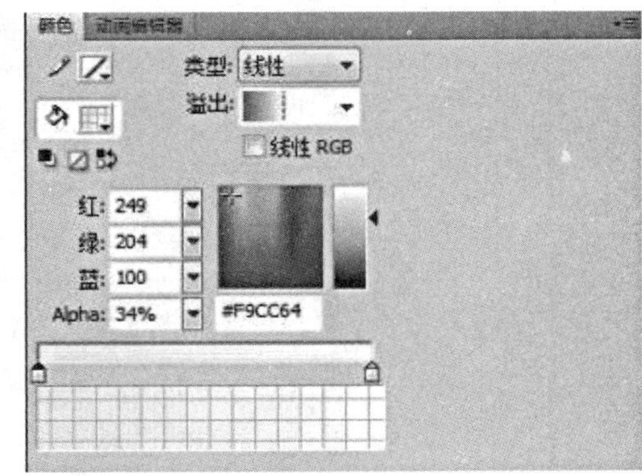

图5-50　填充线性渐变色

（6）在时间轴上新建一个图层“遮罩”，并在这一层完成以下的绘制：选择“刷子工具”，将填充颜色设置为纯绿色（明显的高纯度颜色），画出火光照耀下的高光部分，也就是最终的可见区域（见图5-51）。

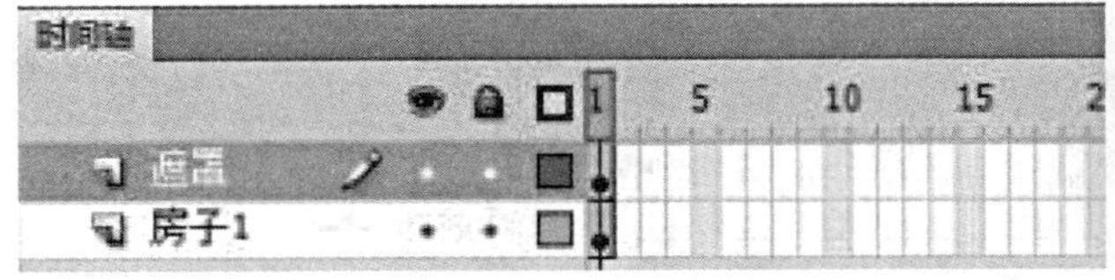

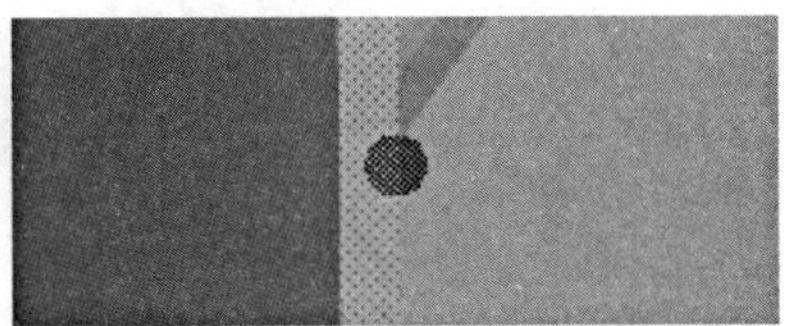

图5-51　新建“遮罩”图层并绘制高光部分

（7）单击“遮罩”图层，右键选择“遮罩层”，图层“房子1”自动成为嵌套层，舞台上只剩下刚才用刷子画出来的可见区域。由于嵌套层是由一个添加色彩效果的元件和一个添加线性渐变的组件组成的，所以高光部分从左至右会有色彩变化，不会看起来很死板（见图5-52）。

（8）前景的草丛距离火光较远，又被中景房屋遮挡，因此这里只需要做一下暗色处理就可以了（见图5-53）。将草丛转换成图形元件，选择“色彩效果”>“亮度”，将亮度值栏填写为“-100%”。

图5-52　遮罩层

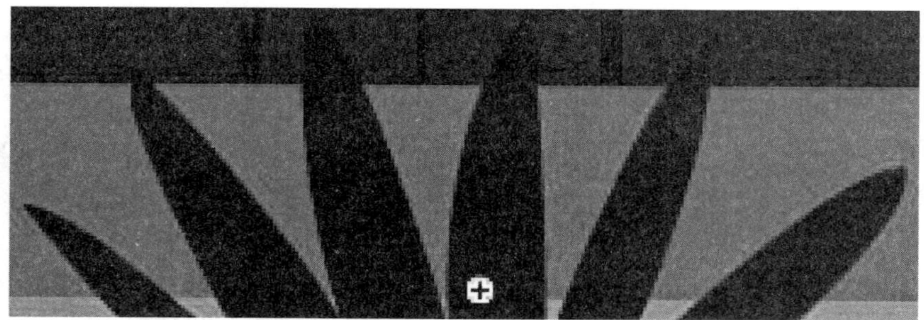

图5-53　对草丛做暗色处理

（9）前层景的草坪和地面同样也只需做暗色处理，将草坪和地面转换为一个图形元件，并选择“色彩效果”>“亮度”，在亮度栏填写“–100%”。接着为其添加一个简单的线性渐变（见图5–54），让人既能够隐约感受到火光的存在，也不会觉得抢眼：复制一个地面和草坪元件，将其分离打散，并转换为组件，双击进入组件内，添加线性渐变——红“231”、绿“167”、蓝“123”、Alpha值“17%”；将填充好线性渐变色的亮部组件覆盖到地面和草坪上。

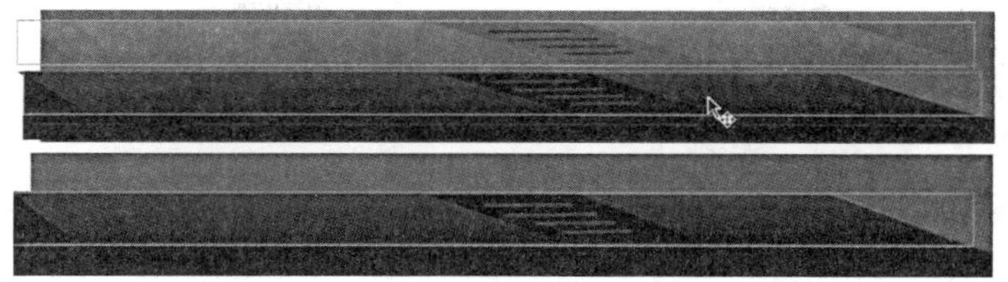

图5-54　处理地面与草坪

（10）利用上面介绍的方法为其他房子、树木和路灯添加亮部，步骤是先为物体填充变暗的固有色，然后将复制的元件做暖色调处理，接着在复制元件内添加遮罩层，最后将其覆盖到原有景物组件之上。注意：处于逆光状态的物体，其边缘亮度值最高。

（11）接下来的绘制将为黑夜里突然起火的场景增添一些恐怖感，即为每个房屋的窗户添加光晕（见图5-55）。绘制光晕的方法在“实例2：灯光下阴影的添加方法（侧面硬光）”的第二个步骤中可见。

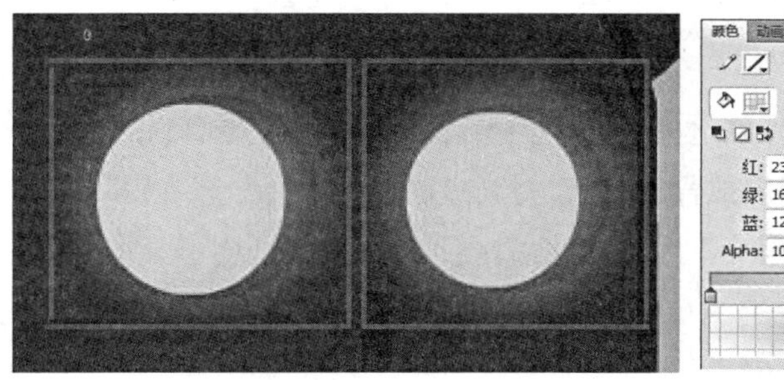

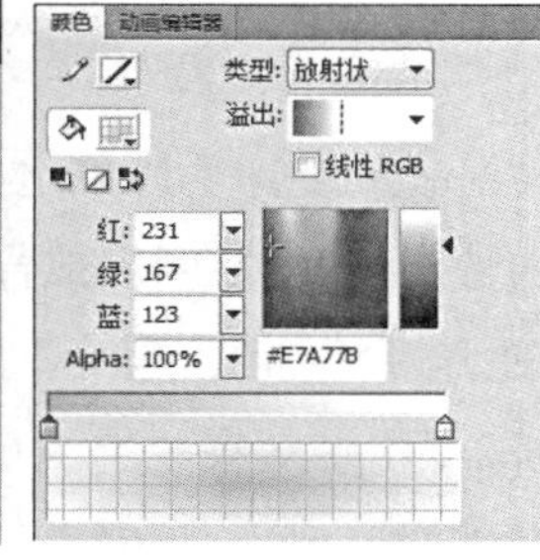

图5-55　为窗户添加光晕

（12）为每个窗户添加光晕后，为天空中的云添加线性渐变色，由于火光在云的底下，所以云的亮部在下面。完成后，回到舞台，看整体效果（见图5-56）。

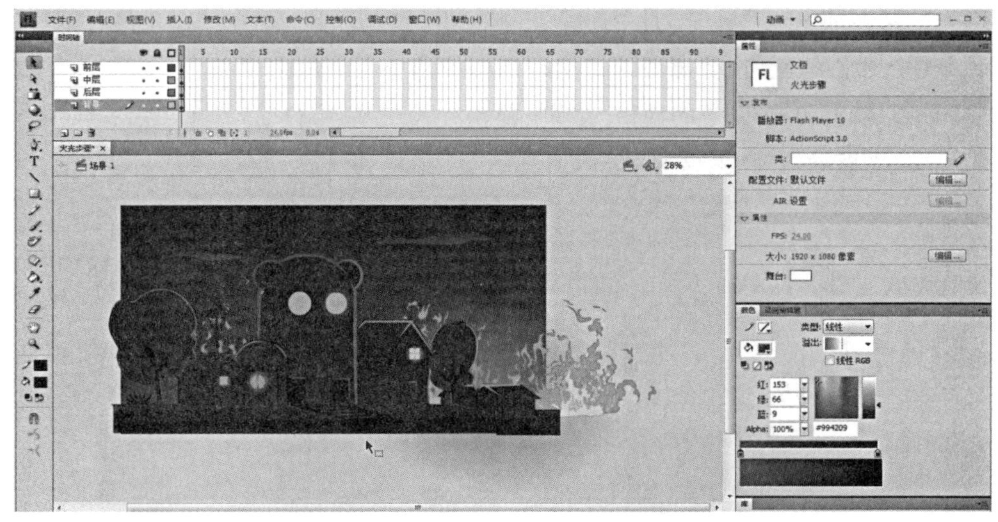

图5-56　火光逆光的整体效果

动画小贴士

在利用元件属性添加色彩效果时，要先将组件转换为元件，而如何选择元件类型，则视情况而定。在影片剪辑元件和图形元件的内部都可以新建动画图层，但是当拖动影片剪辑元件外部主场景中的播放头（时间轴上的红色指针）时，动画是静止的，并且在后期输出阶段，也无法导出动画序列图片。在实例1中，自然光照射在场景中产生稳定的柔光阴影，这时阴影可转换为影片剪辑，因为此时的光影是不需要动画的。影片剪辑具有独特的滤镜功能，它是进行柔化处理常用的方法之一；实例3中，当场景中有晃动的火光动画时，其他景物的亮部也会随之变化，因此绘制亮部时应该确保新建动画元件是图形元件。

第三节　设计特殊情绪背景

除了根据故事设计主场景之外，在商业Flash动画制作过程中，还有一种根据角色情绪设计的特定背景，也叫虚拟背景。可以将其提前设计好并放置在Flash CS4的“库”面板中，以便随后添加到“舞台”上，并根据需要再次编辑。这样不仅省时省力，还可以起到丰富画面、让观众直观感受角色情绪的作用。

特殊情绪背景来源于传统动画里的角色幻想。在米高梅电影公司制作的《猫和老鼠》（见图5-57）中，当角色对某个情节产生联想时，左上方或者右上方会出现幻想画面。由于空间和时间的限制，幻想画面的背景通常为与情绪相符的平铺颜色。后来这种直观简洁的表现方式常出现在UPA的有限动画里，并用于表现“晕轮效应”。“晕轮”一词原本是指光环笼罩月亮时，月亮周围变得模糊不清的现象，现在泛指角色对其他人或者事物产生心理反应时，出现的幻觉。在动画片中，一个角色对何种事物产生“晕轮效应”间接体现了这个角色的性格，比如《猫和老鼠》中的汤姆猫（片中角色名称）常常会幻想钱、老鼠等事物，这反映出它具有很强的占有欲和机会主义心理。

图5-57　《猫和老鼠》截图

1998年美国卡通频道（Cartoon Network）出品的动画片《飞天小女警》是一部颇为经典的有限动画。在第2集《魔人出击/妈咪怕怕》中，当教授在超市偶遇大美女时，整个人被吸引而产生幻觉，此时教授的背景是飞满爱心的特殊情绪背景，“晕轮效应”让教授放松了警惕，忽略了大美女实际上是由坏人瑟杜莎乔装改扮的（见图5-58）。这里特殊情绪背景直观地表现了教授的心理世界。

图5-58　晕轮效应

根据人类的感情——喜、怒、哀、乐，特殊情绪背景可以划分为六大类：开心与欢乐、热血与奋斗、温馨与爱情，它们是积极的情绪；生气与愤怒、窘迫与尴尬、悲伤与忧郁，它们是消极的情绪。应根据不同的情绪，选择拥有不同心理暗示作用的颜色和道具进行画面设计。

实例 1：开心与欢乐

当角色的情绪是开心与欢乐时，会产生美好的虚拟感受，仿佛场景中充满了星星、气泡等事物，此时颜色应选择令人愉悦的淡橙色、淡蓝色。

（1）创建Flash文件（ActionScript3.0）文档，并将其命名为“开心与欢乐”，舞台尺寸为640×480像素。在场景1中绘制一个比舞台大的白色长方形，将长方形转换为图形元件，并命名为“开心与欢乐”。双击图形元件，进入元件内部，将时间轴上的图层1重命名为“底色”，并新建两个图层，图层顺序由上到下分别为“气泡加星星”、“彩色叠加”和“底色”（见图5-59）。

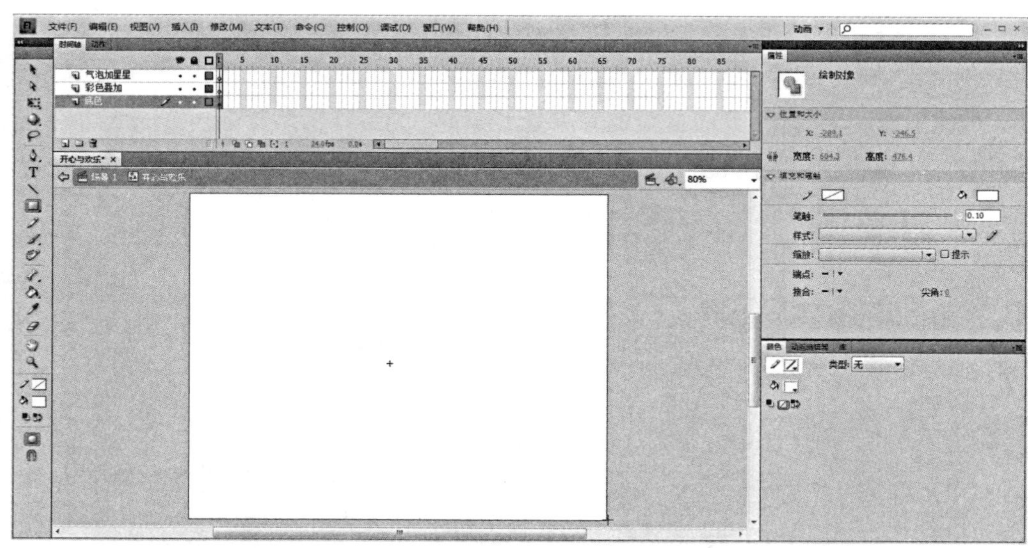

图5-59　创建“开心与欢乐”文档并新建图层

（2）选择“彩色叠加”图层，利用“椭圆形工具”，在舞台上画出3个椭圆形，注意画之前将绘制模式改为“对象绘制”（快捷键为J）。并为其添加放射状渐变，颜色设置如图5-60所示。注意将黄色椭圆形放置在最底层，其次是橙色椭圆形，蓝色椭圆形在最上层。

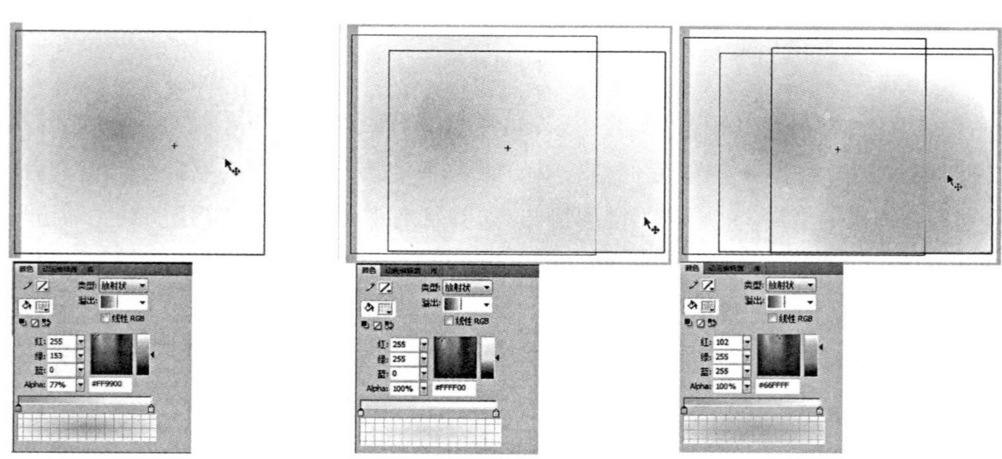

图5-60　椭圆形的颜色设置

（3）选择“气泡加星星”图层，利用“椭圆形工具”，画一个竖椭圆形，仍然在绘制之前选择“对象绘制”模式（快捷键为J）。添加纯白色的放射状渐变。

（4）复制竖椭圆形绘制对象，选择“任意变形工具”，将复制出的椭圆形绘制对象旋转，横向放置在竖椭圆形上，二者夹角为90°。

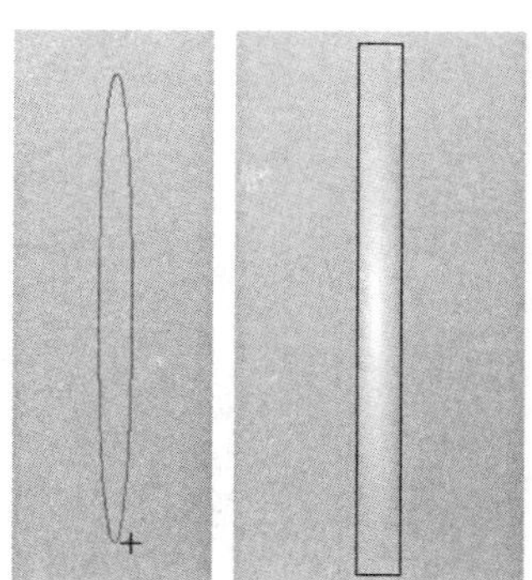

图5-61　星星的绘制过程

（5）选择“椭圆形工具”，绘制时单击后拖拽鼠标并同时按住Shift键，画出一个正圆，颜色设置为纯白色的放射状渐变，于是一颗若隐若现的星星便诞生了（见图5-61）。

（6）将星星转换为图形元件，并命名为“星星1”。在“库”面板中，找出“星星1”元件，点击并将其拖拽到舞台上，为舞台添加若干个星星（每拖拽一次则添加一颗），将舞台上的星星调整得大小不一，这样更加生动有趣（见图5-62）。

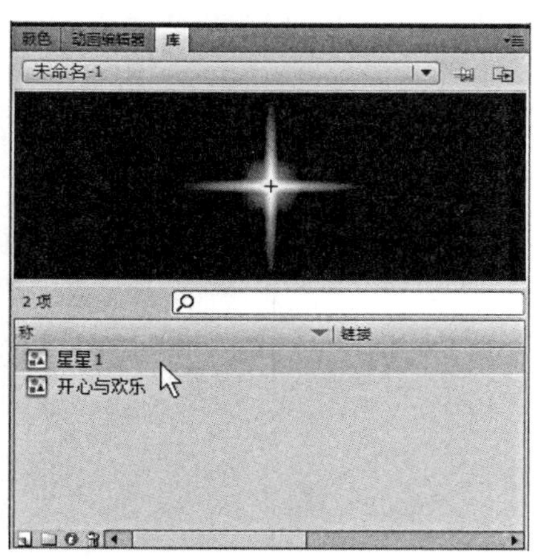

图5-62　添加更多星星

（7）选择“椭圆形工具”，绘制时单击后拖拽鼠标并同时按住Shift键，画一个正圆。为圆形添加放射状渐变，设置左边的渐变滑块数值：红“255”、绿“153”、蓝“204”、Alpha值“0%”，右边的渐变滑块的红绿蓝的数值与左边的一样，但Alpha值为“100%”。利用“渐变变形工具”将控点放置在正圆形的中间，模拟气泡的明暗变化，这样一个粉红色的气泡就绘制完成了（见图5-63）。

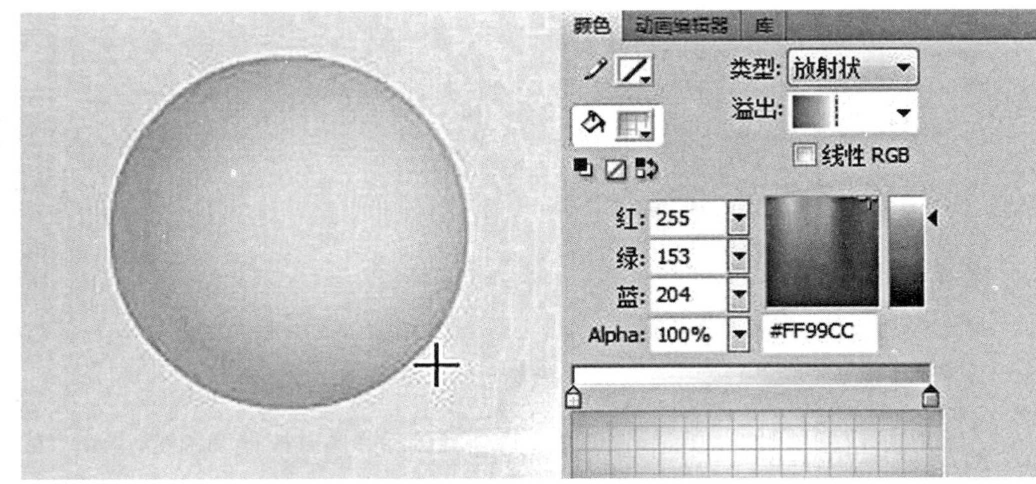

图5-63　绘制粉红色气泡

（8）将绘制好的气泡转换为图形元件，在舞台中复制出若干个，调整每个气泡的尺寸和位置，并为其添加不同色调的色彩效果，使其互相区别。

（9）如图5-64所示，在舞台上双击，退出包含所有图层的“开心与欢乐”元件，观看最终合成画面。

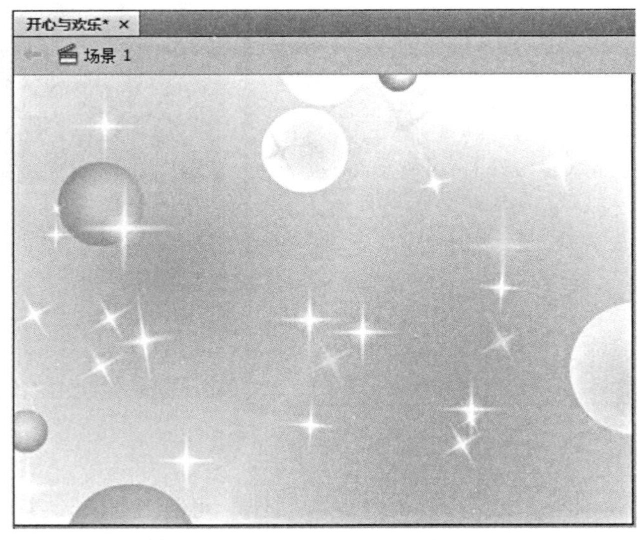

图5-64　“开心与欢乐”的背景效果

实例 2：热血与奋斗

热血与奋斗代表积极向上的情绪状态，当角色处于准备战斗或者战斗状态时，拥有透视感的线条可以加强角色的动作行进感；红色系的颜色让观众产生活力四射和热血沸腾的感觉。

（1）创建Flash文件（ActionScript3.0）文档，并将其命名为“热血与奋斗”，舞台尺寸为640×480像素。在场景1中绘制一个比舞台大的黑色长方形，将长方形转换为图形元件，并命名为“热血与奋斗”。双击图形元件，进入元件内部，将时间轴上的图层1重命名为“底色”，并新建一个图层，命名为“线”，“线”图层在“底色”之上（见图5-65）。

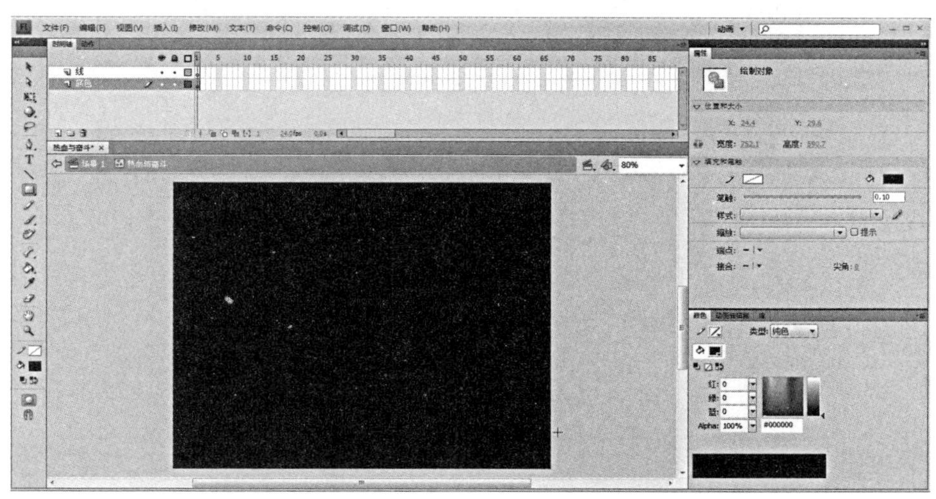

图5-65　创建“热血与奋斗”文档并新建图层

（2）选择“线”图层，首先开始绘制有透视感的线条，方法是选择“线条工具”>“10”号实线，将颜色设置为红“255”、绿“101”、蓝“0”、Alpha“100%”。在舞台上画一条直线，注意在绘制之前选择“对象绘制”（快捷键为J）模式。

（3）以舞台中右下方一点为圆心，按照逆时针方向将直线排列成发射状（见图5-66）。复制出的直线要根据舞台调整长短，以便覆盖住整个画面，每两条直线之间的夹角要相近。

（4）利用菜单栏“修改”>“形状”>“将线条转换为填充”，将所有直线转换为面。单击“选择工具”将面调节成三角形（见图5-67）。注意：三角形的顶点要围成一个空心圆（这个圆恰好与上个步骤里呈发射状直线圈的圆心重合）。

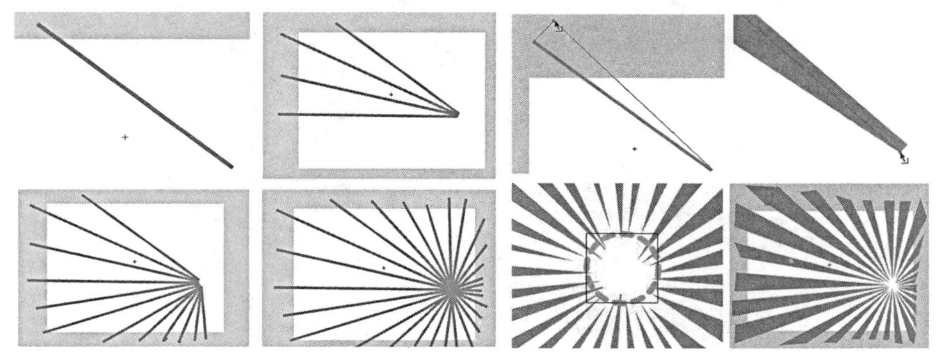

图5-66　发射状直线　　　　图5-67　三角形的面

（5）将呈发射状的面转换为一个影片剪辑元件，命名为“线”，为其添加“滤镜”>“发光”，具体数值见图5-68。

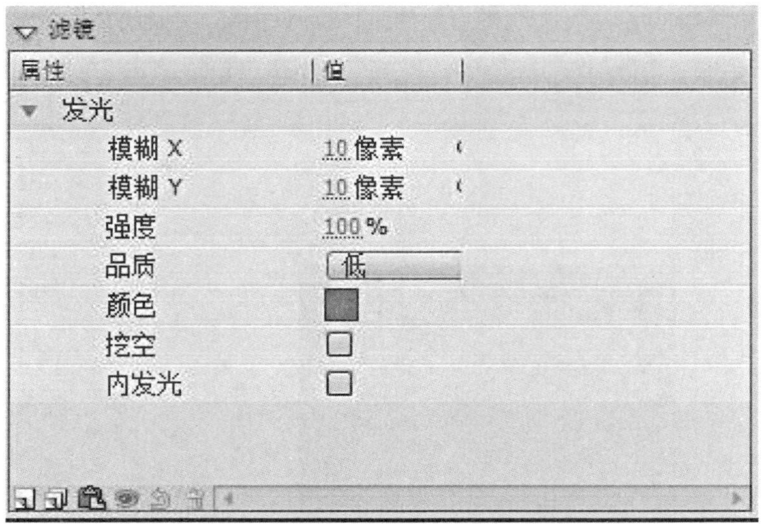

属性	值
▼ 发光	
模糊 X	10 像素
模糊 Y	10 像素
强度	100 %
品质	低
颜色	
挖空	☐
内发光	☐

图5-68 “发光”的具体数值

（6）在舞台上双击，退出包含所有图层的“热血与奋斗”元件，观看最终合成画面（见图6-69）。

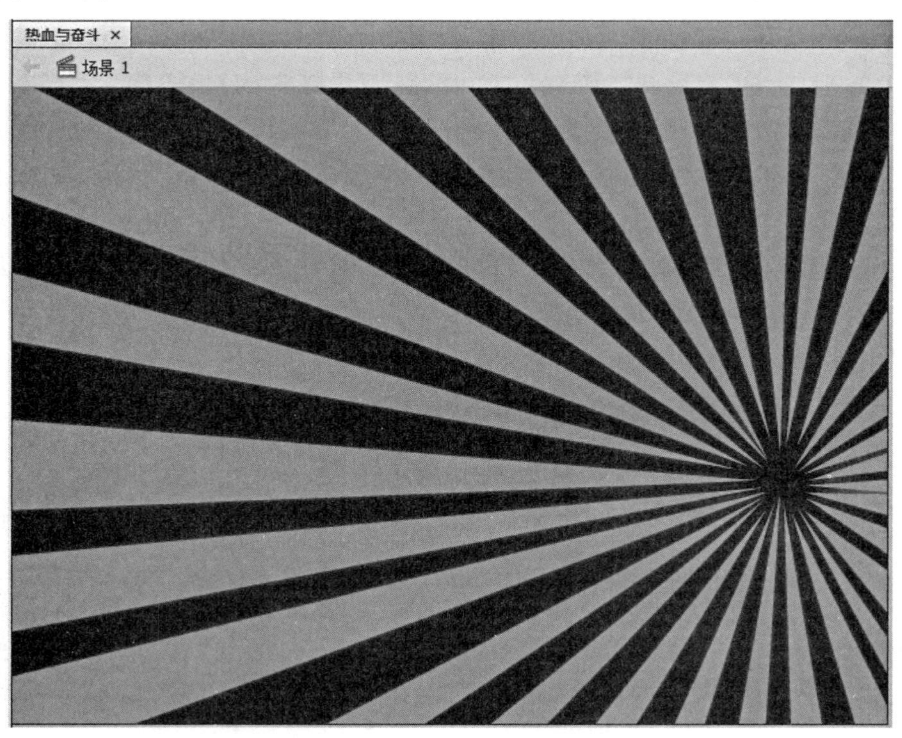

图5-69 “热血与奋斗”的背景效果

实例3：温馨与爱情

温馨与爱情会让角色产生幻想、富有诗意。粉红色是甜美、爱恋和青春的象征，与爱心图案搭配，有力地渲染了背景的浪漫色彩。

（1）创建Flash文件（ActionScript3.0）文档，并将其命名为“温馨与爱情”，舞台尺寸为640×480像素。在场景1中绘制一个比舞台大的白色长方形，将长方形转换为图形元件，并命名为“温馨与爱情”。双击图形元件，进入元件内部，将时间轴上的图层1重命名为“底色”，并新建三个图层，由上到下分别命名为“爱心”“纹理”“图案”，将“底色”图层放在最底层（见图5-70）。

（2）在“图案”图层上，利用“矩形工具”，在舞台上画一个矩形，并用“选择工具”将其调整为波浪形（见图5-71），最后将颜色填充为线性渐变，左边的渐变滑块数值为红“244”、绿“154”、蓝“190”、Alpha值“0%”，右边的渐变滑块的红绿蓝数值与左边的一样，但Alpha值为“100%”，波浪形图案由上到下逐渐透明。

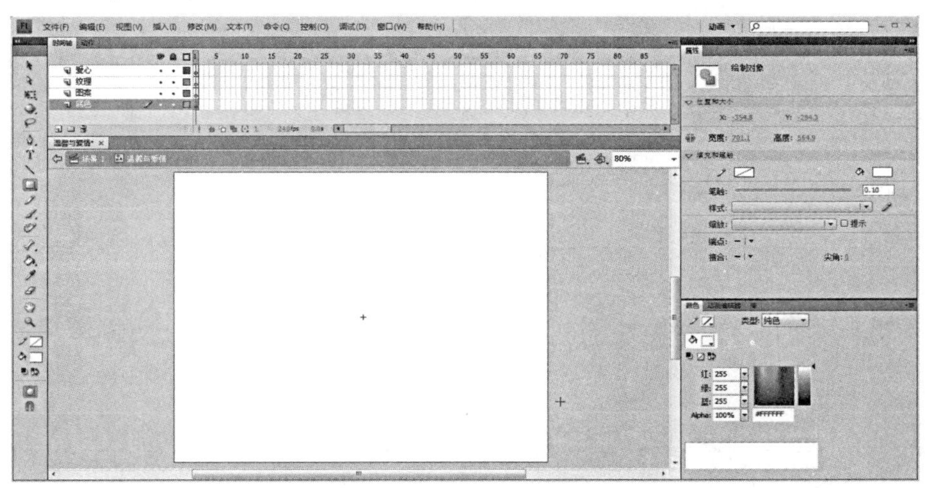

图5-70　创建“温馨与爱情”文档并新建图层

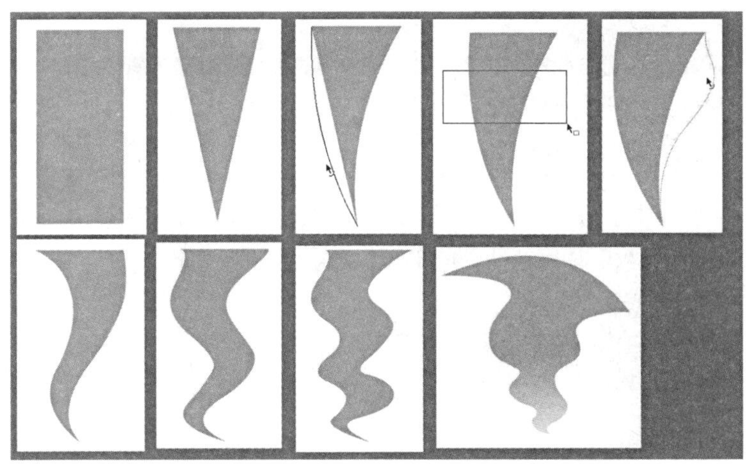

图5-71　绘制波浪形图案

(3) 复制上一步绘制出的波浪形图案，摆放成如图5-72的模样。选择“纹理”图层，打开“文件”>“导入”>“导入到舞台”，在弹出的对话框中单击第五章文件夹>5.3文件夹>实例3：温馨与爱情文件夹>纹理.jpg文件，导入准备好的纹理素材并将其大小调整为与舞台相符，添加“色彩效果”，将Alpha值设置为“60%”。

(4) 用“刷子工具”画出四个不同颜色和形状的爱心，其中三个颜色相同，为红“200”、绿“10”、蓝“118”、Alpha“100%”，高光颜色只需提高亮度即可；将另外一个的颜色设置为红“243”、绿“144”、蓝“211”、Alpha“100%”。完成后将其转换为四个图形元件，此时打开“库”面板，可看见图形元件自动存储在其中（见图5-72）。

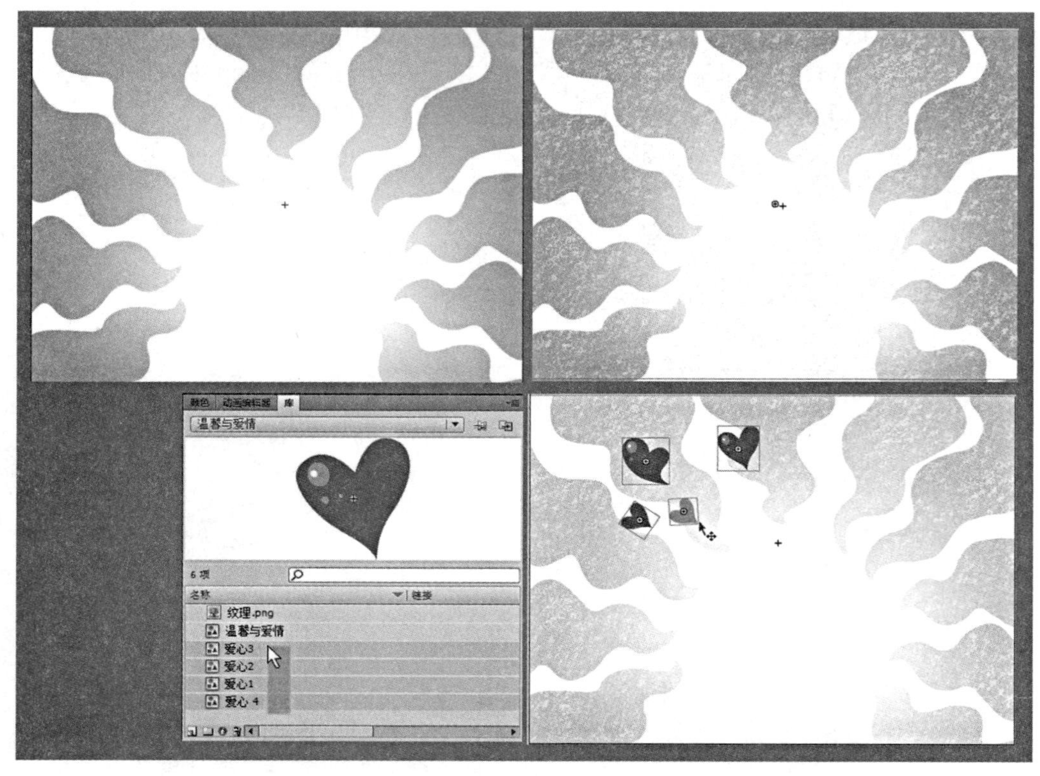

图5-72　绘制并创建爱心元件的过程

(5) 选择“爱心”图层，将“库”面板里的四个爱心元件拖拽到舞台上（需要多少就拖拽几次），以画面中下方为圆心，将爱心呈发散式摆放（见图5-73）。在舞台上双击，退出包含所有图层的“温馨与爱情”元件，观看最终合成画面。

图5-73 “温馨与爱情”的背景效果

实例 4：生气与愤怒

当动画中的角色生气与愤怒时，说明故事情节到了矛盾激化的时候。为了将情绪升华，用象征的手法将情绪物化成火焰是一个不错的方法。

（1）创建Flash文件（ActionScript3.0）文档，并将其命名为“生气与愤怒”，舞台尺寸为640×480像素。在场景1中绘制一个比舞台大的长方形，为其填充放射状渐变，数值设置如图5-74所示，将长方形转换为图形元件，并命名为“生气与愤怒”。双击图形元件，进入元件内部，将时间轴上的图层1重命名为“底色”，并新建两个图层，由上到下分别命名为“火”“线”，将“底色”图层放在最底层。

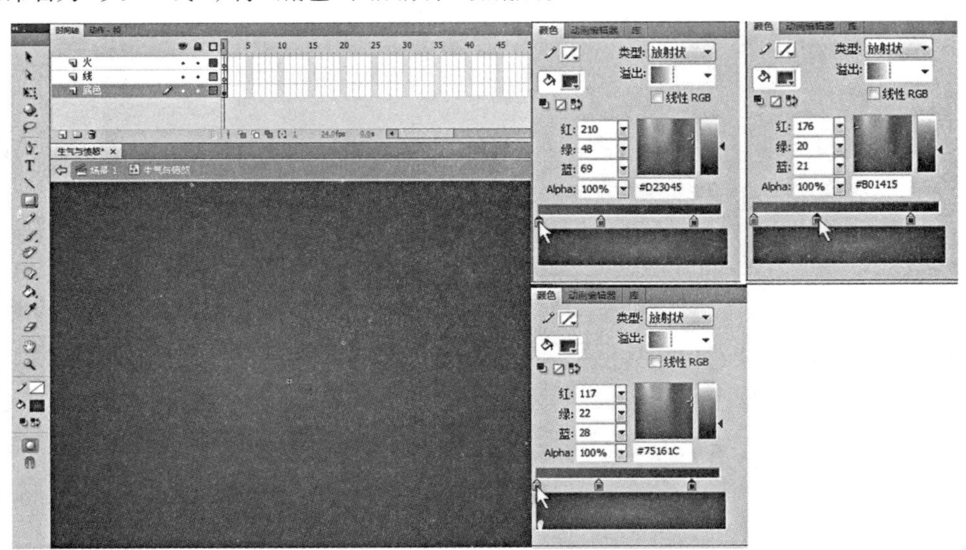

图5-74 创建“生气与愤怒”文档并新建图层

（2）选择“线”图层，画一个三角形，为其添加放射状渐变，数值设置如图5–75所示，以画面中心为圆心，将三角形呈发散式摆放。注意不用铺满整个场景，下方留出空间（之后需要添加火焰）。

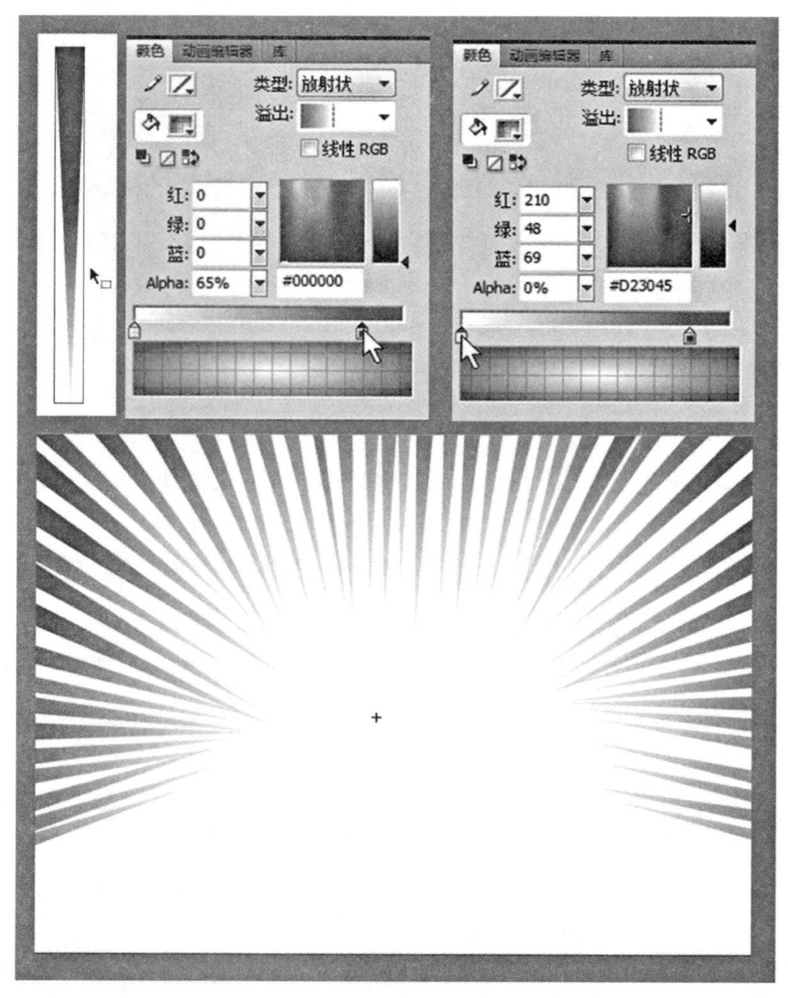

图5–75　设置三角形的渐变及数值

（3）单击“铅笔工具”，将笔触设置为“0.75”实线，画出火的外轮廓。为其填充平涂颜色，颜色为红“251”、绿“122”、蓝“61”、Alpha“100%”；选择完成的火焰，单击菜单栏“修改”>“组合”。用同样的方法绘制另一团形状不同的火焰，并将其组合。最后将两团火焰转换为一个图形元件，命名为“火”，双击进入元件内部，将图层1重命名为“火焰”。调整两个火焰的位置，放在舞台的下方，确保火苗在舞台上即可（见图5–76）。

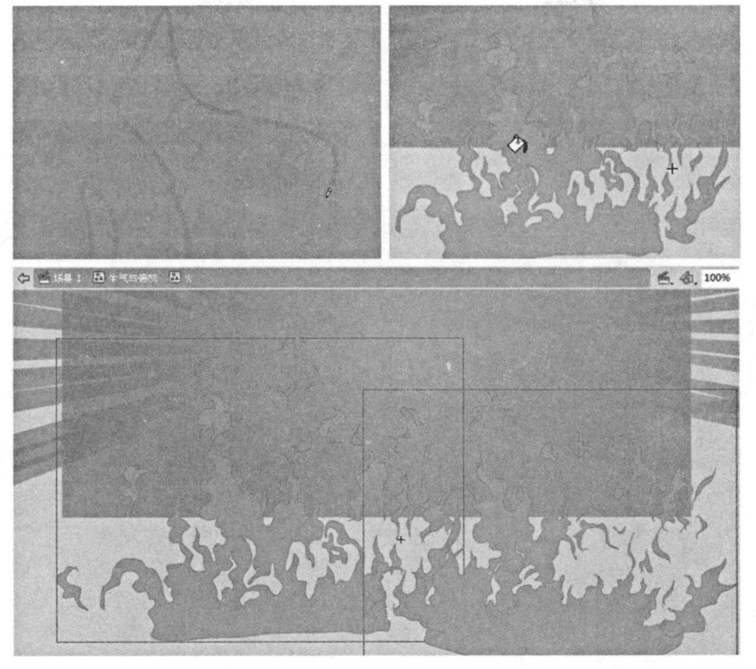

图5-76　绘制火焰

（4）在“火焰”图层之上新建“光晕”图层，绘制一个椭圆形，注意绘制之前将模式设置为“对象绘制”（快捷键为J），并选择“无边线”填充模式。填充放射状渐变，颜色设置见图5-77。

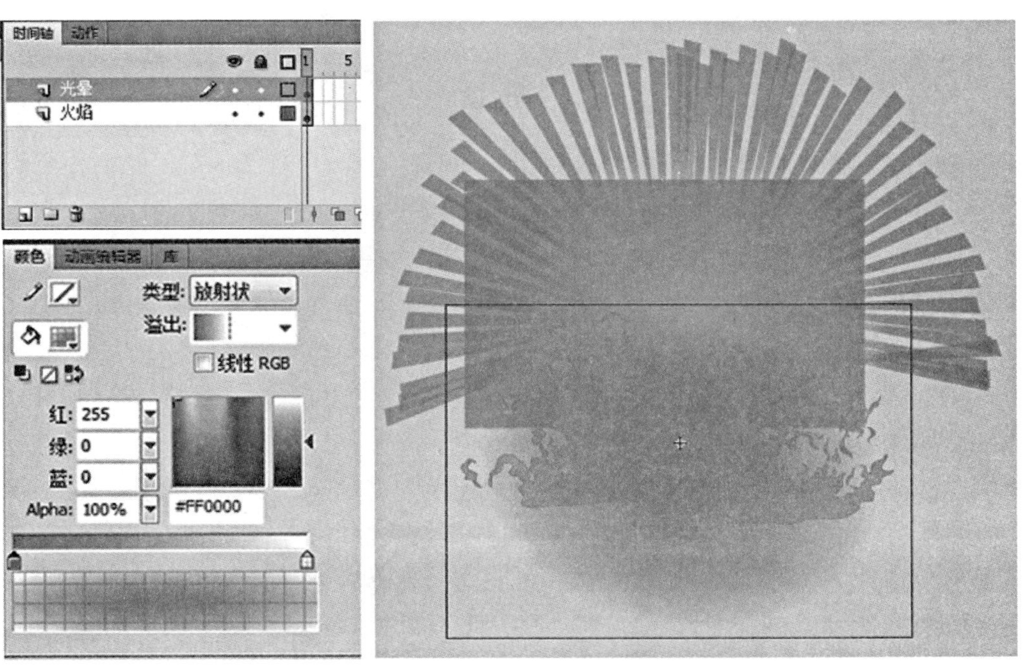

图5-77　添加“光晕”图层并绘制无边线的椭圆形

（5）在舞台上双击，退出包含所有图层的“生气与愤怒”元件，观看最终合成画面（见图5-78）。

图5-78 “生气与愤怒”的背景效果

实例 5：窘迫与尴尬

当角色的情绪状态是窘迫与尴尬时，背景气氛凝结。阴暗的蓝绿色有潮湿、阴冷的心理暗示作用。

（1）创建Flash文件（ActionScript3.0）文档，并将其命名为“窘迫与尴尬”，舞台尺寸为640×480像素。在场景1中绘制一个比舞台大的矩形线框，笔触选择极细线，颜色设置为红色（见图5-79）。接着单击“铅笔工具”，在舞台中间绘制一条波浪线，这样舞台就被分成了两个互补的区域，为波浪线上部分填充红“14”、绿“62”、蓝“74”、Alpha“100%”的颜色；为波浪线下部分填充红“34”、绿“115”、蓝“132”、Alpha“100%”的颜色。

（2）删除上一个步骤画的矩形线框和波浪线，只留下色块；将色块转换为图形元件，命名为“窘迫与尴尬”。双击图形元件，进入元件内部，将时间轴上的图层1重命名为“底色”，并新建三个图层，由上到下分别命名为“气体”“图案”“气体2”，将“底色”图层放在最底层。

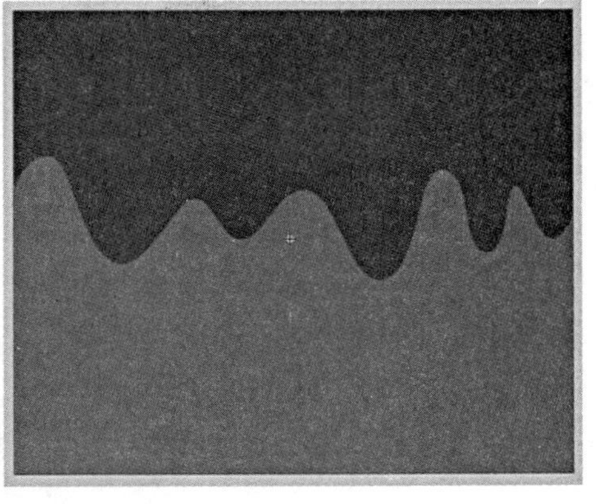

图5–79　绘制波浪线并为填充颜色

（3）选择“图案”图层，在舞台上利用“线条工具”和“矩形工具”绘制出如图5–80所示的回旋形图案，完成后将其整体转换为图形元件，命名为“图案”。

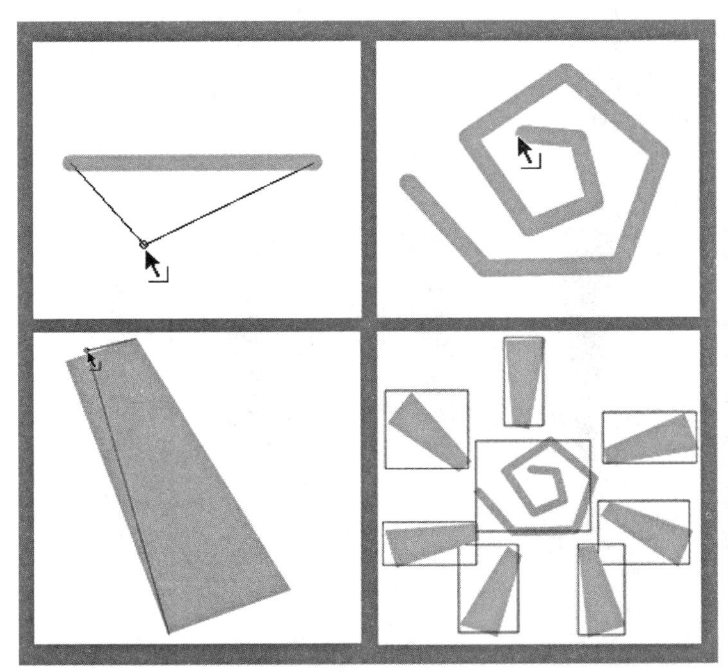

图5–80　绘制回旋形图案

（4）选择“气体2”图层，利用“刷子工具”绘制气体外形，颜色设置为黑色，Alpha值“42%”，最后单击“橡皮擦工具”，将气体的镂空部分擦除（见图5–81）。完成后将气体转换为图形元件，命名为“气体2”。

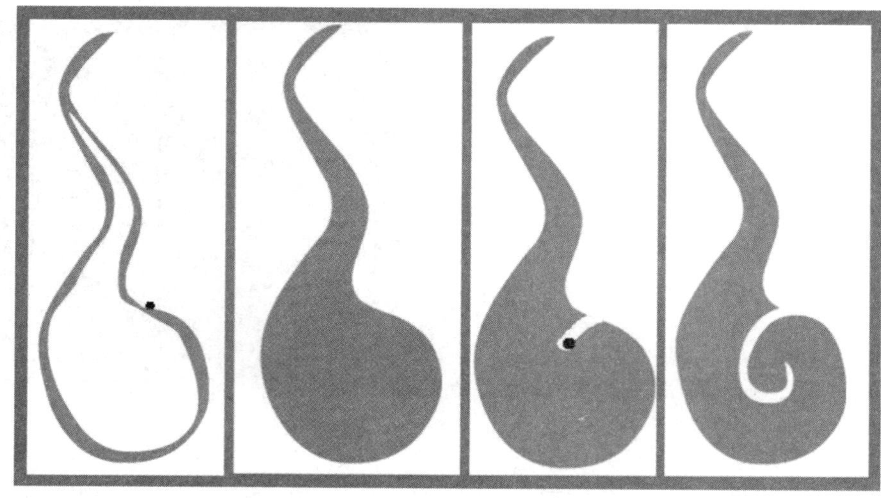

图5-81　绘制气体外形

（5）选择“气体”图层，利用“矩形工具”绘制一个黑色的长方形（见图5-82），接着单击“选择工具”，将矩形渐渐调整为螺旋式形状，并为其添加线性渐变，颜色设置为黑色。注意调整渐变方向，螺旋式形状的上端Alpha值为“0%”，下端Alpha值为“100%”。完成后将其转换为元件，命名为“气体1”。

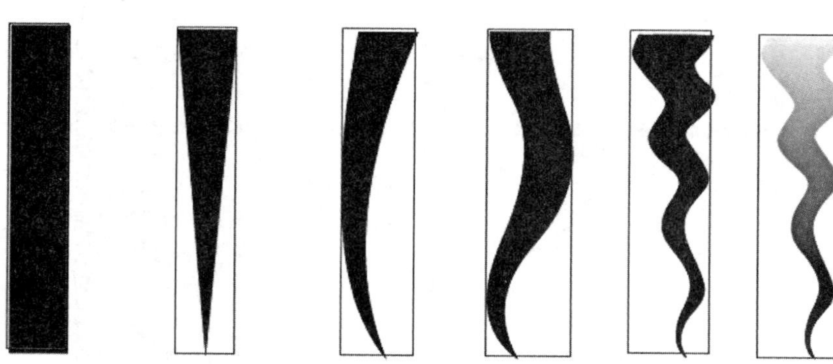

图5-82　绘制螺旋式形状

（6）如图5-83所示，首先选择“图案”图层，将图案元件复制出若干个，并为其添加不同的色调；单击“气体2”图层，将舞台上的“气体2”元件复制出若干个，并将新复制出的元件尺寸调小，散落放置在各处，添加“色彩效果”>Alpha“50%”；选择“气体”图层，复制出若干个“气体1”元件，并将其并排摆放在舞台上端，调整每个元件的大小，使整排看起来错落有致，即可获得最终效果。

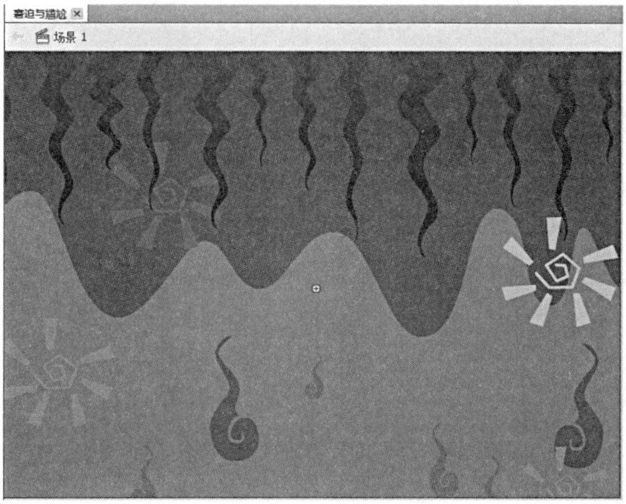

图5-83 “窘迫与尴尬”的背景效果

实例 6：悲伤与忧郁

当角色处于悲伤与忧郁中时，其眼里的环境会变得萧条和落寞，此时的背景可以用蓝色。这个被称为忧郁的颜色，与飘落的绿叶相互映衬，可以营造一种悲伤的气氛。

（1）创建Flash文件（ActionScript3.0）文档，并将其命名为“悲伤与忧郁”，舞台尺寸为640×480像素。在场景1中绘制一个比舞台大的长方形，为其填充放射状渐变，数值设置如图5-84所示，将长方形转换为图形元件，并命名为“悲伤与忧郁”。双击图形元件，进入元件内部，将时间轴上的图层1重命名为“底色”，并新建两个图层，由上到下分别命名为“树叶”“线”，将“底色”图层放在最底层。

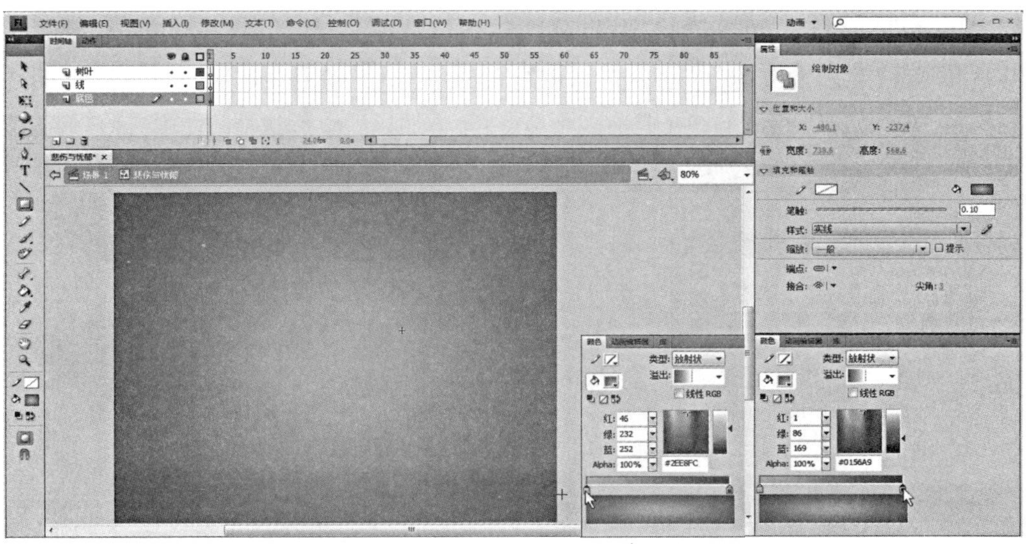

图5-84 创建“悲伤与忧郁”文档并新建图层

（2）选择“线”图层，利用“线条工具”在舞台上画一些直线，颜色设置为黑色，Alpha值为“40%”（见图5-85）。

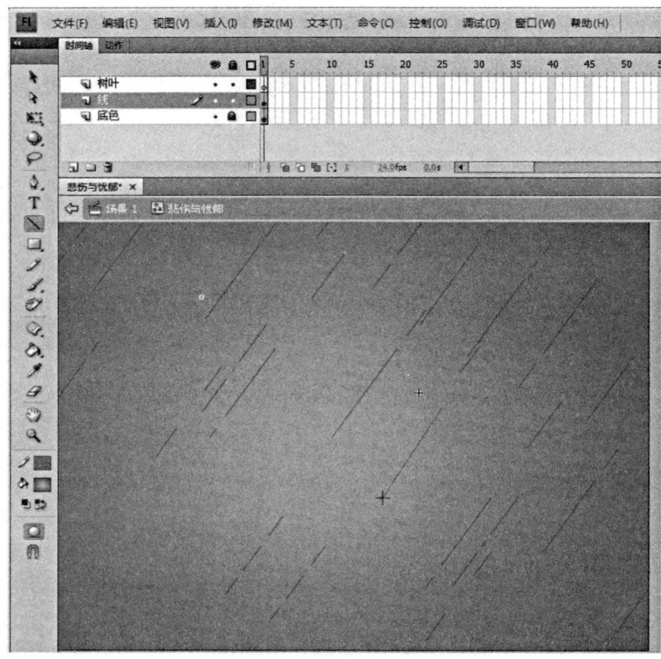

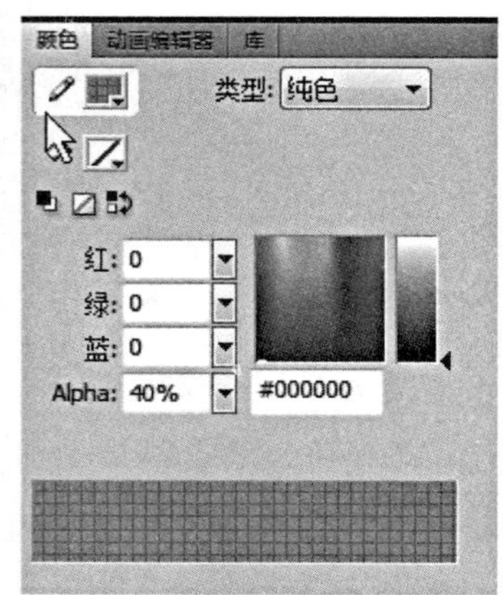

图5-85　绘制直线并设置颜色

（3）选择“树叶”图层，在舞台上绘制一个椭圆，颜色设置为红“30”、绿“174”、蓝“45”、Alpha“100%”，将椭圆形的色块转换为元件，命名为“树叶”。双击进入元件内部，将图层1重命名为“叶片”，利用“选择工具”将椭圆调整为叶子形状；新建“叶脉1”“叶脉2”“叶脉3”和“叶柄”图层（见图5-86），选择“直线工具”在相应图层绘制出叶脉和叶柄，笔触设置为“3”号实线。注意：这里不使用“铅笔工具”绘制叶脉和叶柄，原因是“铅笔工具”绘制的线条具有多个节点，不方便以后做形状补间动画。

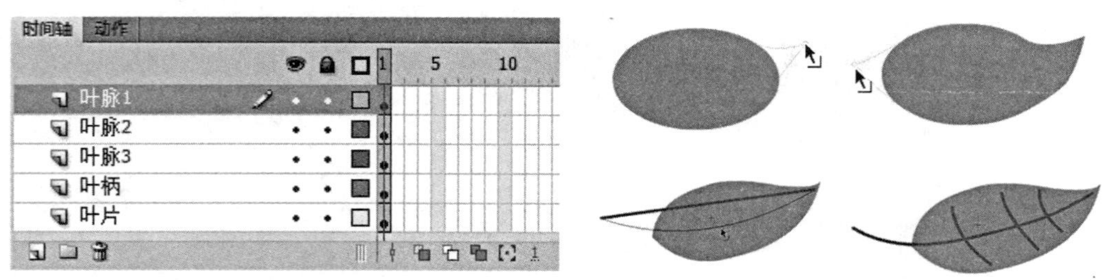

图5-86　新建图层并绘制树叶

（4）双击退出“树叶”元件，复制出一个树叶元件，选择这两个元件，为其添加“色彩效果”>“色调”，具体色彩设置如图5-87所示。

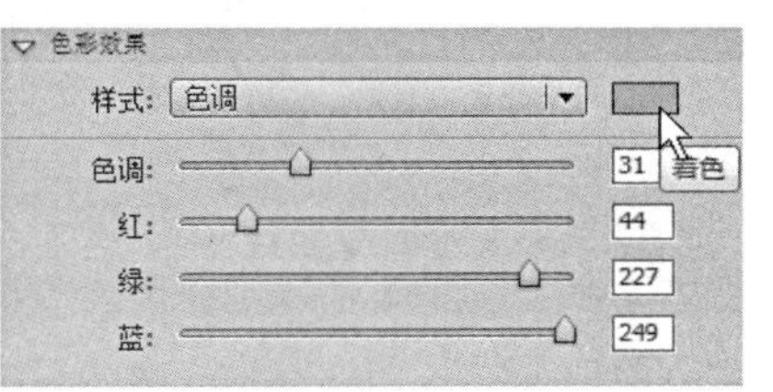

图5-87　树叶的色彩效果设置

（5）在舞台上双击，退出包含所有图层的“悲伤与忧郁”元件，观看最终合成画面（见图5-88）。

图5-88　“悲伤与忧郁”的背景效果

第四节　根据镜头设计场景

动画中的镜头概念来源于模拟真实的摄影机拍摄过程，镜头有静止和运动两种形式。为了满足不同的叙事需求，要在Flash CS4里根据镜头形式设计出不同的场景。

一、固定镜头中的场景

当摄影机进行拍摄，镜头的角度和位置保持静止时，观众看到的被摄对象相对稳定。在一个完整的商业Flash动画里，固定镜头的场景数量最多，因为静止的镜头更容易使观众将注意力集中在角色表演和场景的细节上。如图5-89所示，这是动画片《欢乐树的朋友们》中的一个固定镜头场景，我们曾在前面第五章第二节介绍过它，当角色乘着矿车向镜头纵深处飞驰时，静止的场景展现了鬼城的旷远和荒芜感。

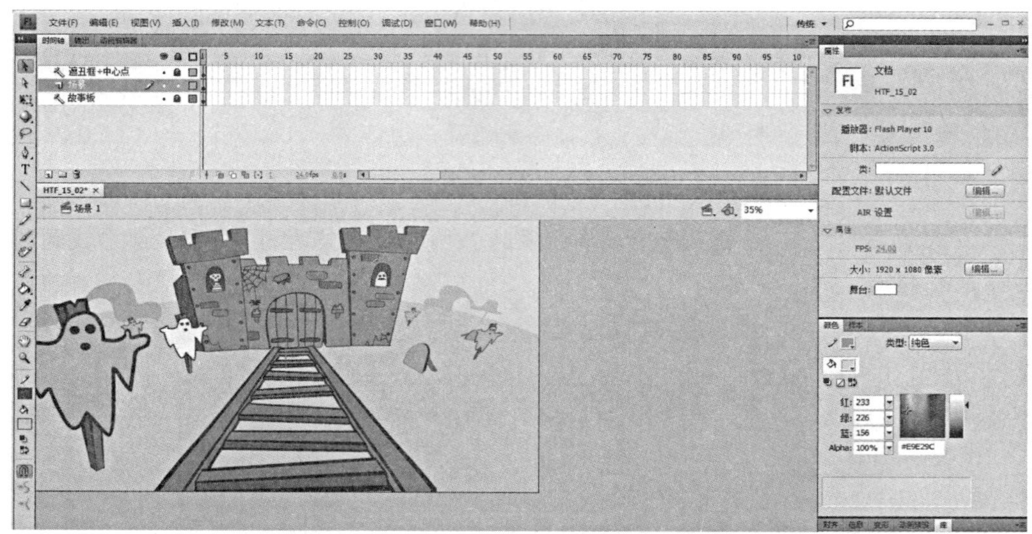

图5-89　固定镜头中的场景

二、运动镜头中的场景

1896年春，法国人亚历山大·普洛米奥将摄影机放在船只上拍摄时，无意中发现运动的摄影机可以“使不动的东西发生运动”；之后的摄影师在实践过程中相继发现了推、拉、摇、移等不同的拍摄形式。这种多样化的拍摄带来了与众不同的视觉冲击力，运动的场景更具空间感和真实感，并且会使构图随时发生变化。尤其是在非常短的广告动画中，连续的运动镜头能让广告散发活力。

在Flash CS4中绘制运动镜头的场景时，一般从画面显示最多的部分开始，比如推镜的场景是按照镜头运动之前的场景去画，而拉镜则是以镜头运动之后的场景为基准。摇镜和移镜不仅需要将镜头运动之前与运动之后的画面绘制出来，还要将相连的部分按照透视原理绘制出来。因此画出来的场景尺寸要比舞台上实际需要的尺寸大好几倍。

推镜头是拍摄时的常用手法之一，即摄像机镜头与拍摄对象逐渐靠近，画面内的景物逐渐放大。画面由远及近、由整体到局部，观众的目光紧随摄影机向纵深方向移动。如图5-90所示，当强调某些角色的神情或者物体时，可使用推镜头，将画面最后停在需要展示的物体上。绘制场景时，要按照从整体到局部，从大景到小景的顺序去构思。

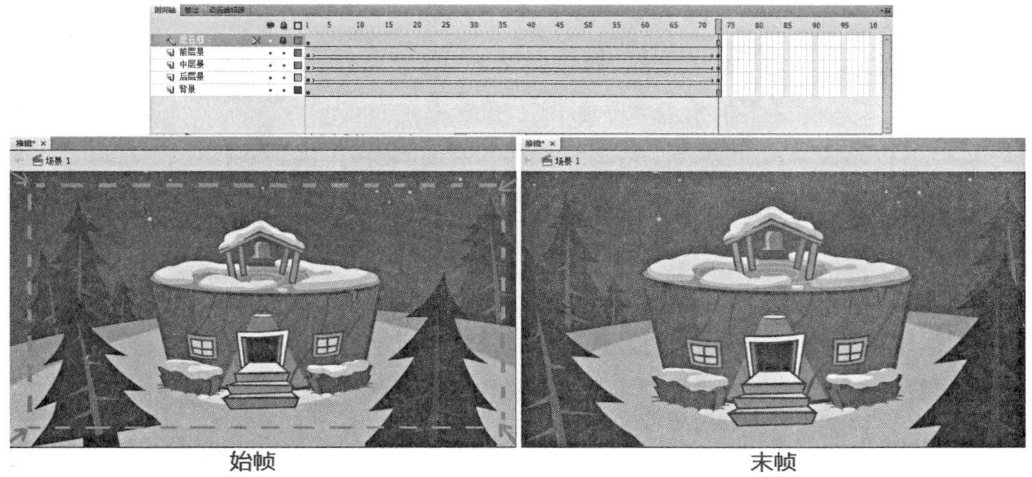

图5-90 《欢乐树的朋友们》第36集

拉镜头与推镜头恰好相反，是指摄像机与拍摄对象逐渐拉开距离，人物或者景物越来越小，画面从局部到整体。如图5-91所示，场景并不是一次性地展露无遗，而是随着时间变化逐渐展开，画面从局部到整体，最后向观众交代清楚场景的环境关系。有时为了表现悬疑的氛围，首先展示场景的局部，再快速拉镜，最终定格在大场景中。

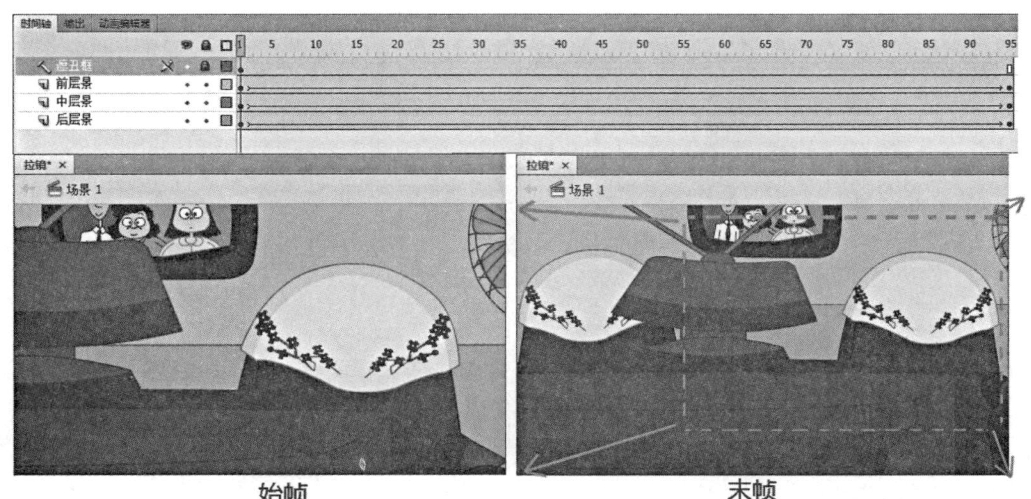

图5-91 《快乐东西》第一季的第4集

摇镜头简称“摇”，即固定摄影机位置，拍摄时机身镜头做上下运动、左右运动或者旋转。如果摇镜的速度很快，可以称之为“闪摇”，其作用是通过展示两处不同的地方，暗示二者之间的联系。摇镜既可以用来表现主观视角，即角色眼中的场景模样，也可以用来巡视场景、展现氛围（见图5-92）。

移镜通常是指摄影机沿着水平面做上下或者左右移动，移镜能较好地展现环境。如图5-93所示，当画面中的角色正在运动时，可以让镜头移动的速度与角色移动的速度保持一致，达到跟随拍摄的效果，简称“跟移”。

在Flash CS4中模拟绘制运动镜头的场景时，无论是推镜、拉镜、摇镜还是移镜，离镜头最近的前层景物的运动速度是最快的，中层景、后层景和背景的速度依次减慢。在绘制前层景时，可以多画出一部分，其尺寸要大于动态分镜草图，因为从动态分镜绘制到中期动画制作阶段，镜头运动的速度可能会随着整体节奏的调整而加快，这时候需要的前景范围会随之加长或者加宽。将场景的每层景物单独放置在各自的图层上，并做场景运动的补间动画，按照这种方式做出来的运动镜头看起来会更加生动。

图5-92　第四章实例3：摇镜头

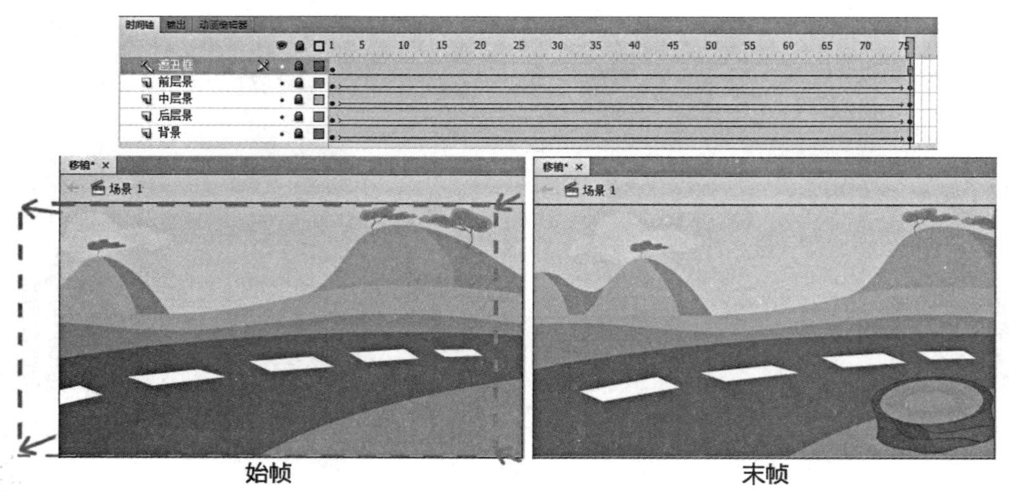

图5-93　动画《欢乐树的朋友们》第37集

拓展阅读小贴士

为了便于后期修改，在确定项目文档尺寸时，实际场景的画面尺寸要稍大于所需场景尺寸，像素在1920×1080到2880×2880 之间，像素越大意味着导出位图时的细节越丰富，但像素越大也意味着源文件占用的内存越大。在使用场景时，最好将不需要分层的运动镜头场景导出PNG格式的图片，之后再次导入使用，这样可以避免因为场景占用内存过大而导致在Flash CS4里直接合成时出现文件崩溃与损坏的情况。

思考与练习题

根据动态故事板草图，尝试绘制三张不同透视关系的场景，并尽可能保持风格统一；注意利用光影变化，营造特定的情景气氛。

第六章 何为元件动画

——动画制作

本章知识点

皮影原理；补间动画；逐帧动画；交互式动画

学习目标

了解皮影戏的运动规律；了解多种补间动画的综合使用方法；利用元件创作有趣的动画

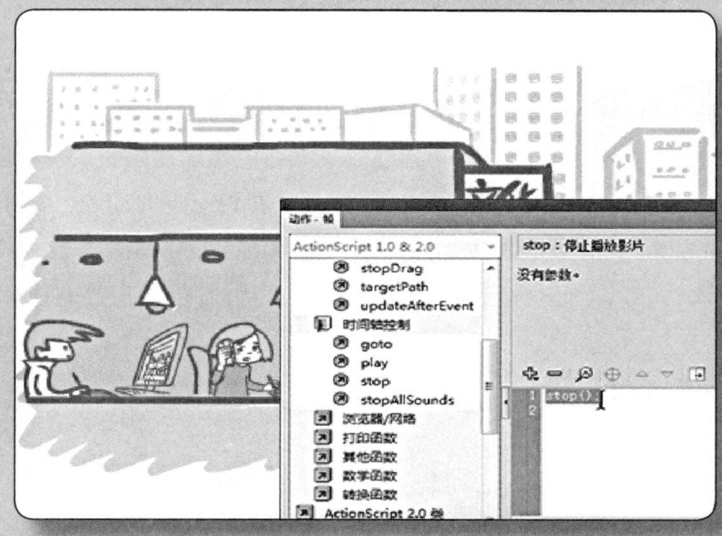

对动画师来说，没有什么比便捷而快速地制作出预想动作更令人兴奋了。众所周知，因为Flash CS4基于元件，所以既可以利用软件自动生成流畅的补间动画，又可以在内部手动绘制出逐帧动画。为了适应互联网传播，还可以利用元件制作出充满趣味性的交互式动画。虽然丰富的动画效果让人喜爱，但由于元件可以重复使用，所以如果不进行二次创作，容易给人留下粗糙和劣质的感觉。本章主要介绍不同类型的元件搭配不同图层属性的动画制作方法。

第一节　皮影原理

皮影戏是一种利用影偶在白色幕布后表演故事的中国传统民间戏剧，影偶的肢体包含许多可活动的部件，以便做各种表演动作。如同影偶是由许多零件组成的一样，元件也是Flash动画的构成零件，它有三种类型：图形、影片剪辑和按钮（见图6-1）。我们可以在舞台上绘制一些图案内容，然后将它转换为元件。每次使用时，都要从库面板中将元件拖拽到舞台中。元件可以反复使用和再次编辑。

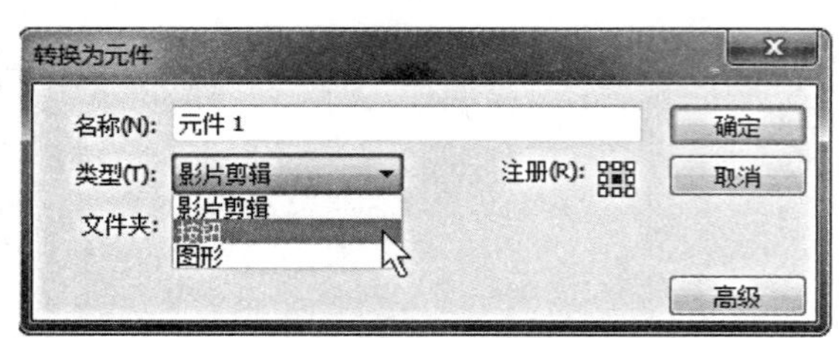

图6-1　元件

默认的图形元件只有1帧，通过在它的内部添加帧，可制作动画。完成后退出元件内部，直接播放主场景时间线，就可以观看动画效果。影片剪辑元件是一种不受主场景时间线控制的元件，它的滤镜效果可以让场景拥有电影般的画质。影片剪辑元件在主场景时间轴上只有1帧时，通过影片测试，依然可以看到完整的动画。按钮元件是互动性最强的元件类型。它的播放和主场景时间轴相对独立，它不能随着时间轴播放。为其添加动作脚本语言后，当鼠标点击或者滑过按钮元件时，会出现提前设计好的动画。

一、皮影的活动原理

如图6-2所示，这是皮影的活动装置示意图。①角色全身的关节分为两种：文角共有10个，分别是头、帽、上身、腰身、前腿、后腿、上臂、下臂、手部；武角因为多一只手，就有14个关节。②在皮影的关节与关节相交处，选取中心点打孔并用线连接，这样脖子、手臂和腰身等均可以平面180° 活动，皮影在舞台上的做、打等动作，均来自艺人的幕后操控。艺人操控皮影，主要是依靠影偶身上的操纵杆，在它的控制下，皮影可以灵活地做出躬身、点头、弯

图6-2　皮影的活动装置示意图

① 张冬菜. 中国影戏的演出形态[M]. 郑州：大象出版社，2010.
② 同上：138.

腰和打斗等表演动作。因此，从职能上看，皮影戏艺人和Flash动画师很相似，他们都是通过控制角色的动作，将故事情节演绎出来。

二、物体如何拆分与嵌套

根据动态故事板，在Flash CS4中绘制出物体的各个部分，每个部分都是一个绘制对象或者组件，请想一下：物体中有哪些部分需要做动画？如果是人物或者动物，则分为头部、脖子、上身、胯部和四肢，其中，上身还可以分成胸部、腰部两处，角色越灵活，意味着物体拆分得越细致。将活动的部位和关节分别单独创建成元件，暂时不需要做动画的部分可以保持组件的形式，并与将要做动画的元件放置在不同图层里。完成这些后，将整个物体创建为元件，那么元件中的每个部分自然就成了整体的嵌套"零件"。

图6-3是一个女孩3/4侧的元件，点击元件图层，启用"只显示轮廓"功能，可以清晰地看到角色的各个部分是如何连接的。在Flash CS4中，角色的关节相交部分被设计为圆形，以便旋转时不穿帮，这与皮影的设计原理类似。双击进入角色元件内部，你会发现其他部位也同外部角色元件一样，都含有内嵌元件和组件，比如头部包含眼睛、鼻子和嘴巴等不同的元件。在制作位移、缩放等补间动画的过程中，当拖动头部元件移动时，其中的内嵌元件也会随之产生位移，不需要依照元件的内外顺序分别点进去重新调整，有效避免了重复操作。假如我们需要在头部发生位移的同时让角色眨眼睛和开口说话，则可以先进入内嵌元件里，为眼睛或者嘴巴"零件"做动画，接着再回到元件的外部舞台上，为整个头部做位移动画。

图6-3　女孩3/4侧的元件

第二节　补间动画与传统补间动画

介绍补间动画与传统补间动画之前，让我们先回忆一下"帧"的概念，因为无论在Flash CS4中制作何种类型的动画，都需要利用帧。帧是动画的最小单位，一秒钟的动画影像包含24张单幅画面，每张单幅画面也可以被称为每"帧"画面。通过本书第二章的学习，我们已经知道在Flash CS4中的时间轴面板上，每一个小格代表一帧，在这里可以

插入帧、关键帧和空白关键帧。

一、补间动画

Flash CS4相较于以前的Flash 8和Flash CS3版本，将原有的补间动画更名为“传统补间动画”，但与传统补间动画不同的是，补间动画不仅增加了3D功能，而且改变了动画制作顺序和时间轴显示外观。补间动画为指定的关键帧做删除操作时，不能像传统补间动画那样，通过直接点击时间轴上的关键帧（小黑点），来达到移动、右键清除关键帧的目的。所以如果在补间动画中删除指定关键帧，只能通过将红色播放指针移动到指定关键帧上，然后右键“清除关键帧”>“全部”（见图6-4）。

图6-4　创建和编辑补间动画

在Flash CS4中制作3D补间动画，元件类型只能是影片剪辑。为了方便操作，不需要制作3D变形动画时，通常会使用传统补间动画制作。下面来看利用3D工具制作补间动画的实例。

实例 1: 开门

（1）制作一个有趣的动画，是从一个有趣的造型开始的。打开第六章文件夹>6.2>实例1开门.fla后，在舞台上看见一扇有圣诞老人头像贴饰的门，这是提前绘制好的素材。此时的门由三部分构成：门、门的厚度、门框线，每个部分的类型都是组件，并且全部处于同一个图层里。

（2）做动画之前，应为物体的拆分做好准备。如图6-5所示，在已有素材图层的基础上，新建两个图层，并且按照从上到下的顺序分别命名为“门的厚度”“门”“门框线”。剪切三个组件，将它们分别粘贴到相应的图层。由于门框线图层不需要做动画，所以请锁住它，以免误操作。

（3）首先预估整个动画需要0.5秒，于是在每个图层的时间轴上单击第14帧处，右键插入帧，此时三个图层的时间长度自动增加到14帧。

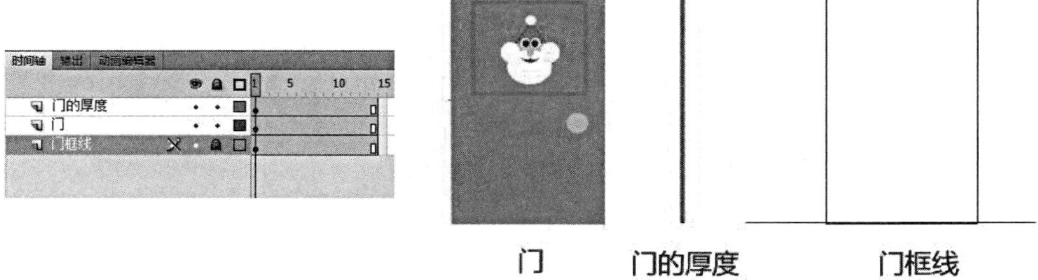

图6-5 门的拆分

（4）将门、门的厚度两个组件分别转换成同名的影片剪辑元件，为接下来制作3D补间动画做元件准备。

（5）在“门”图层的时间轴上，单击第1帧和第14帧之间，右键选择创建补间动画，此时从第1帧到第14帧变成蓝底色（见图6-6）。

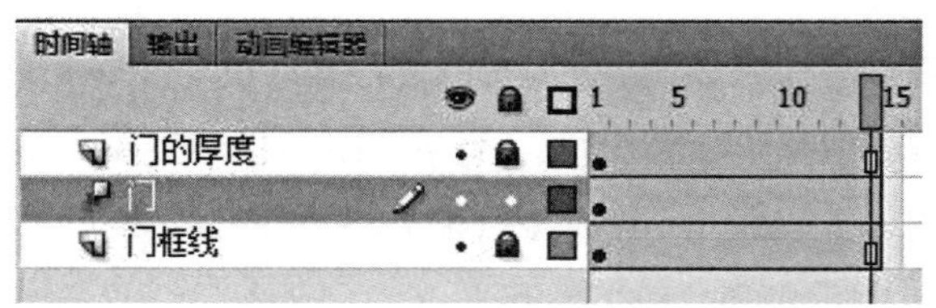

图6-6 在“门”图层创建补间动画

（6）选择“工具栏”>“3D旋转工具”，此时单击舞台上的门元件时，会出现如图6-7所示的坐标，绿色横线表示沿着Y轴旋转，红色竖线代表沿着X轴旋转，蓝色内圆圈线代表沿着Z轴旋转，红色外圆圈线表示可以360°任意旋转。

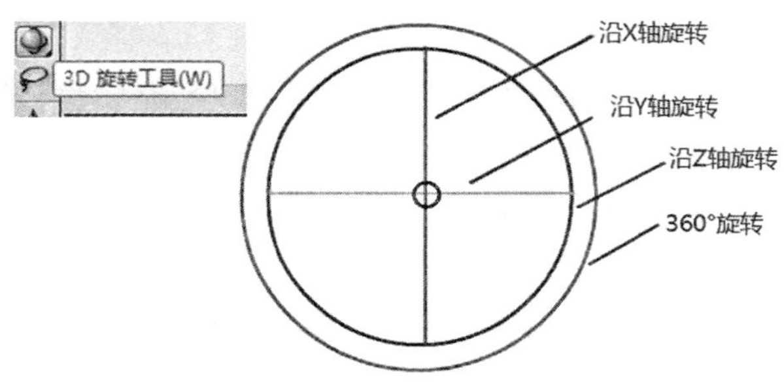

图6-7　选择3D旋转工具

（7）将“门”图层上的指针拨到需要设置关键帧的地方——第14帧，单击舞台上的门元件，出现3D旋转坐标，将鼠标指针放在坐标的Y轴上，点击并向左边拖拽，此时门的角度渐渐发生变化，当门的透视如图6-8所示时，可以在右边属性面板中看到旋转后的X轴、Y轴和Z轴数值。

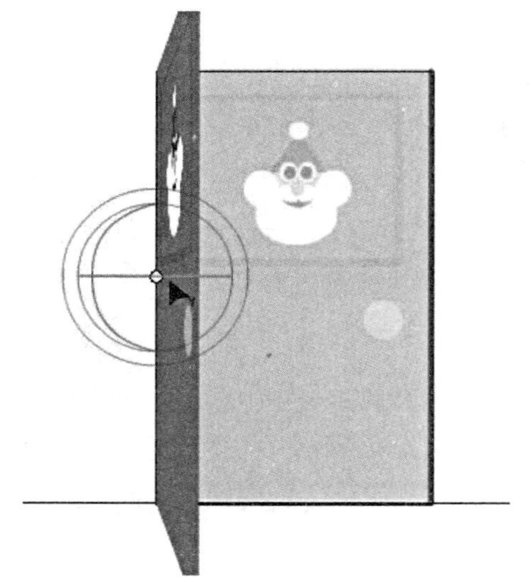

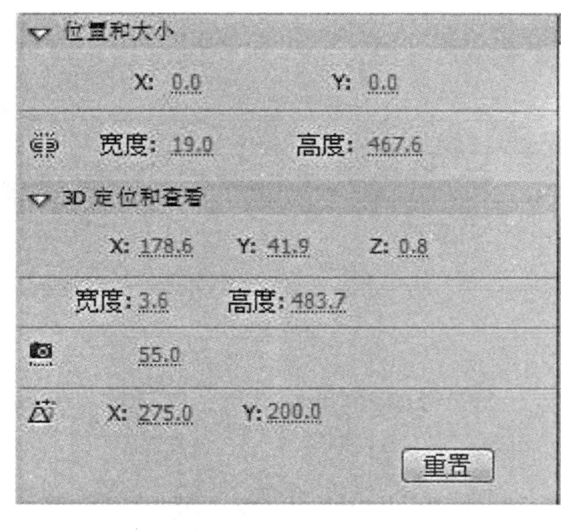

图6-8　Y轴旋转

（8）沿着Y轴旋转坐标完成旋转后，将鼠标停在时间轴上的红色指针处，此时会自动生成关键帧（蓝色底出现一个小黑点），此时“门”图层的第1帧到第14帧之间会自动生成动画。点击第1帧，红色指针自动移动到这里，按Enter键可以观看动画效果。

（9）目前已完成门的动画，接下来按照这个轨迹，为门的厚度制作动画。先锁定“门”和“门框线”图层，单击“门的厚度”图层时间轴上第1帧到第14帧中间的任意一帧，右键选择补间动画。

（10）单击“门的厚度”图层时间轴上的第14帧，红色指针自动移到第14帧处，选择“工具栏”>“3D平移工具”，点击舞台上的影片剪辑元件，将其沿着X轴向左边移动，确保门的厚度刚好移动至离镜头最近的门边缘线上（见图6-9）。

（11）开门动画会使门的透视发生变化，在旋转的过程中，固定的一边长度不变，不固定的一边靠近镜头时，视觉上会拉长，因此门的厚度在第14帧处不仅需要在X轴上移动，还需要改变长度和宽度。

（12）如图6-10所示，将鼠标指针放在厚度元件的方形控制点上，调整厚度的宽和高，使其与第二图层共同构成一扇具有透视感的门，要注意厚度与门上下对齐。

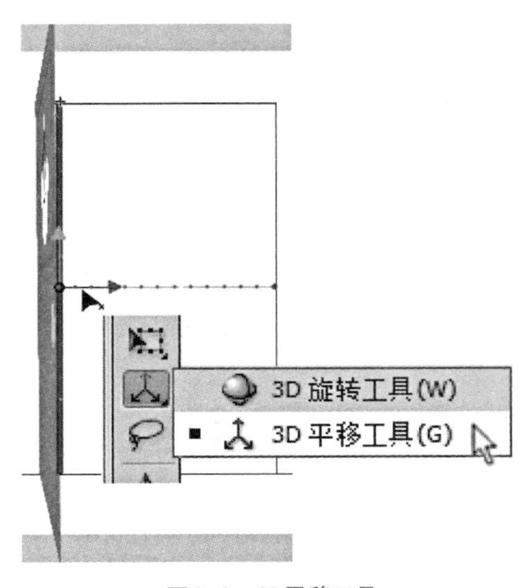

图6-9 3D平移工具

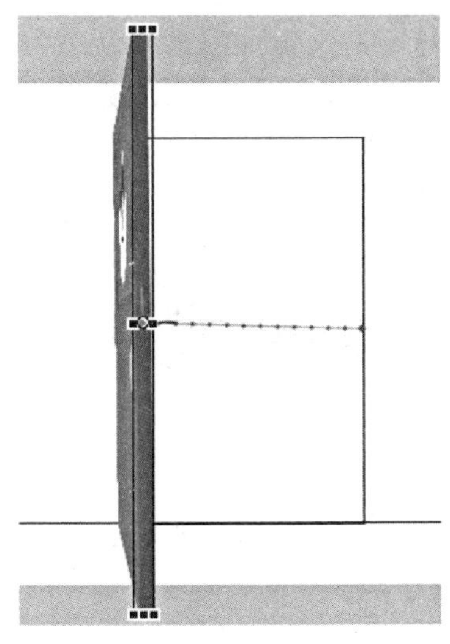

图6-10 任意变形工具

（13）利用3D平移工具和任意变形工具，在第4帧、第7帧、第11帧处对门的厚度进行调节。注意按照关键帧的中间关键帧顺序设置，即首先设置第7帧，其次是第4帧，最后是第11帧，这样的顺序相对而言不容易混乱。另外，若要将“厚度”元件与“门”匹配起来，需要不断地调整，这个过程比较漫长，保持耐心是最重要的。最终呈现的效果是：在门打开的过程中，人们可以逐渐看到侧面的厚度。

（14）调整完门的厚度动画，可以点击这个图层的时间轴第1帧处，红色指针自动移动到第1帧，此时可以按Enter键反复播放。如果发现门的厚度与门的动画不匹配或者穿帮，可能是因为有操作误差。此时可以检查前面的关键帧画面是否有穿帮问题或疏漏，也可以继续在关键帧的中间添加关键帧画面。

（15）最终完成的动画效果是一扇贴着圣诞老人头像的门缓缓地面向镜头打开，当然利用介绍的方法，你也可以尝试制作反方向打开的门，毕竟生活中既有向室外打开的门，也有向室内打开的门（见图6-11）。

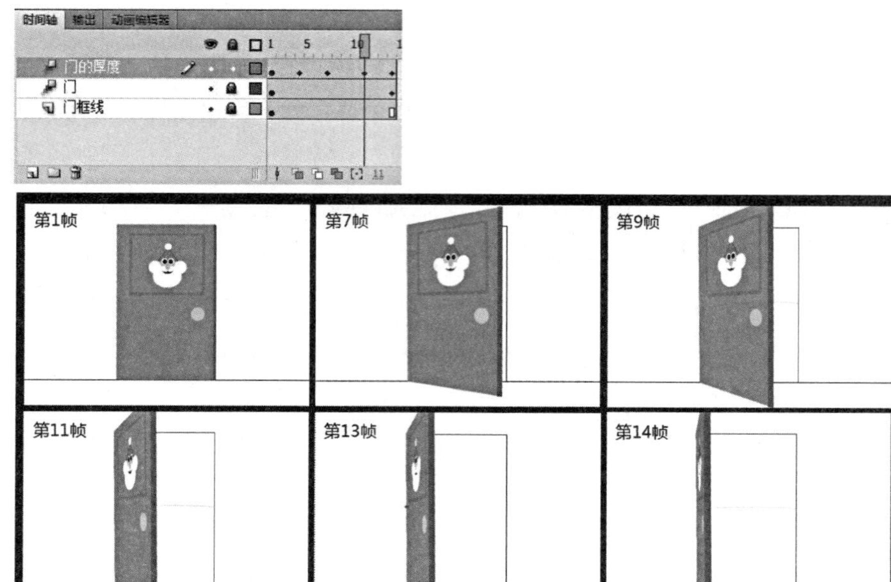

图6-11　完成动画预览效果

二、传统补间动画的基本应用

与补间动画相比，传统补间动画在商业动画制作环节中的使用率更高，这要归功于它在操作上的便捷性。传统补间动画对于元件类型没有限制，可以是影片剪辑、按钮和图形中的任意一种。对元件进行拆分和嵌套之后，只需在时间轴上插入初始关键帧和末尾关键帧，然后分别对每个关键帧处的画面进行调整，最后在时间轴上的两帧之间右键选择创建"传统补间动画"，即可完成动画的制作。这样软件通过计算生成中间的过渡帧，使画面从前一个关键帧渐变到下一个关键帧，非常适合为形状规则的卡通造型制作动画。

当动画师对于细节呈现要求比较高时，传统补间动画还可以直接在内部嵌套的元件中制作动画，所以关节拆分得越细致，动画也就越生动。

实例 2：手移动

（1）打开第六章文件夹>6.2>实例2>手移动素材.fla，舞台上出现已经绘制好的手部组件，将手和手臂分别转换成同名的图形元件，接下来为手制作一个向右边平移的动画。

（2）如图6-12所示，移动手臂到手的下方，拼成完整的手部。将两个元件的控制点移动到手腕处（点开"将图层视为轮廓"可以查看控制点位置）。

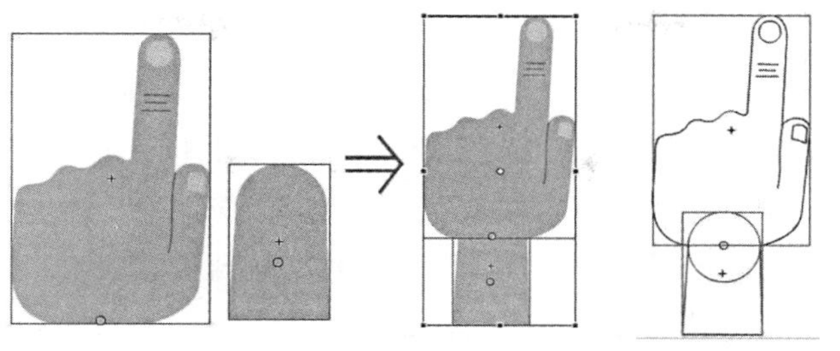

图6-12　拆分与组合元件

（3）全选两个元件，右键选择"分散到图层"，则创建了名称为"手"和"手臂"的两个图层，此时删除变成空白图层的素材图层。

（4）估算出整个动作从完成到停止共需要0.7秒，于是在第17帧处插入帧。

（5）一个完整的动作分为预备动作、过程动作和缓冲动作，接下来在两个工具——"将图层视为轮廓"和"绘图纸外观轮廓"的帮助下（见图6-13），我们先完成手指的预备动作的调节。如图6-14所示，在"手"和"手臂"图层的第4帧处分别插入关键帧，单击"任意变形工具"，选中手、手臂元件，将鼠标的指针移动到元件上，当指针变成"↖✥"时，则向左拖动鼠标，手和手臂发生位移，即产生第2张关键画面，此时点开"将图层视为轮廓"和"绘图纸外观轮廓"工具，查看手指的位置变化，如果感觉移动幅度太小，还可以参考轮廓线，再次移动位置。

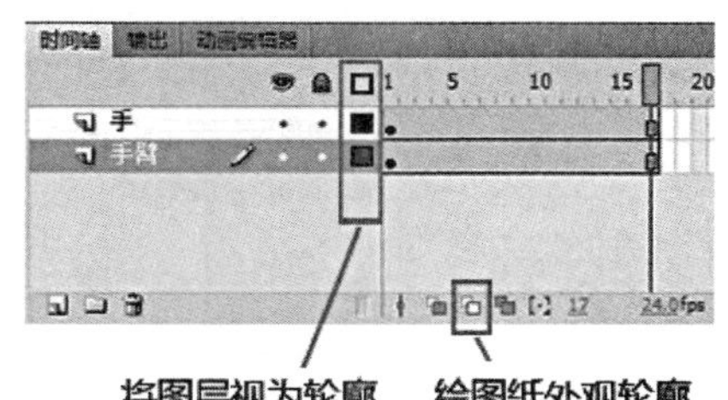

图6-13　所需工具

（6）接下来开始调整过程动作。如图6-15所示，点开"将图层视为轮廓"，在"手"和"手臂"图层的第13帧处分别插入关键帧，单击"任意变形工具"，将手、手臂元件向右拖动，放到动作结束所需的位置，松开鼠标指针，产生第3张关键画面。

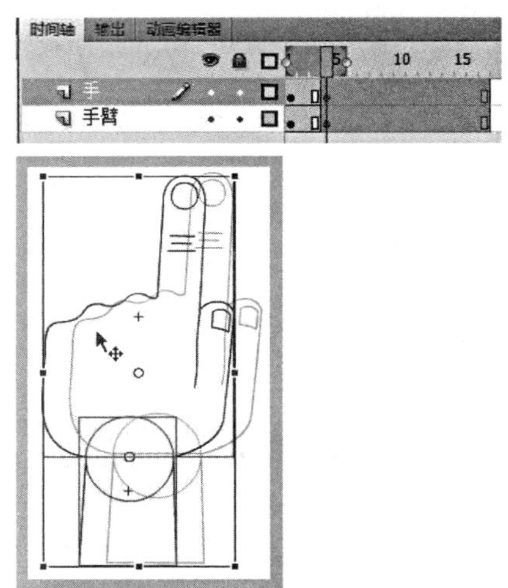

图6-14　插入第2张关键画面

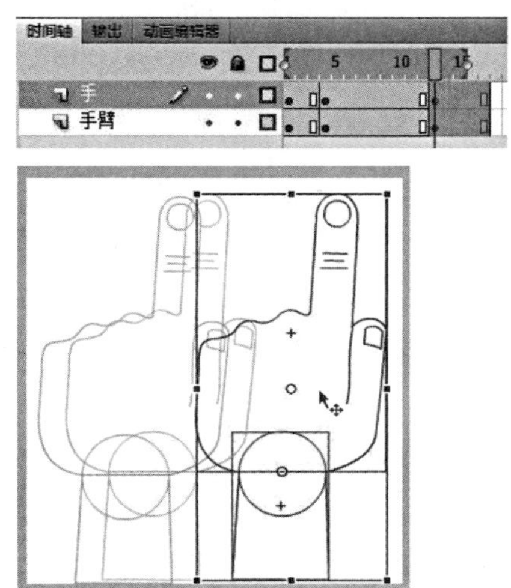

图6-15　插入第3张关键画面

（7）缓冲动作的关键帧放在最后设置。以末帧动作为依据，根据手和手臂最终停下的位置，反方向移动手和手臂——为动作添加缓冲前的关键帧。如图6–16所示，在第10帧添加关键帧，单击“任意变形工具”，将手、手臂元件向左拖动很短的距离，产生第4张关键画面。

（8）在2个关键帧之间单击任意一帧，右键选择“创建传统补间”，软件会自动将关键画面之间的中间画补上，形成流畅的动画。

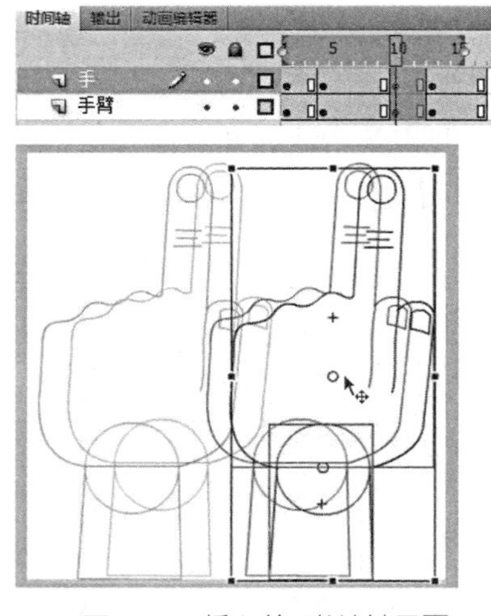

图6–16　插入第4张关键画面

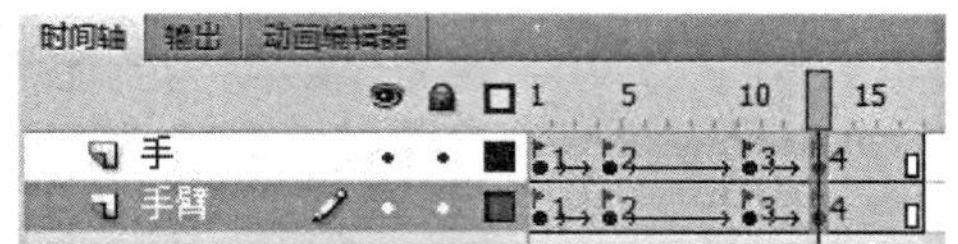

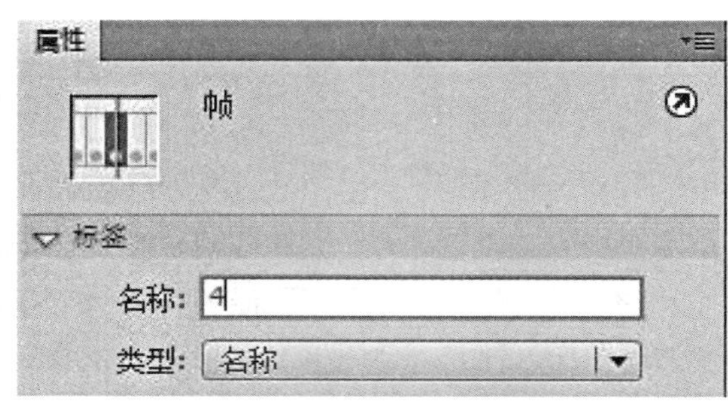

图6–17　添加名称标签

（9）单击第1个关键帧，在右边“属性面板”>“标签”>“名称”的空白栏中输入“1”，然后依次为每一个关键帧添加名称标签，当第4个关键帧的”名称”空白栏中键入“4”时，则完成所有添加名称标签的工作（见图6–17）。这样做的目的是即便之后需要删除和添加关键帧，也不容易与先前的关键帧混淆。

（10）完成动画后，点击时间轴第1帧处，此时按Enter键进行播放，观看最终动画效果。

实例 3：吹泡泡

（1）打开第六章文件夹>6.2>实例3>吹泡泡素材.fla，舞台上出现一个女孩正在用吸管吹泡泡的组件。接下来，我们将利用缩放功能，为泡泡做一个由小变大的传统补间动画。

（2）将泡泡组件转换为图形元件，命名为“泡泡”，并剪切到新建的“泡泡”图层，将剩下的原素材图层命名为“角色”，完成后锁定“角色”图层。

（3）如图6–18所示，将“泡泡”元件的中心控制点移动到泡泡与吸管的结合处，之后在“泡泡”图层第10帧处插入关键帧。

图6-18　移动控制点和插入关键帧

（4）在第10帧处，选择“任意变形工具”，单击“泡泡”元件，出现调节框，将鼠标移至左上方的黑色方形控制点，鼠标指针变成“↗”符号，如图6-19所示。此时单击并向左上方拖动鼠标，同时按住Shift键，直至泡泡元件放大至预想中的大小。

（5）如图6-20所示，另一种放大元件的方法是选择菜单栏“修改”>“变形”>“缩放和旋转”，出现缩放和旋转对话框，在缩放栏中输入“170”，于是变化后的泡泡变为变化前的1.7倍。这种直接输入数值进行缩放的方法，适用于明确知道每一个数值对应的缩放大小的情况。如果需要慢慢调试大小，还是建议用步骤（4）的方法。

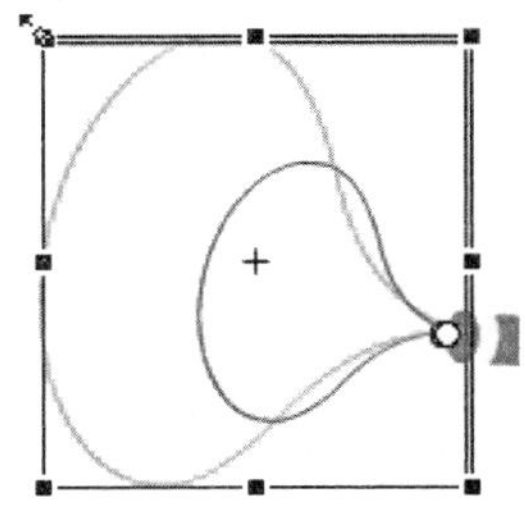

图6-19　利用任意变形工具放大

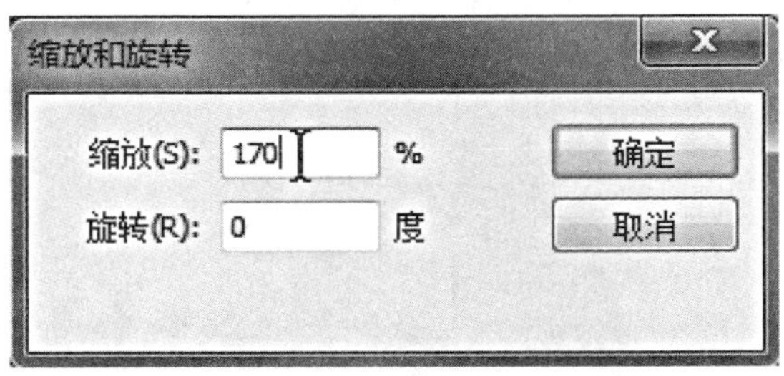

图6-20　利用缩放和旋转工具放大

（6）调整好第10帧的泡泡后，开始添加传统补间动画，单击第1帧和第10帧之间任意一帧，右键选择“创建传统补间”。

（7）单击时间轴上的传统补间，右边属性面板上出现“补间”属性，在“缓动”方

框栏中输入“-100”（加速），如果是减速则输入“100”，勾选“同步”（画面按照元件内部帧顺序显示）（见图6-21）。

（8）如图6-22所示，完成动画后，点击时间轴第1帧处，此时按Enter键进行播放，观看最终动画效果。

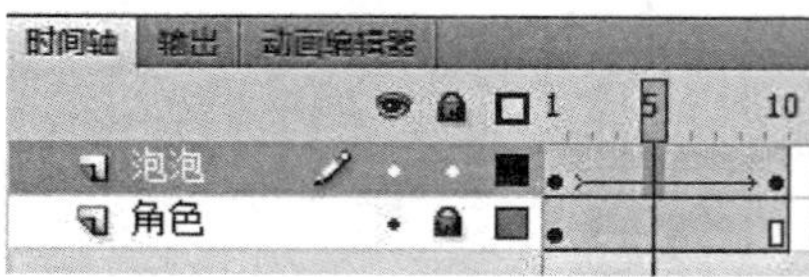

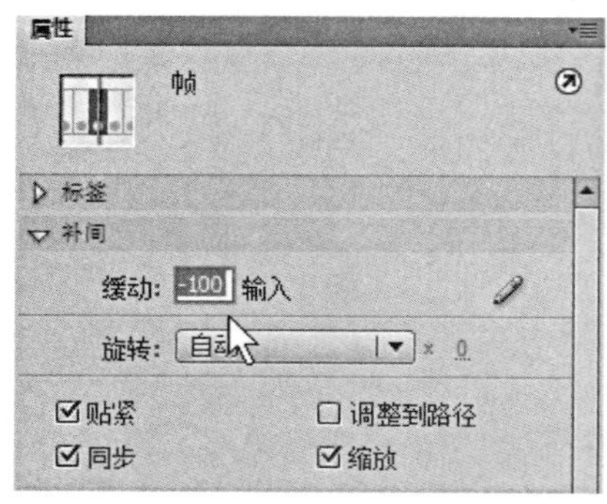

图6-21　为传统补间添加缓动

图6-22　最终动画效果

实例 4：秒针转动

（1）打开第六章文件夹>6.2>实例4>秒针转动素材.fla，在舞台上出现绘制好的钟表组件。在正常运行的钟表中，秒针转动最快，时针转动最慢，尤其是在较短的时间内，分针和时针的旋转几乎可以忽略不计。接下来以秒针作为对象，示范如何在“传统补间动画”中使用旋转功能。

（2）如图6-23所示，将四个组件分别转换为同名的图形元件，即“秒针”“分针”“时针”“钟表盘”。

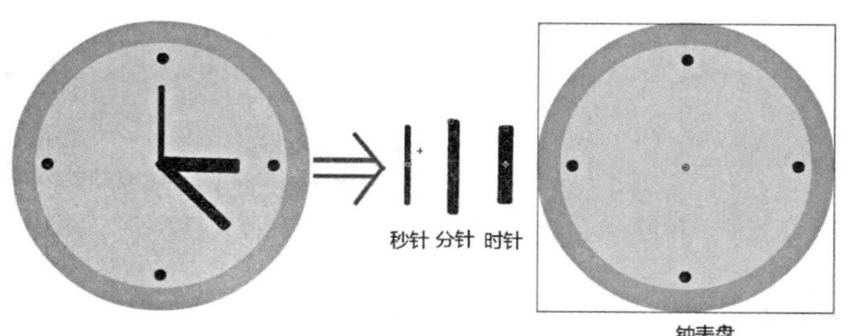

图6-23　拆分与组合元件

（3）选中舞台上的所有元件，单击右键，在弹出的选项框中选择“分散到图层”，则自动创建了4个新的图层，最后删除原图层。

（4）如图6–24所示，首先将秒针元件的控制点移动到钟表盘的中心点处，这样确保秒针可以顺利地以控制点为圆心进行旋转。

（5）为秒针制作旋转一圈的动画，在秒针图层中第60帧处插入关键帧，此时不用改变秒针的角度，保持和第1个关键帧一样即可。

（6）如图6–25所示，在秒针图层中第30帧处插入关键帧，利用任意变形工具，将秒针旋转到180° 的位置。

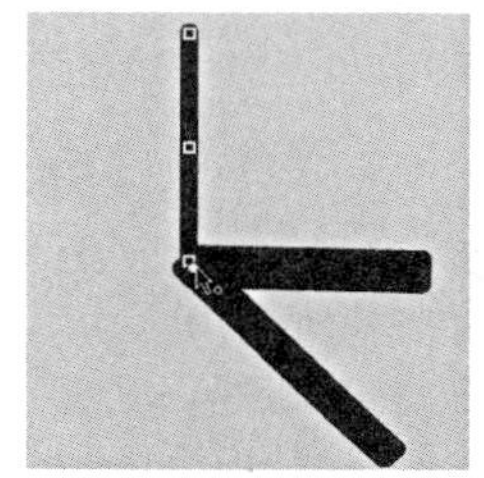

图6–24　移动控制点

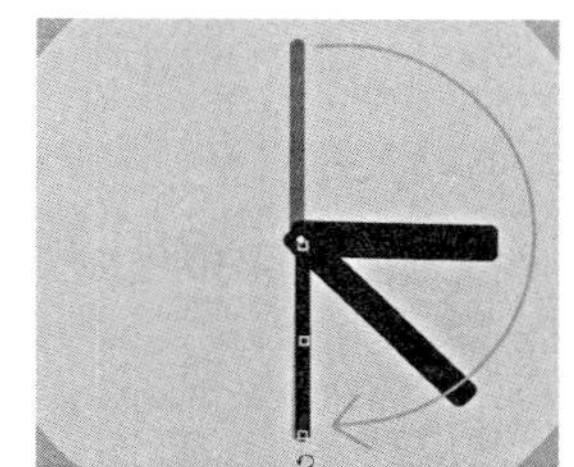

图6–25　第30帧秒针位置

（7）点击时针和分针的“将图层视为轮廓”按钮，分别在第15帧和第45帧处插入关键帧，将秒针旋转到如图6–26所示的位置。

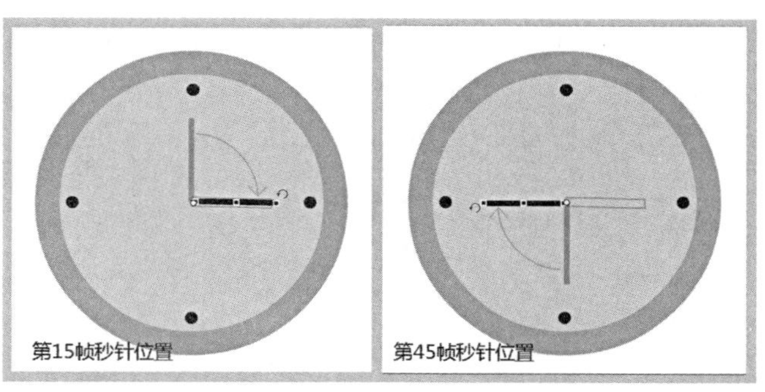

图6–26　第15帧、第45帧秒针位置

（8）在设置的关键帧之间创建补间动画，此时自动生成完成动画，点击时间轴第1帧处，按Enter键进行播放，观看最终动画效果。

动画小贴士

为秒针制作旋转动画时，除了上述方法外，还可以利用补间属性进行制作。按照上面介绍的步骤（5）设置始末关键帧后，将步骤（6）变为在两帧之间创建传统补间动画。单击时间轴上的补间动画，属性栏中出现补间设置，将补间下拉菜单中的“旋转”设置为顺时针，在旋转圈数中输入“1”，即“旋转：顺时针 × 1”，此时软件将自动生成秒针旋转动画。

三、传统补间动画的综合案例

实例 5：角色的连续表演

（1）下面我们将为设定的角色调连续动作：女孩微笑着站在原地，先向前探望一下，然后从左边走出舞台。

（2）打开第六章文件夹>6.2>实例5>连续动作素材.fla，舞台上出现事先绘制好的角色——站着的3/4侧女孩。根据动作的需要将元件拆分，同时将每个零件分到相应的图层。最后，点击“视图”>“标尺”，拉出参考线，标示出双脚的位置（见图6–27）。

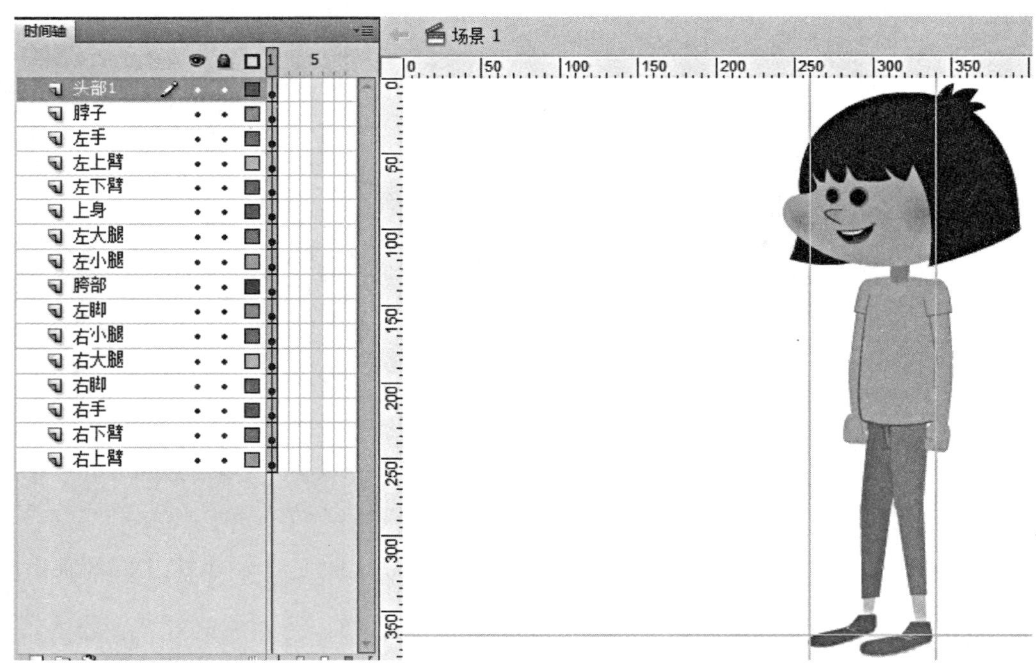

图6–27 准备工作包含拆分元件、利用参考线标出双脚的位置

（3）在第9帧处插入关键帧，利用任意变形工具旋转“头部1”和“脖子”等元件，让女孩低头和弯曲脖子，将其作为弯腰预备动作（见图6-28）。

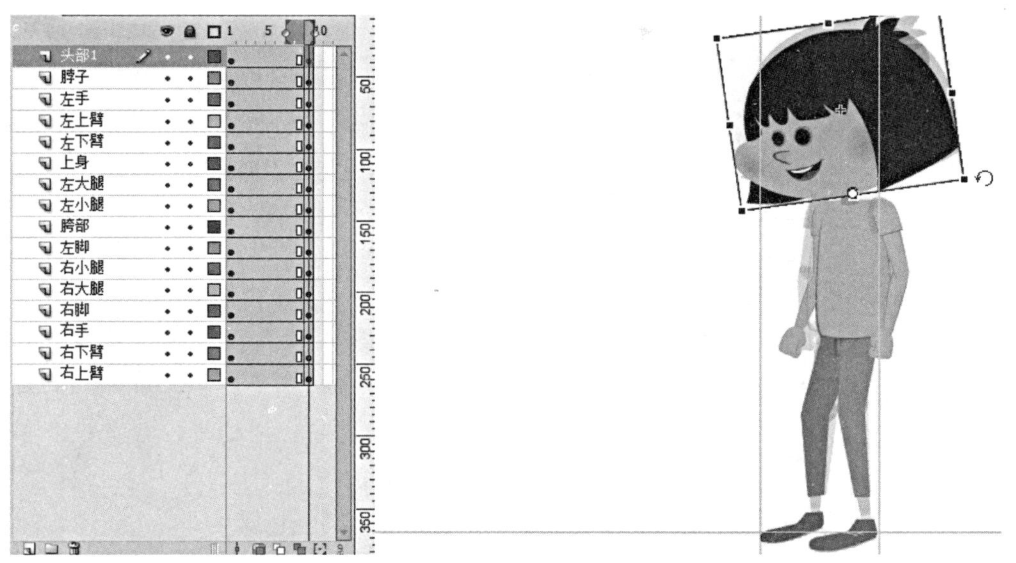

图6-28　为所有图层的第9帧添加关键帧，调整成右图的姿势

（4）在第13帧处插入关键帧，整体旋转女孩的“头部1”“上身”“手”和4个手臂元件，使身体重心向前倾。应注意的是，变动时左脚位置保持不变。选择任意变形工具，将鼠标放在“左脚”元件的方形框上面，指针变为倾斜符号“⇋”，按住鼠标左键并向左边拉，则“左脚”向左边发生倾斜变形，调整至合适位置后，将左脚与定位参考线对齐。最后将身体其他部位根据摆好的“上身”和“左脚”位置调整。女孩最终的动作如图6-29所示：踮起左脚，头微微抬起，向前探望。

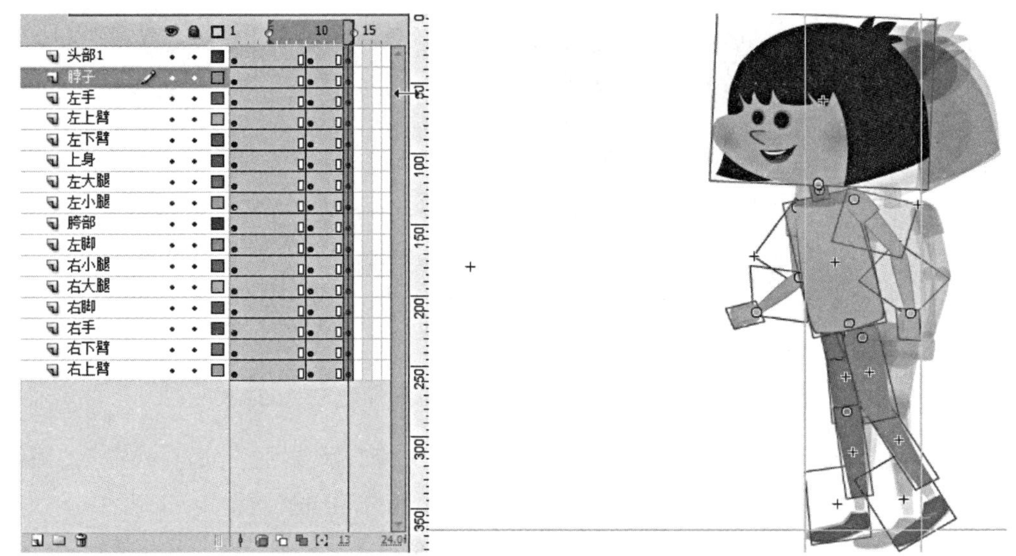

图6-29　为所有图层的第13帧添加关键帧，调整成右图的姿势

（5）接下来，为女孩调整出迈右脚的准备动作，在第24帧处插入关键帧，利用任意变形工具的旋转，将女孩的身体重心向右下方移动，双膝稍弯，左脚抬起（见图6–30）。

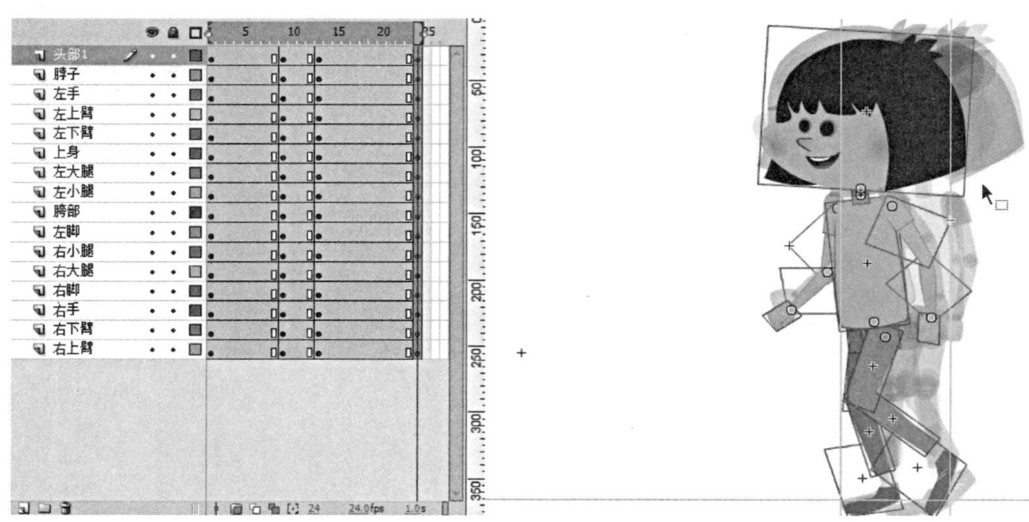

图6–30　为所有图层的第24帧添加关键帧，调整成右图的姿势

（6）在第28帧处插入关键帧，将女孩的左腿和脚移至前方，身体其他部位整体向下移动。头部和上身肢体在左脚迈步时，会做不同幅度的动作：胯部随着大腿向左下方移动；上身的下半部分向左前方倾斜；头部向下移动，并略微低头；手臂和手腕自然下垂（见图6–31）。

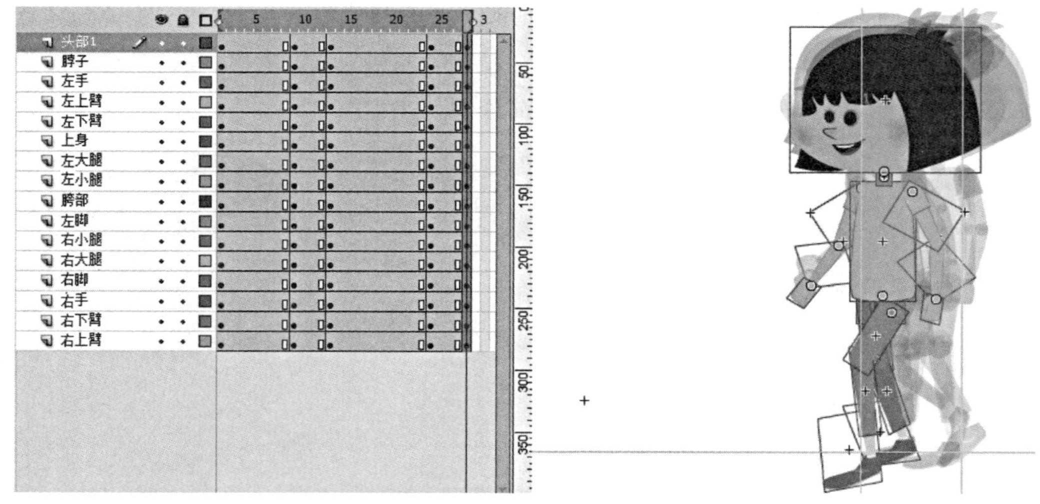

图6–31　为所有图层的第28帧添加关键帧，调整成右图的姿势

（7）女孩向前探身的动作从第6帧开始，迈步从第21帧开始，这里直接在第6帧和第21帧处插入关键帧，第6帧与第1帧动作相同，第21帧与第13帧动作相同。

（8）在第6帧与第13帧之间、第21帧与第28帧之间添加传统补间动画（见图

6–32)，女孩在做完向前探身的动作后，从第13帧到第21帧停顿，然后右脚再接着向前迈一步。

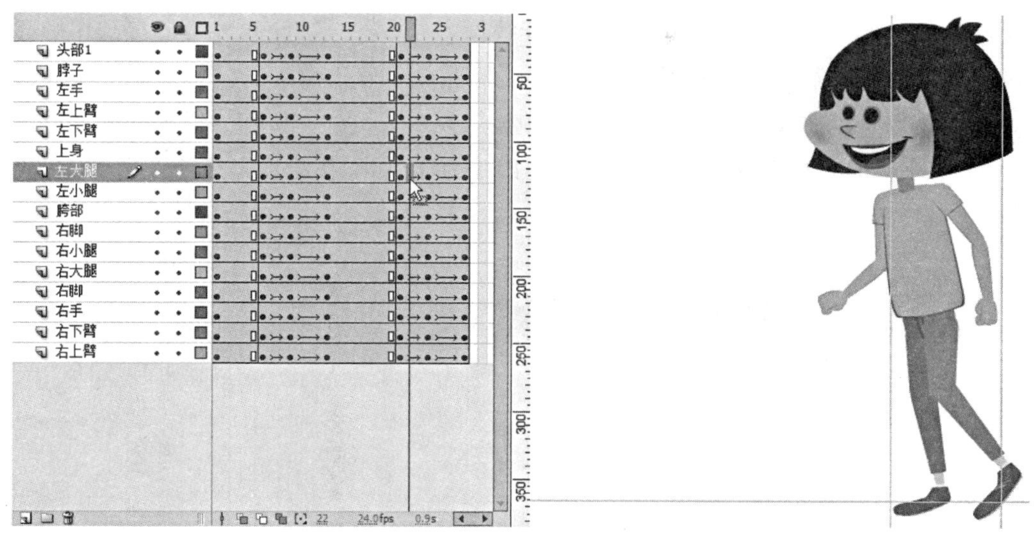

图6–32　为关键帧之间创建传统补间动画

(9) 以上是肢体表演动画，为了使动画更加生动自然，接下来为女孩添加表情动画和头发跟随动画。双击进入“头部1”元件内部，将需要做动画的部位单独创建成元件，并复制到同名的新建图层上。在双眼的图层上的第9帧处插入关键帧，利用任意变形工具将“眼睛”元件挤压成近似一条线，作为闭眼动作。让第7帧和第12帧作为动作起始帧和结束帧，动作与第1帧的相同。根据以上方法，再为嘴巴做一个由小变大的动画，这里就不再重复说明了。

(10) 头发作为女孩的附属物，由于重量较轻，常常随着肢体运动而变化。将头发分成3个图层，分别是“头发1”“头发2”“头发3”，探身的肢体动作在第13帧结束，因此在3个头发图层的第6帧、第9帧和第18帧处插入关键帧，这样头发在肢体动作结束后会缓慢停止。要注意的是，头顶上的碎发摆动幅度最大，其次是耳朵两边的头发（见图6–33）。

图6–33　为头发添加动画

（11）双击舞台空白处，退出“头部1”元件，回到“场景1”的舞台上，新建“走出”图层，在第29帧处插入关键帧，复制第28帧的所有元件到第29帧的舞台上，接下来为女孩制作走出画面的动作。选择所有元件，并转换为“走路”元件，在元件内部制作出24帧的循环走路动画（制作过程参考第三章的“基本动作库”一节）。

（12）走路动作调制完成之后，在第89帧处插入关键帧，将“走路”元件向左移出舞台。结束帧的帧数设置，以角色走路时不滑步为佳。可以在添加完传统补间动画后，反复观看完整动画并做帧数调整（见图6–34）。

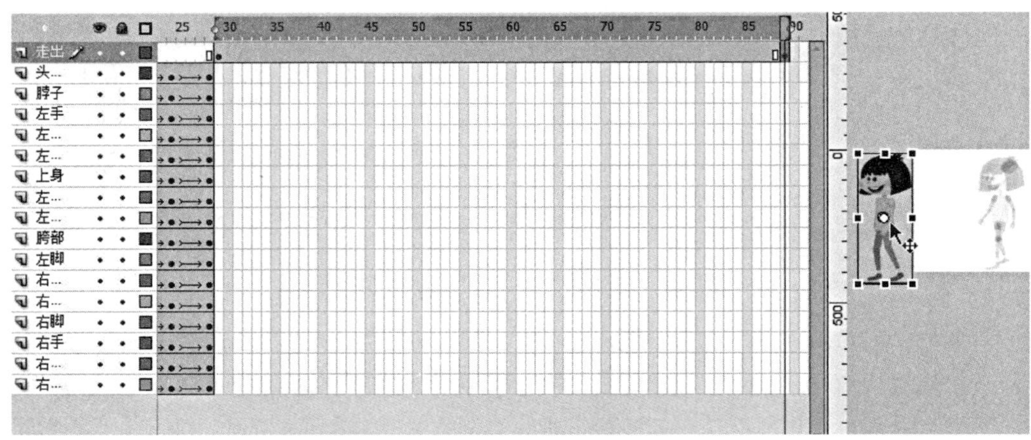

图6–34　在第89帧处插入关键帧

（13）在“走出”图层的第29帧和第89帧之间添加传统补间动画，点击时间轴第1帧处，按Enter键进行播放，观看最终动画效果（见图6–35）。

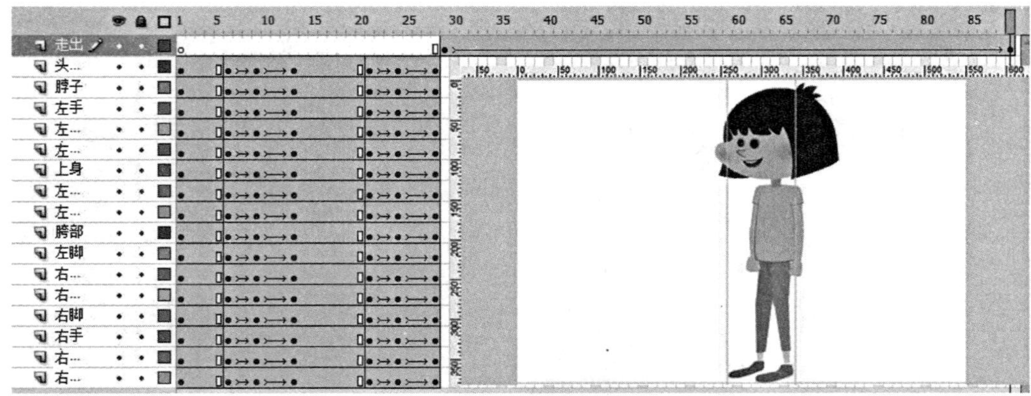

图6–35　添加传统补间动画

第三节　补间形状动画

在Flash动画中，如果仅创建传统补间动画或者补间动画，形体通常不会发生变化，从而给人僵硬的感觉。如果在元件内部添加形状变化，最终制作出的动画不仅有位移，还有丰富的形体变化。补间形状功能使得运动中的物体更具质感和生命力。图6-36是补间形状动画的时间轴与创建方法。在时间轴上插入两个关键帧，在每个关键帧中绘制一个形状，形状的类型为绘制对象或者取消组合（元件或者组合不能创建补间形状动画），接着在两个关键帧之间点击右键并选择“创建补间形状”，则自动形成过渡画面。

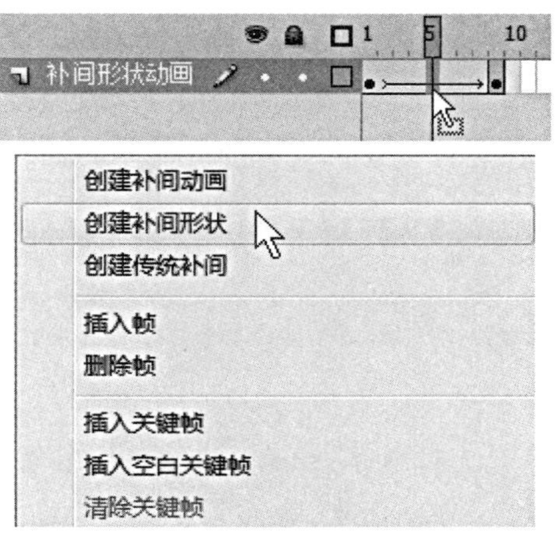

图6-36　创间补间形状动画

一、补间形状原理

下面是一个卡通松鼠的脸部，我们来为它的脸制作一个从正方形变为圆形的补间形状动画。

实例 1：方脸与圆脸

（1）新建两个图层，分别命名为“五官”和“脸”，在“五官”图层上绘制出眼睛、鼻子和嘴巴，完成后，锁定此图层。

（2）选择“脸”图层，在第1帧的舞台上绘制一个圆形，在时间轴的末帧处绘制一个正方形，注意绘制之前打散图形，或者将图形设置为“对象绘制”（见图6-37）。

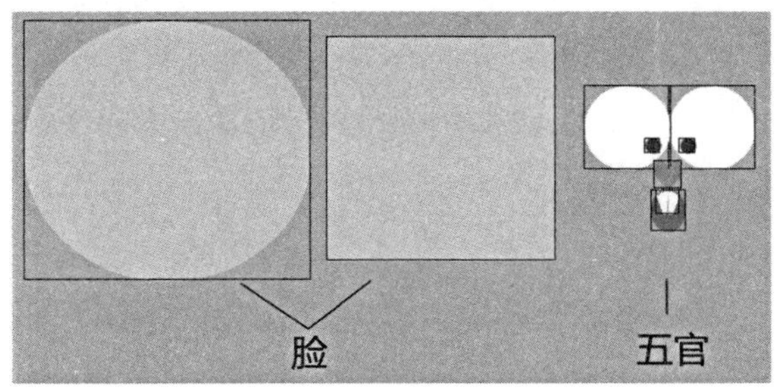

图6-37　绘制图形

（3）右键单击选择“创建补间形状”，时间轴上出现箭头指示，两个关键帧之间的背景变成绿色，表示成功添加补间形状动画。

（4）如图6-38所示，此时两个形状之间的变形过程中有一个旋转的变化，但是我们希望变形过程不要旋转，而是在圆形的基础上直接变化成方形。

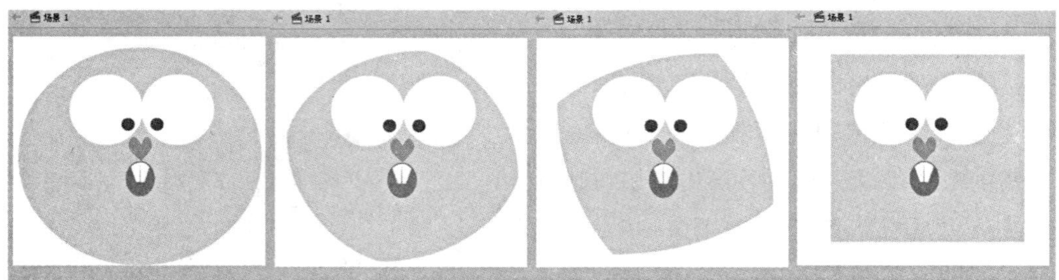

图6-38　创建补间形状动画

（5）为了让形状按照我们的意愿变化，单击起始关键帧，选择“修改”>“形状”>“添加形状提示”，图形上自动出现红色并标有英文字母的提示点，如图6-39所示。起始帧和结束帧的画面各有一个，这是在提醒计算机，相同英文字母提示点表示同一位置。拖动提示点，将其放在圆形的四个点上，接着单击结束关键帧，将提示点拖到方形的四个顶点。

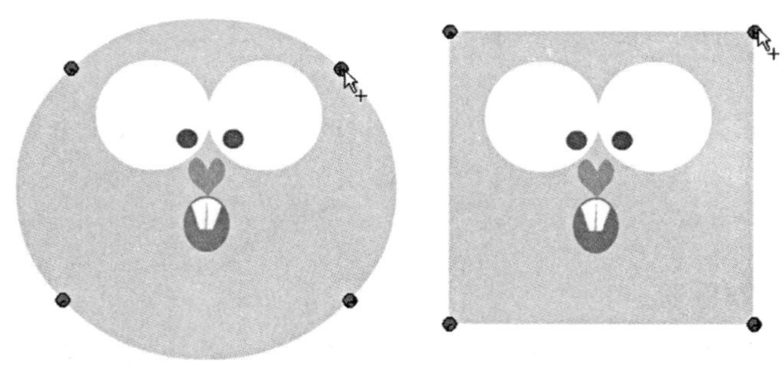

图6-39　添加形状提示点

实例 2：猫咪的尾巴

在Flash CS4中，利用创建补间形状也可以为线条做动画，接下来我们以猫尾巴的甩动为例来介绍这个功能。

（1）打开第六章文件夹>6.3>实例2>猫咪的尾巴素材.fla，在上面的图层绘制猫的身体部分，并锁定此图层，接着在下面的图层中利用线条工具绘制猫的尾巴（见图6-40）。

图6-40　绘制猫

（2）猫是一种非常灵巧的动物，它的尾巴柔软而有韧性，活动起来十分优雅，所以应按照“S”形曲线运动规律调整尾巴的形态，并在“尾巴”图层上设置相应的关键帧。

（3）如图6-41所示，利用软件为线条做复杂的补间动画时，可以多设置一些关键帧，以防因各种细微的原因导致出错。为了保持线条的圆滑流畅，常用的方法是使用“选择工具”和“部分选取工具”；如果觉得线条仍然不够理想，还可利用“钢笔工具”，通过转换、添加和删除锚点，简化线条的形态。

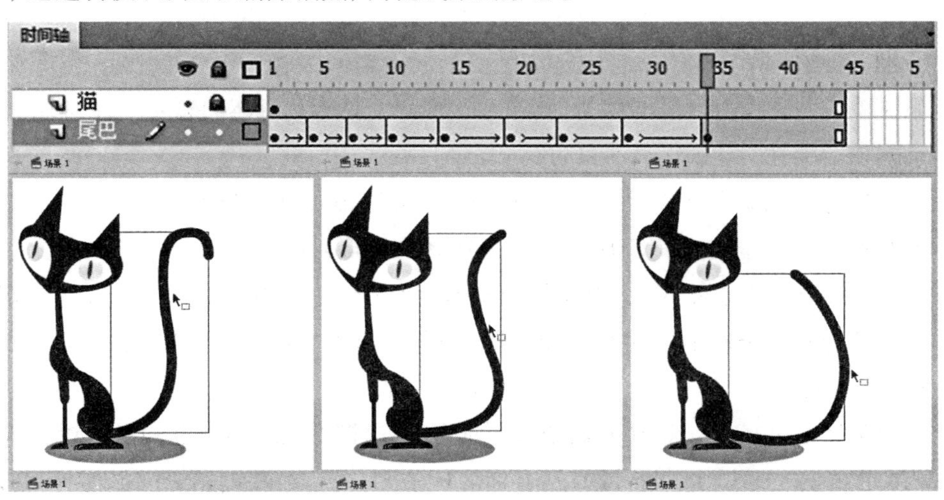

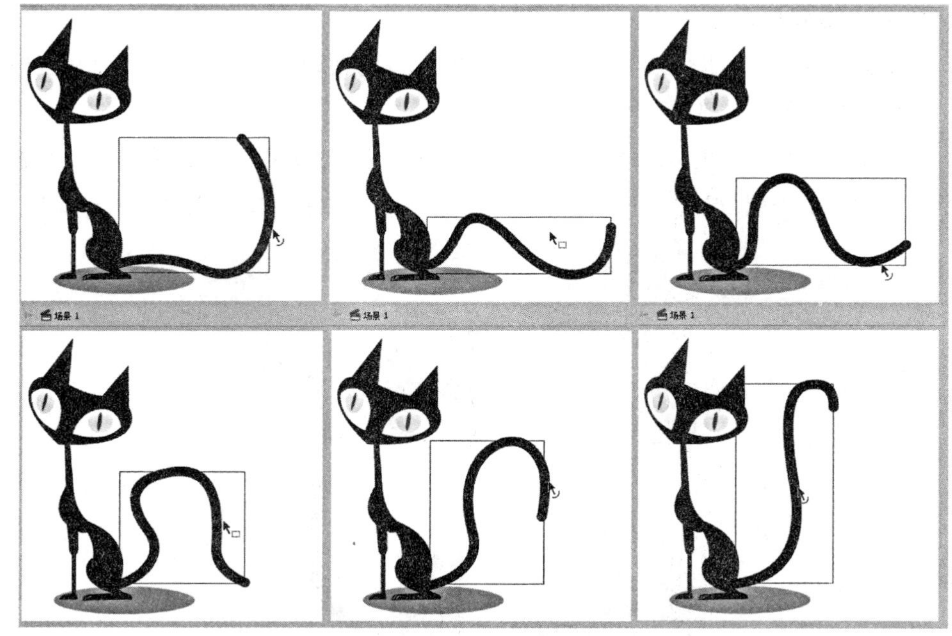

图6–41　创建补间形状动画

二、补间形状动画的综合案例

与传统纸上动画一次成型的绘制方式不同，在Flash CS4中制作动画需要利用元件和元件内部的嵌套“零件”，将位移和变形分开制作。补间形状动画与其他功能的综合使用，可以为实现多种动画效果提供有逻辑性的方法。下面我们将利用补间形状动画与传统补间动画、图层遮挡关系的结合，制作有趣的动画。

实例 3：鼻涕虫行走

鼻涕虫是一种没有四肢的软体动物，它的移动主要依靠身体的蠕动，可以利用补间形状动画和传统补间动画让鼻涕虫动起来。

（1）打开第六章文件夹>6.3>实例3>鼻涕虫素材.fla，此时舞台上的鼻涕虫为分散的绘制对象，全部选中，将其转换为一个“鼻涕虫”图形元件。

（2）双击进入“鼻涕虫”图形元件，选中鼻涕虫的五官，然后将其组合（快捷键为Ctrl+G），接着选择所有的绘制对象和组件，并右键选择“分散到图层”，将每个图层更改为相应的名称。

（3）如图6–42所示，锁住不需要做动画的“五官”图层，为头发和身体设置关键帧，并使用“选择工具”将形状调节到合适的样子，完成后在关键帧之间创建补间形状动画，这样鼻涕虫身体内部的蠕动就做好了。

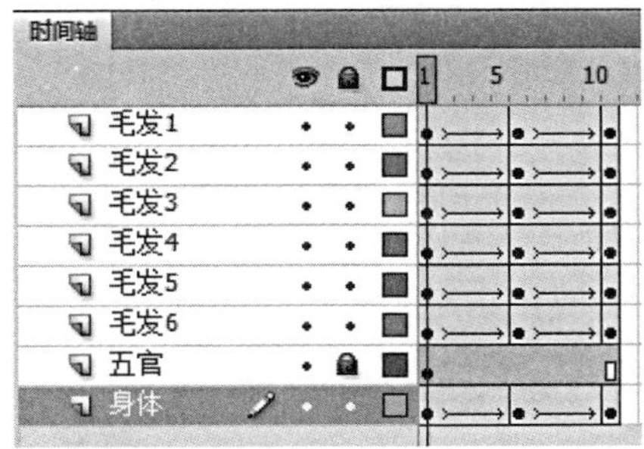

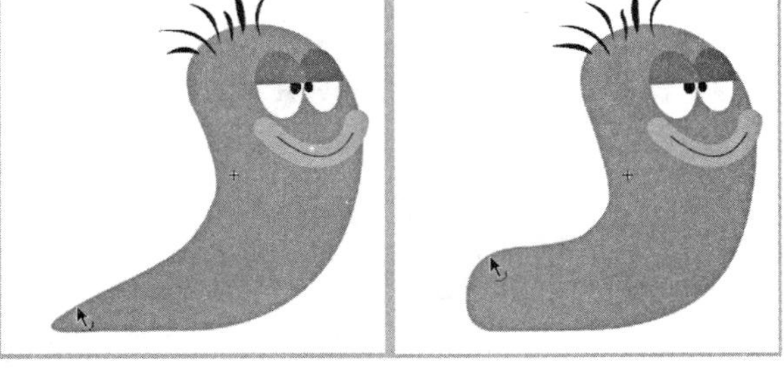

图6-42　利用补间形状做身体蠕动

（4）我们接着为“鼻涕虫”元件整体做一个身体的晃动，退出“鼻涕虫”元件内部，选中“鼻涕虫”元件，将其再次创建为“晃动”图形元件，双击进入其内部，将“图层1”更名为“晃动”。

（5）如图6-43所示，为“晃动”图层设置关键帧，将“鼻涕虫”元件的中心点移到尾部，并以此为基准，利用“任意变形工具”使鼻涕虫向后倾斜变形。

图6-43　为元件整体添加晃动

（6）如图6-44所示，为“行走”图层创建传统补间动画，单击结束帧，将“鼻涕虫”元件做水平方向移动，此时鼻涕虫向右行走的动画就完成了。

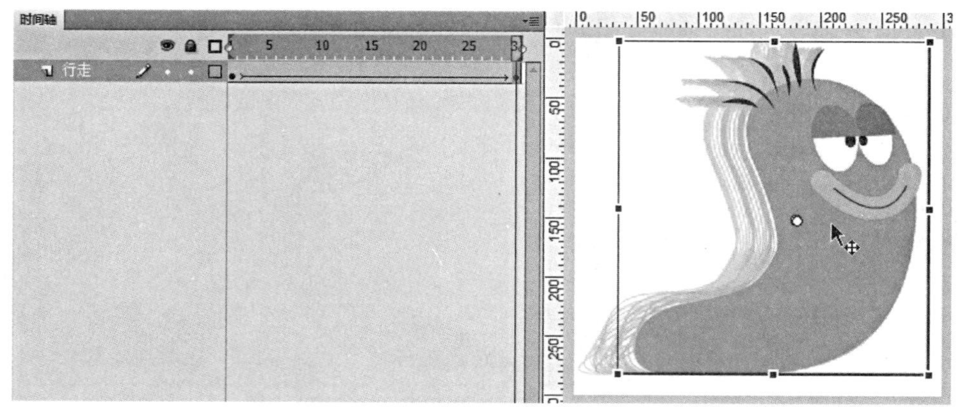

图6-44　添加位移的传统补间动画

实例 4：卡通松鼠转面

在Flash CS4里，当改变图层顺序时，元件之间的遮挡关系也会随之变化，利用这点可以制作类似3D动画的效果，也有人将这种动画美称为“2.5D动画”。在卡通松鼠从正面转为侧面的过程中，脸、嘴巴和牙齿等会发生形变，左边眼镜架露出的部分越来越多，图层“左耳”与“脸”的前后关系会发生改变，右眼、右腮红和右边眼镜架会渐渐消失。

（1）打开第六章文件夹>6.3>实例4>卡通松鼠转面素材.fla，选择舞台上的所有绘制对象，将其分散到图层，并为所有图层更名，即改为松鼠相应部位的名称。

（2）在所有图层的第15帧处创建结束关键帧，按照先前想好的侧面的样子，将所有部位摆在合适的位置，并做简单的形变调整，这里暂时只考虑每个“零件”在脸部的正确位置，而忽略它们的前后层关系（在后面的步骤中调整）（见图6-45）。

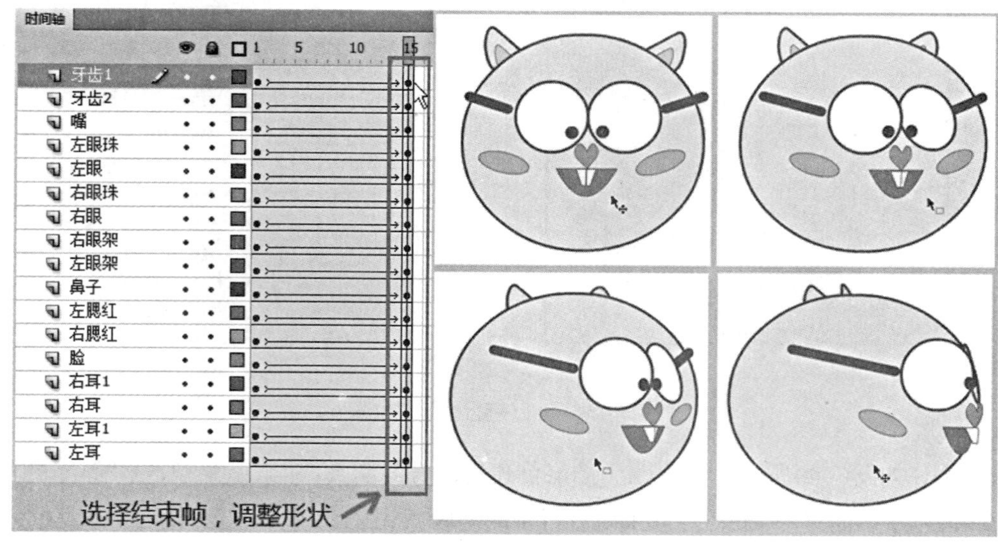

图6-45　整体插入结束帧

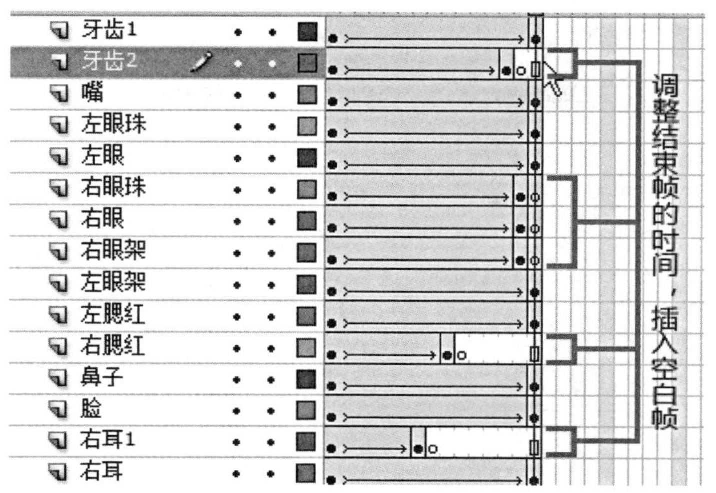

图6-46　为即将消失的部位插入空白关键帧

（3）在特定部位将会消失的时间点插入空白关键帧，比如“右眼”“右腮红”“牙齿2”等（见图6-46）。

（4）左眼镜架随着脸部转动，露出转折的部分，这个可以通过在上层新建“转折”图层（见图6-47），并为线条添加补间形状动画得到。

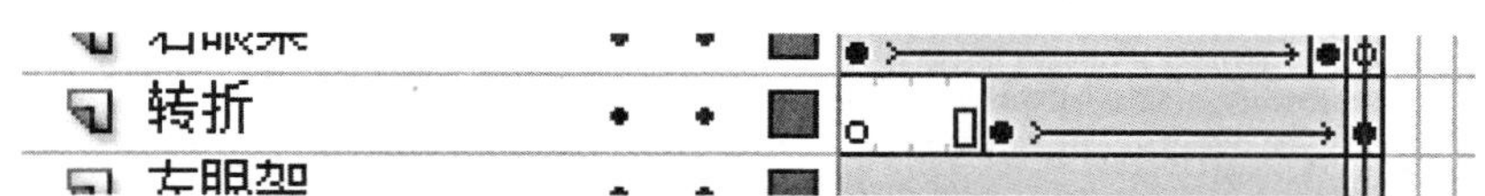

图6-47　添加“转折”图层

（5）两只耳朵在正面时处于同一平面，但是到了侧面，左耳变为最上层，因此将“左耳”和“左耳1”图层的第4帧和第5帧同时转换为关键帧，并在时间轴上选中第5帧到第15帧，将其复制到新建的同名图层上，删除原来图层上的第5帧到第15帧（见图6-48）。注意：新建的“左耳”和“左耳1”图层要在“脸”图层之上。

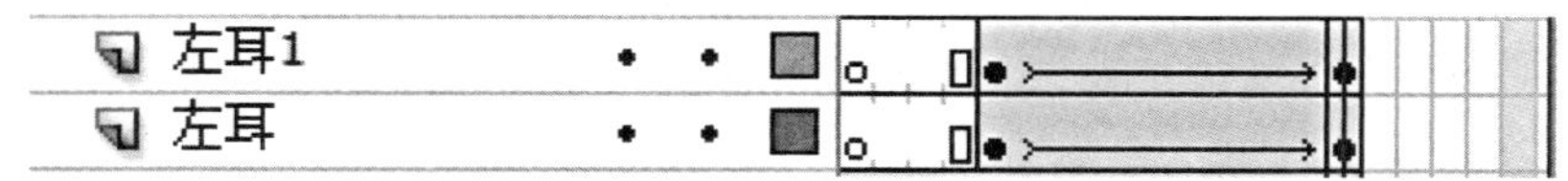

图6-48　添加“左耳1”和“左耳”图层

（6）左耳由底层转为上层时，会露出底端的描边，这里用与脸部颜色相同的方形为多余的描边遮丑。根据五官的动画时间，在新建的“遮丑”图层中设置起始关键帧和结束关键帧，并创建补间形状动画，注意保持描边开口的长度一致（见图6-49）。

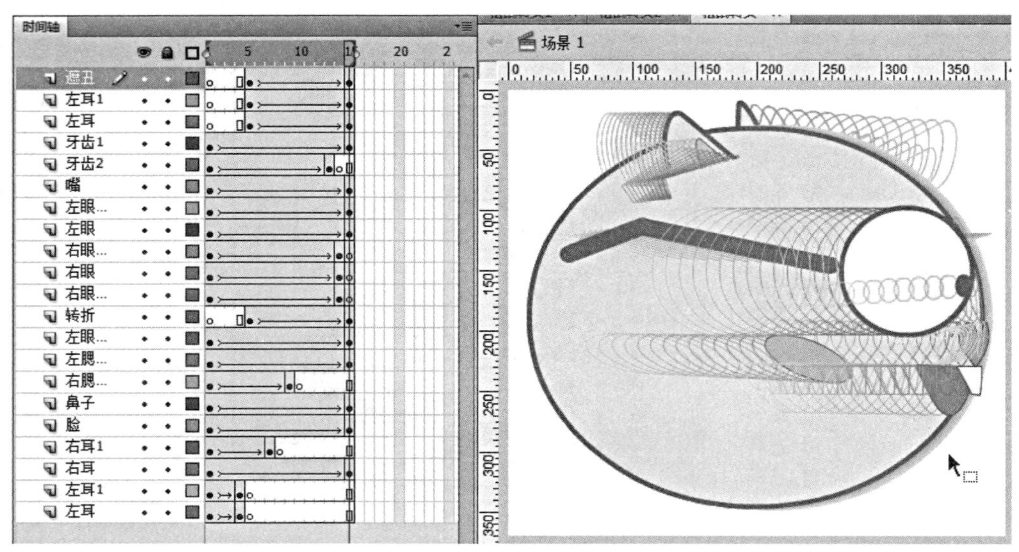

图6-49　添加“遮丑”图层

第四节　遮罩动画与引导线动画

在Flash CS4中制作动画的最大优点是便捷，但如果让物体按照我们设想的轨迹运动，仅仅利用之前介绍的四种动画制作方法是十分困难的。所以，我们可以将普通图层转换为遮罩层或者传统运动引导层，这样会让操作变得更加容易。

一、遮罩动画

遮罩会让特定的区域显示出来，就像探照灯观察场景，我们只看见场景中被灯光投射的地方。如图6-50所示，在需要建立遮罩的图层上面新建图层，并更改图层名称为“遮罩”。在“遮罩”图层中，将舞台上需要显示的部分用笔刷画出来（遮罩不能识别笔触），画出来的色块区域就是遮罩；在右键弹出框中选择“遮罩层”，此时图层的标志从“ ”变成了“ ”，被遮罩层的标志也变为“ ”，两个图层自动被锁定，于是舞台上出现遮罩后的动画效果。创建遮罩层有两种方法：第一种是在右键弹出框中选择，另一种是双击图层的图标，在弹出的对话框中选择。如果创建遮罩后画面有穿帮，这可能是因为遮罩色块不完整。此时可以为遮罩层解锁，并调整遮罩的形状，修改之后，在右键弹出框中选择“显示遮罩”，可以观看最终效果。如果想要取消遮罩的应用，再次右键点击“遮罩层”，这样就取消了勾选，遮罩层也恢复成了普通层。

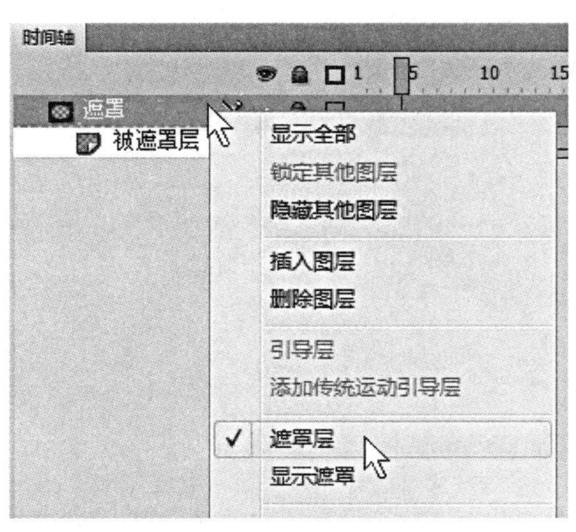

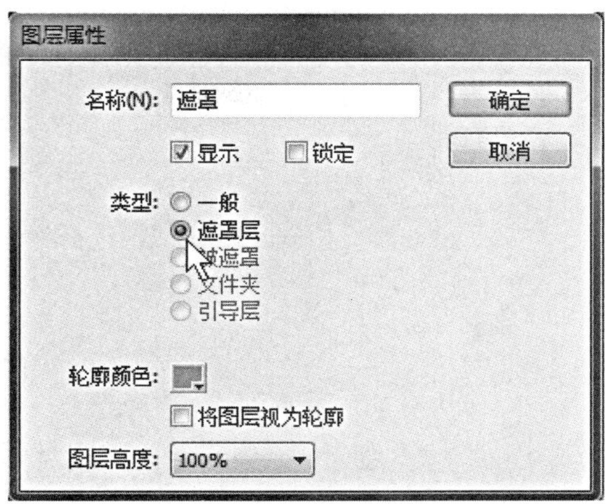

图6-50　创建遮罩层

实例 1: 窗外飞雪

完成雪花飞扬的动画制作后，如何将动画放置在窗外，即从室内向窗外望去，漫天雪花飞扬呢？利用遮罩层功能可以轻松实现这一效果。

（1）打开第六章文件夹>6.4>实例1>窗外飞雪素材.fla。时间轴有两个图层，分别是“雪花”和“窗户”，其中“雪花”是一段传统补间动画，而“窗户”则是组件和绘制对象。

（2）如图6-51所示，在“雪花”图层上新建“遮罩”图层，利用刷子工具在舞台上绘制遮罩。要想只看见窗外的雪花，则应在绘制遮罩时画出窗户中窗框的部分。遮罩的外轮廓画好后，用油漆桶工具填充颜色，这样遮罩就制作好了。

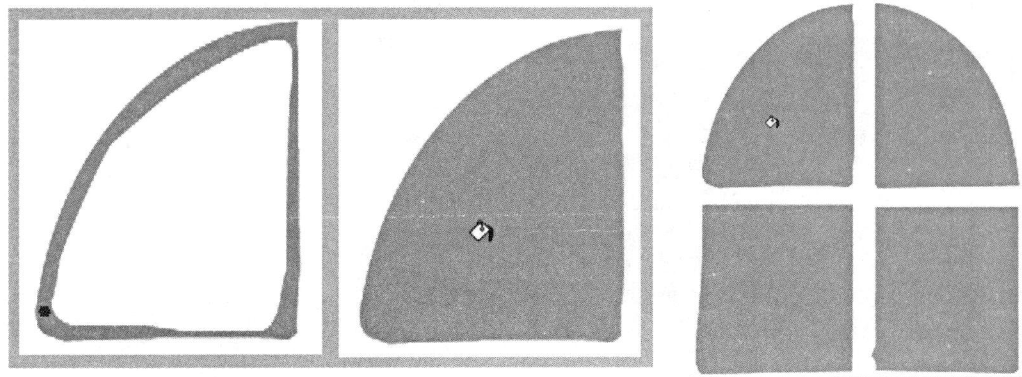

图6-51　绘制遮罩

（3）如图6-52所示，选中名称为“遮罩”的图层，在弹出框中右键选择创建遮罩层，遮罩层和雪花层都会被自动锁定，舞台上的雪花动画只在遮罩的区域内显示，看起来就像雪花在窗外不断飘落。

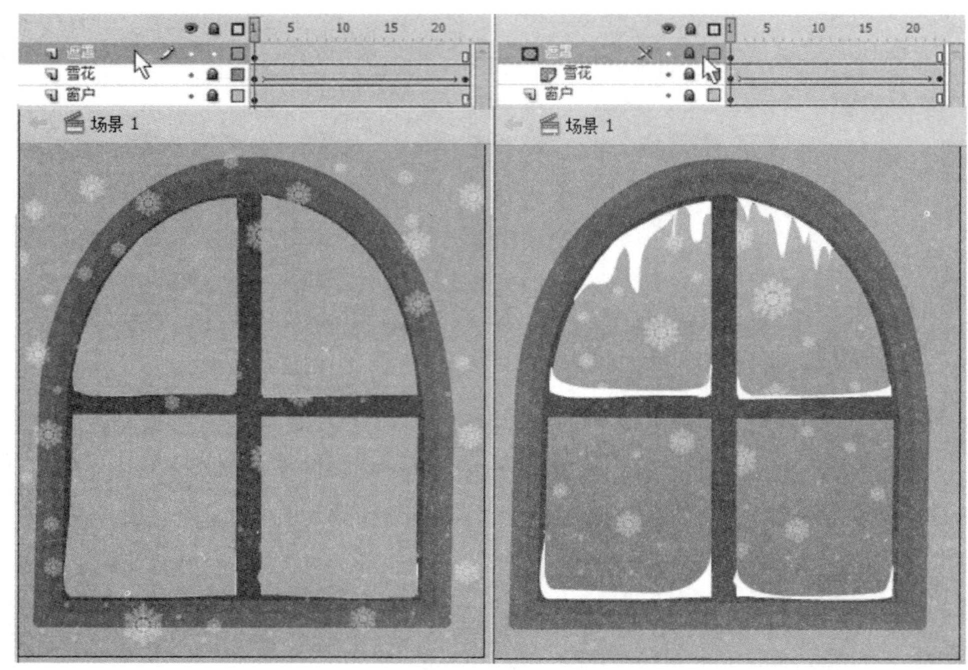

图6-52　创建遮罩层

实例 2：变装的胖妇人

通过为遮罩层添加补间形状动画，能赋予静态的素材以动态变化。接下来通过为遮罩层添加补间形状动画，让胖妇人改变服装后仍然保持扭动。

（1）打开第六章文件夹>6.4>实例2>变装的胖妇人素材.fla，舞台上是一个胖妇人扭动腰部的循环动画，这是利用传统补间动画和补间形状动画制作的（见图6–53）。

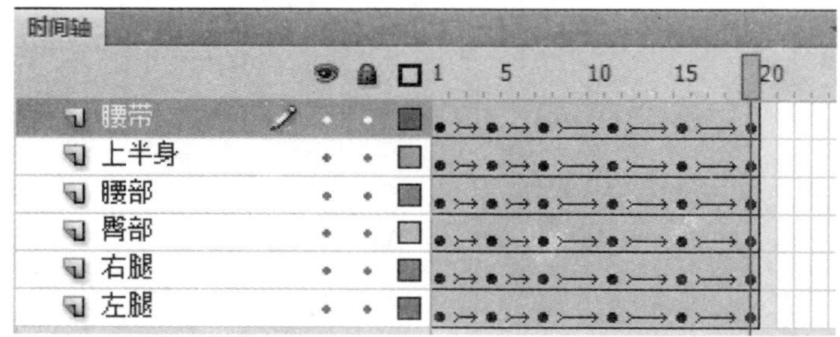

图6–53　已经准备好的传统补间动画

（2）选择“文件”>“导入”>“导入到库”，在弹出的对话框中选择已经准备好的“布纹.jpg”图片素材，点击“确定”导入库中。

（3）如图6-54所示，双击进入上半身图形元件内部，再接着双击进入嵌套元件——胸部元件内部，将原先的“胸部”图层更名为“遮罩”图层；新建“布纹”图层，将其拖到“遮罩”图层之下；单击库中的“布纹.jpg”图片素材，并将其拖到舞台的合适位置；将原先的衣服颜色改成与布纹形成反差的颜色（这里默认改成绿色），右键点击“遮罩”图层，选择遮罩层，将原先的衣服转变成遮罩，“布纹”成为被遮罩层,这样布纹素材就成功地被“剪成”胸部的形状了。

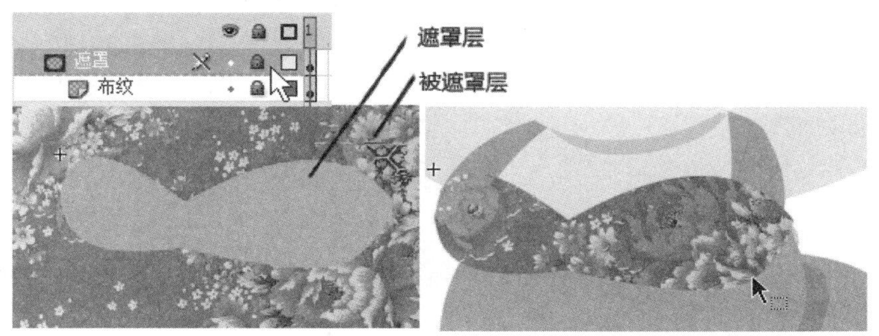

图6-54 为胸部添加静态遮罩

（4）用同样的方法为腰部创建遮罩层，如图6-55所示，将“阴影”层拖到遮罩层之下、“布纹”图层之上。

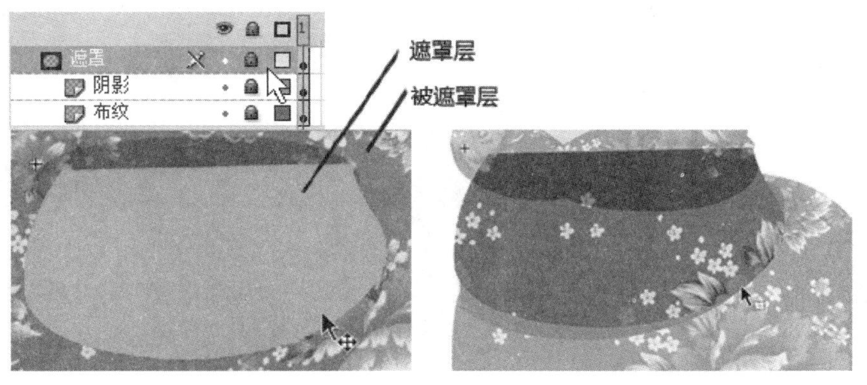

图6-55 为腰部添加静态遮罩

（5）退出“腰部”元件，进入“臀部”元件内部，为图层里每一个关键帧更改画面颜色，以作为遮罩。如图6-56所示，打开“将图层视为轮廓”，可以清晰地看到臀部的变化过程，将“臀部”图层直接转换为遮罩层，这样原先的补间形状动画就成了动态遮罩；新建“布纹”图层，将其拖到“遮罩”层之下，并拖入布纹素材。要注意的是，一张图片素材在重复使用时，要避免相同的部分露出来。

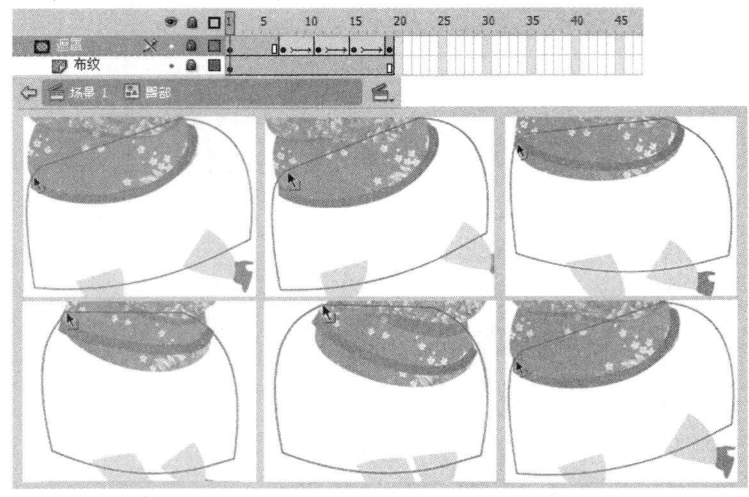

图6-56　为臀部添加动态遮罩

（6）退出“臀部”元件内部，此时可以选择菜单栏“控制”>“循环播放”，按Enter键观看最终效果（见图6-57）。

图6-57　换装前与换装后

二、引导线动画

如图6-58所示，这是一张小球弹跳的照片，通过频闪摄影的记录，可以看到它的运动轨迹为连续的抛物线，由此启发我们：运动中的物体都有自己的轨迹线。Flash CS4中的引导层功能便是在此基础上产生的。

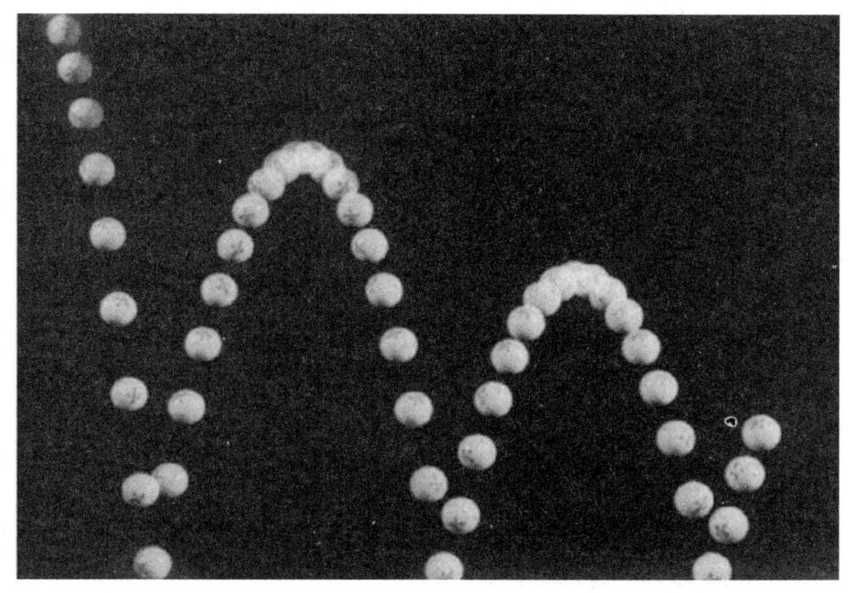

图6-58 小球弹跳的频闪照片（来自网络）

在Flash CS4中创建引导线图层有两种方法。第一种方法：选中图层，在右键弹出框中选择“引导层”，拖拽“物体”图层，将其贴紧引导线图层，当引导线图层标志下方出现黑色的圆圈和直线时，松开鼠标左键，此时引导层的图标从“”变成“”，这说明已创建成功（见图6-59）。

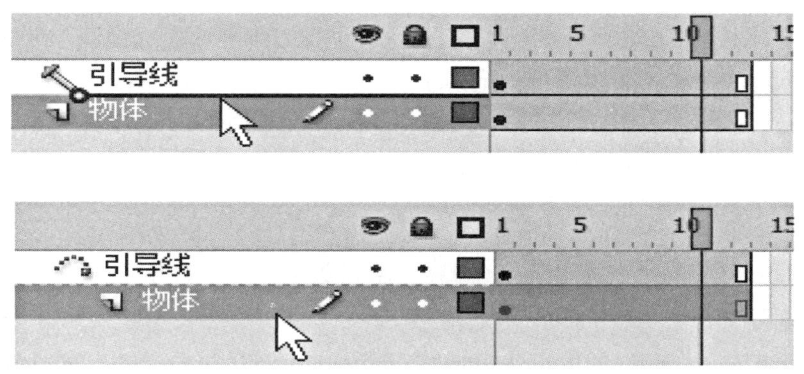

图6-59 通过拖拽图层创建引导层动画

第二种方法：右键点击“物体”图层，选择“添加传统运动引导层”，图层上方自动创建“引导层：物体”图层，新建的图层与原图层帧数时间相同，但是为空白帧，接下来利用铅笔工具或者线条工具，将运动轨迹线绘制在“引导层：物体”图层上。

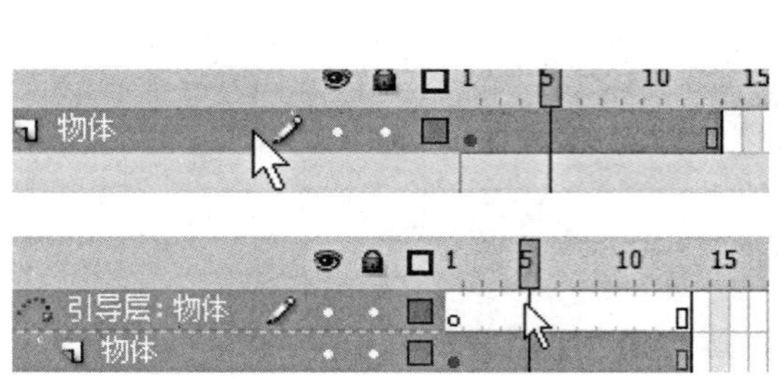

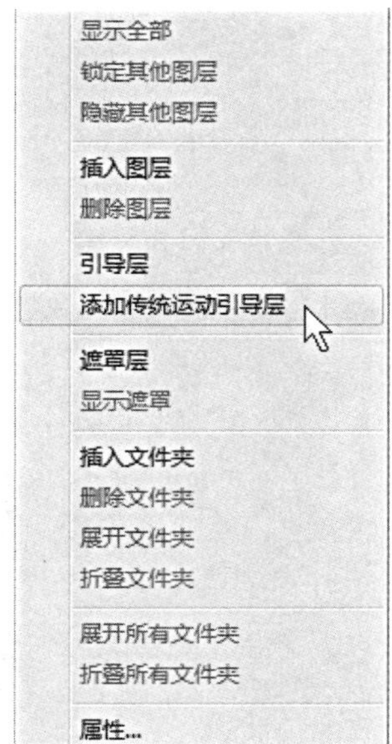

图6-60　添加传统运动引导层

以上两种方法都可以用来创建引导层，它们的区别在于先绘制出轨迹线时，创建引导层较为便捷；如果先绘制运动对象，则创建传统运动引导层时更为快速。接下来，我们根据上述方法，为生活中常见的物体制作引导线动画。

实例 3：糖果弹跳

小球弹跳是Flash动画中最经典的案例，这里我们将小球换成弹性十足的糖果。与小球不同，糖果有柔韧的质感，在抛落的过程中，受重力作用，会拉伸变形，即减速上升到最高点，接着加速落到地面，发生挤压形变后随即弹起，然后再次落回地面，因为能量的损失，糖果第二次弹跳的高度降低，向前运动的距离也比第一次短，之后逐次递减，直到停止。

（1）打开第六章文件夹>6.4>实例3>糖果弹跳素材.fla，选择“视图”>“标尺”，拉出地平面参考线。

（2）如图6-61所示，双击进入“糖果”元件内部，为其制作旋转一圈的传统补间动画，补间属性的旋转功能可以为补间自动添加旋转动画。

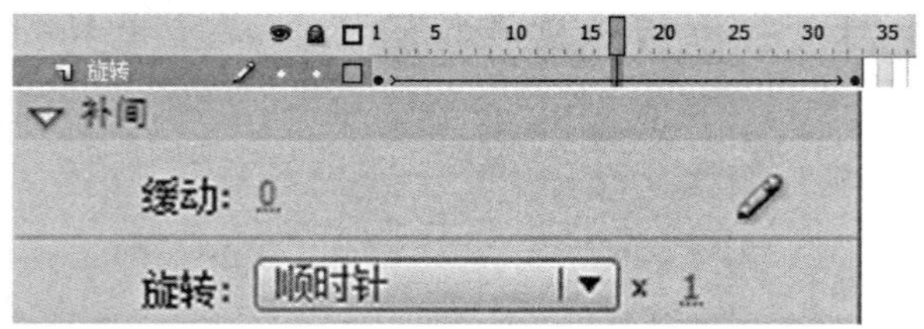

图6-61　为糖果制作旋转动画

(3) 为了让糖果的弹跳更加生动，退出“糖果”元件内部，将其再次创建为“变形”元件，为后面制作弹跳的变形做嵌套元件准备。

(4) 退出“变形”元件内部，在舞台外面，右键点击“糖果”图层，选择“添加运动引导层”，则“糖果”图层上方自动创建“引导层：糖果”图层。

(5) 如图6-62所示，在“引导层：糖果”图层上，绘制糖果运动的轨迹线，并开始为“糖果”元件设置最高点、最低点和停止的关键帧。要注意的是，“糖果”元件的中心点始终与引导线重合，否则糖果会脱离引导线运动。第53帧时，糖果在地面滚动，可以删除引导线。

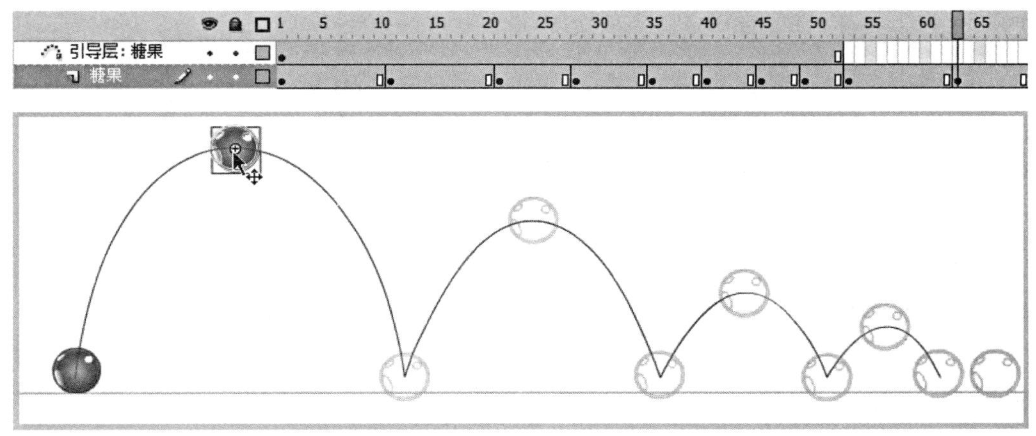

图6-62　创建引导层

(6) 如图6-63所示，双击进入“变形”元件，在元件每一次弹起时，将其拉伸，到达最高点时恢复原状；每一次接触地面时，将其挤压，下一帧拉伸；当元件在地面减速滚动至停止时，元件不变形。

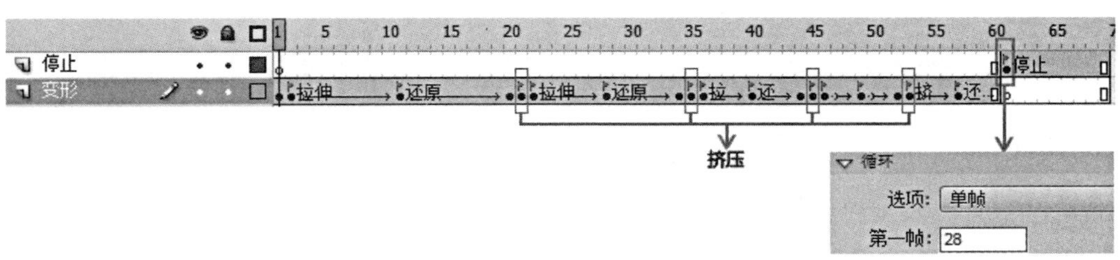

图6-63　添加变形

(7) 如图6-64所示，退出“变形”元件，在最外面为之前设置的关键帧添加传统补间动画，按Ctrl+Enter键，发布预览最终动画效果。

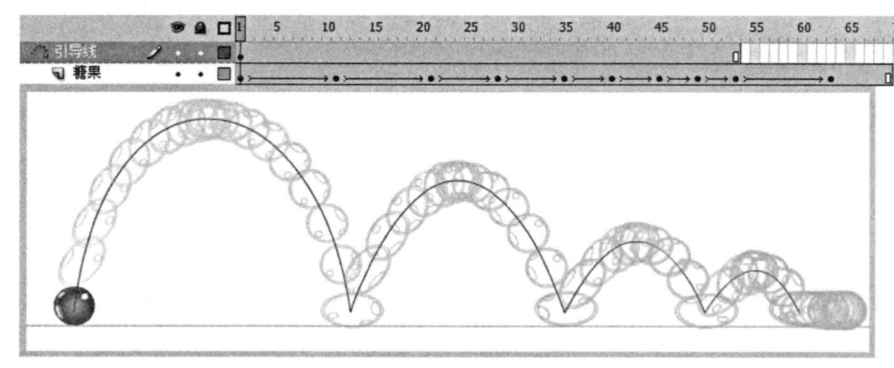

图6-64　创建传统补间动画

实例 4：树叶飘落

树叶随风飘落时，会伴随着翻转缓缓下落，运动轨迹呈不规则的弧线。接下来我们通过添加运动引导层并搭配传统补间和补间形状完成制作过程。

（1）打开第六章文件夹>6.4>实例4>树叶飘落素材.fla，舞台上出现已经绘制好的“树叶”图形元件。

（2）如图6-65所示，添加传统运动引导层，在引导层上绘制引导线，并为“树叶”图层设置关键帧，在每一个关键帧处，将树叶放到合适的位置，并利用任意变形工具为树叶做简单的旋转和倾斜变形。应在引导线有交叉的位置，多设置一些关键帧，否则可能产生路径混乱。

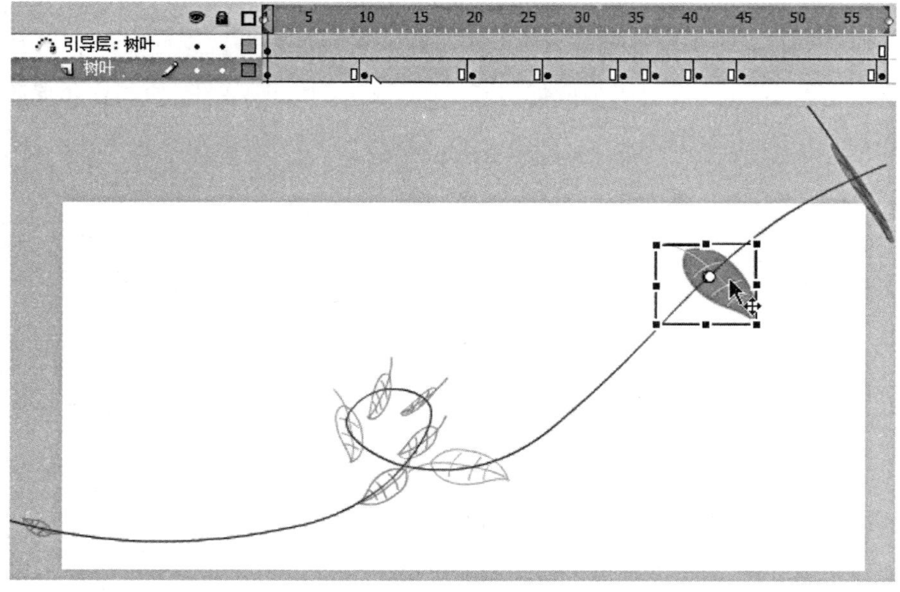

图6-65　创建引导层

（3）如图6–66所示，为了让树叶看起来比较柔软，飘落得更加自然，双击“树叶”元件进入内部，为其创建补间形状动画。由于树叶旋转一圈会再回到原本的形状，因此起始帧与结束帧相同。设置关键帧时，需保证元件内部与元件外部的时间轴上的红色播放指针放在同样的时间上，这样便于在外部关键帧变化的基础上调整形状，以得到最佳的变形效果。

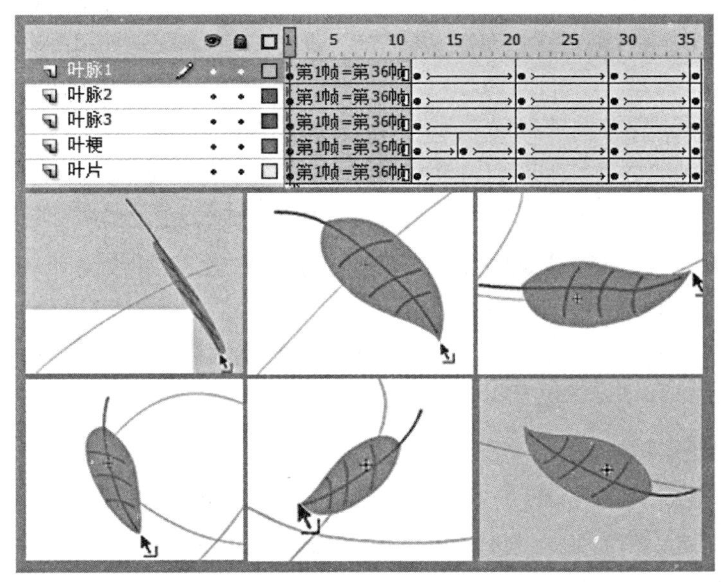

图6–66 添加树叶变形

（4）为最外部引导层的树叶添加传统补间动画，按Ctrl+Enter键，发布预览最终动画效果（见图6–67）。

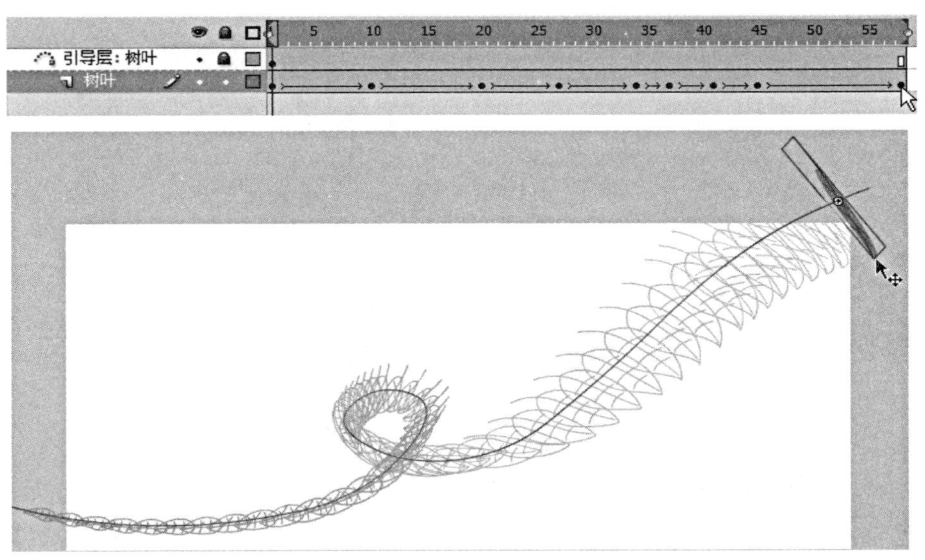

图6–67 创建补间动画

第五节　逐帧动画

前面已经介绍了利用软件自动生成形状的过渡，但如何使过渡画面更加复杂而有趣味呢？可以通过插入关键帧，打开“绘图纸外观”或者“绘图纸外观轮廓”（俗称“洋葱皮工具”），参考前一个关键帧和后一个关键帧的画面，绘制出下一个关键姿势。全部完成后再根据这些关键姿势绘制出中间的连接画面。

Flash动画通常是24帧/秒，也就是每秒钟放映24个画面，但是在实际制作逐帧动画时，为了节约成本和制作时间，以一拍二为主，即一个画面占2帧时间，每秒钟放映12个画面（除了停顿以外，每秒钟放映12张以下，即一拍三或者一拍四，会让动画产生卡顿，这里暂时不做介绍）。

接下来，通过两个实例具体介绍逐帧动画以及逐帧动画与传统补间动画的综合使用。

实例 1：男孩变成松鼠

下面做一段男孩在咀嚼食物的过程中变成一只松鼠的动画。

（1）打开第六章文件夹>6.5>实例1>男孩变成松鼠素材.fla。如图6–68所示，男孩在咀嚼食物的过程中变成了一只松鼠，其中咀嚼动画已经绘制完成，时间轴上的空白关键帧是用来绘制从人到松鼠的变形过程的中间帧。起始帧和结束帧是原画关键帧，两张原画中间预留6帧用来添加过渡画面，在一拍二的动画中，每隔2帧设置1个关键帧，因此这里有3个关键帧。

图6–68　帧设置

（2）如图6–69所示，打开“绘图纸外观”，在时间轴标题上有两个大括号样的指示范围，拖动两头括号，可以显示前后帧，根据起始帧和结束帧绘制第1张中间画，为了减轻前后帧的显示印迹，不影响当前绘制，可以在组件里画边线，然后退出组件，用刷子上色。注意第1张中间画距离前后帧各有1个空白帧。

图6–69　第1张中间画关键帧

（3）如图6–70所示，按照上面的方法绘制第2张和第3张中间画，第2张中间画是起始帧与第1张中间画的过渡画面，第3张中间画是第1张中间画与结束帧的过渡画面，这个顺序不要打乱。

图6–70　第2张和第3张中间画关键帧

（4）画好所有的动画关键帧之后，这个逐帧的变形动画就绘制完成了（见图6–71）。

图6–71　变形过程

实例 2：吸奶的婴儿

综合利用多种制作方法，会让实现过程更加轻松和省力。

（1）婴儿在使用奶瓶吸奶时，嘴巴是所有动作的“发源地”，随着嘴巴的吮吸，奶瓶和手会跟着上下移动，腹部高低起伏。打开第六章文件夹>6.5>实例2>吸奶的婴儿素材.fla，这是一个女人怀抱婴儿的简笔画。接下来利用逐帧动画和传统补间动画的配合来为婴儿制作循环的吸奶动画。

（2）如图6–72所示，锁定其他不需要做动画的图层，在“奶瓶”图层第9帧处插入关键帧，并将奶瓶向斜上方移动到合适的位置，在关键帧之间创建传统补间动画，其中第1帧和第17帧相同，直接复制即可。

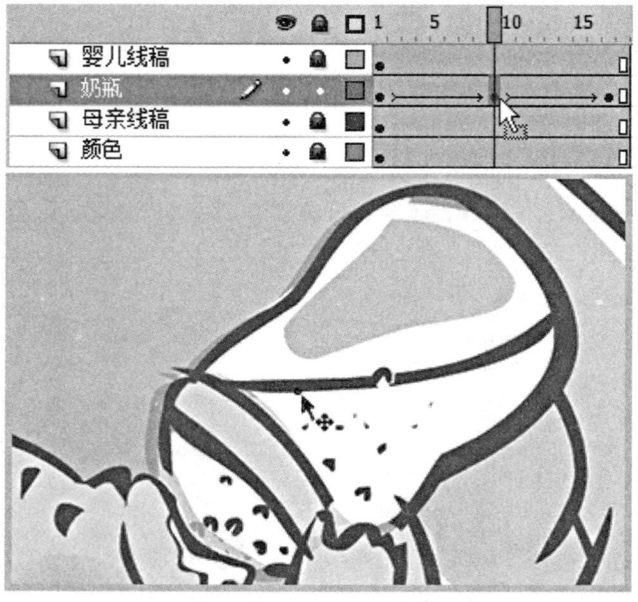

图6–72　创建传统补间动画

（3）如图6–73所示，打开“绘图纸外观”，根据前后帧，绘制第9帧的原画线稿，即婴儿嘴巴松开奶瓶的画面，此时嘴唇伸展，奶瓶在斜上方最高的位置。原画绘制完成后，接着绘制第1张中割动画——第5帧。

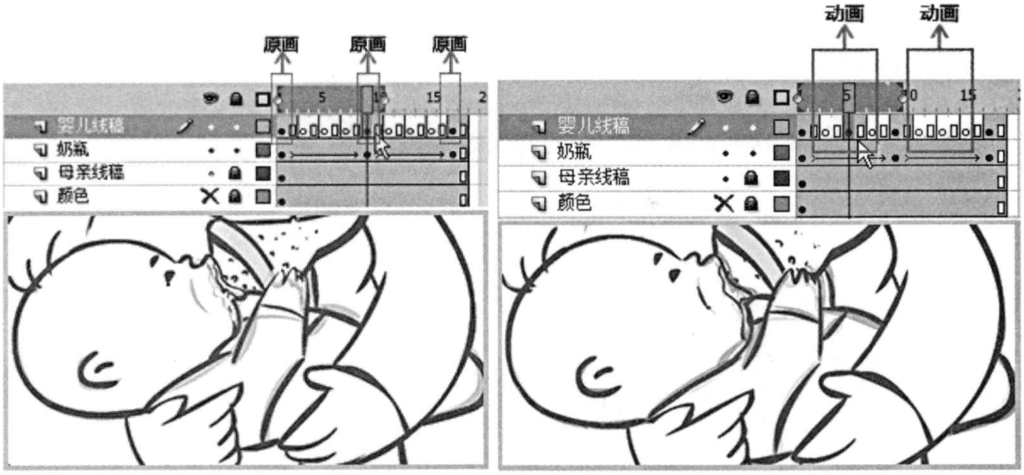

图6-73 绘制原画关键帧和中割动画关键帧

（4）如图6-74所示，绘制第13帧中割动画关键帧，然后将剩下的中割动画第3帧、第7帧、第11帧和第15帧绘制出来，此时所有的动画线稿就完成了。

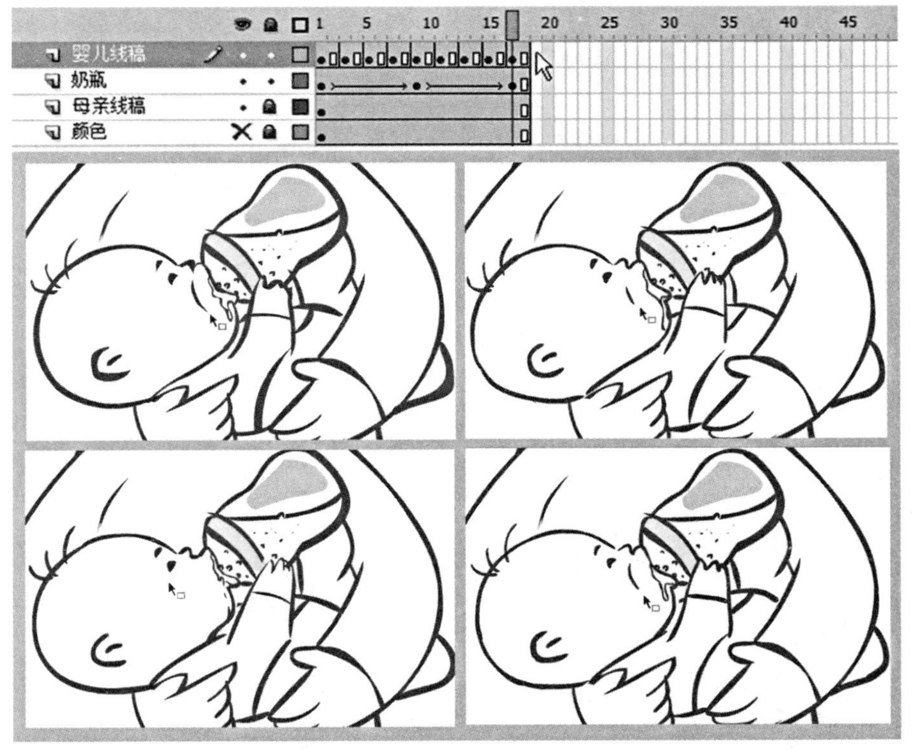

图6-74 绘制剩下的中割动画关键帧

（5）如图6-75所示，双击进入“奶瓶”元件内部，依据婴儿的动画线稿，为奶瓶绘制乳汁流动的循环动画。

注意：乳汁晃动到最高点，然后再落回原处是一次循环动画，需要10帧。从第10帧之后，动画开始第二轮重复，第16帧是结束帧。

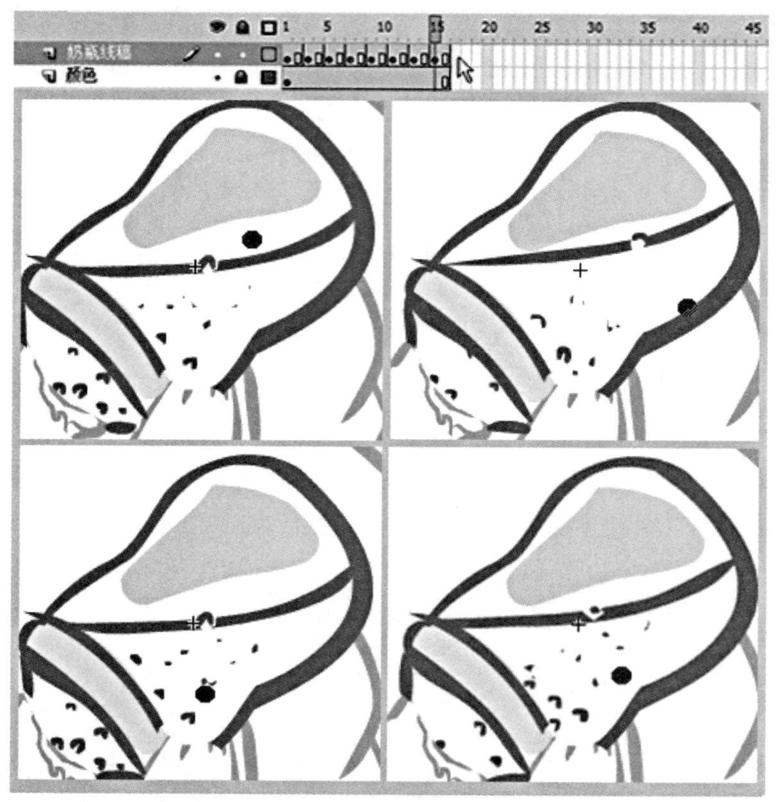

图6-75　绘制奶瓶的关键帧画面

（6）退出“奶瓶”元件内部，按照“婴儿线稿”图层的关键帧，在“颜色”图层添加相应的关键帧，并使用刷子工具为每一帧画面添加相应的颜色（见图6-76）。

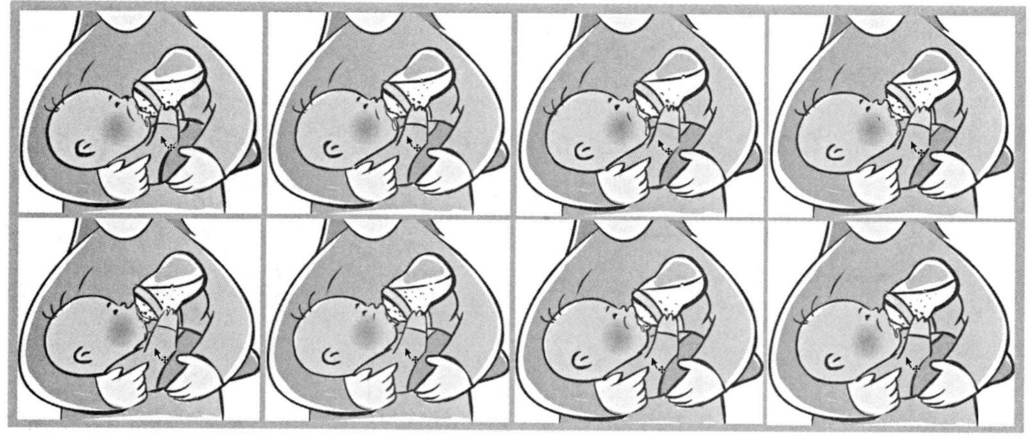

图6-76　最终动画效果

第六节 交互式动画

在Flash CS4中，与观众互动性最强的是交互式动画。例如，当观众将鼠标指针滑过Adobe Flash Player的画面或者点击按钮时，则开始播放动画。通常点击后按钮外观会发生变化，这是因为按钮内部有4个关键帧。（1）弹起：鼠标没有点击按钮时的外观；（2）指针经过：鼠标在按钮上停留时的外观；（3）按下：鼠标点击按钮时的外观；（4）点击：与弹起时外观相同（见图6-77）。

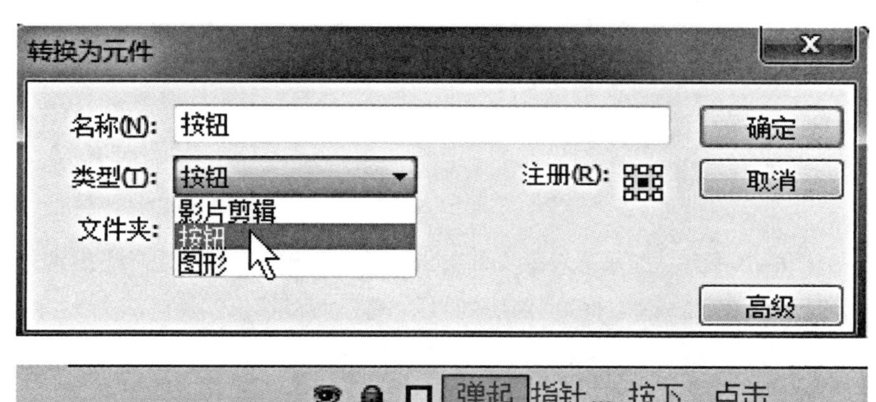

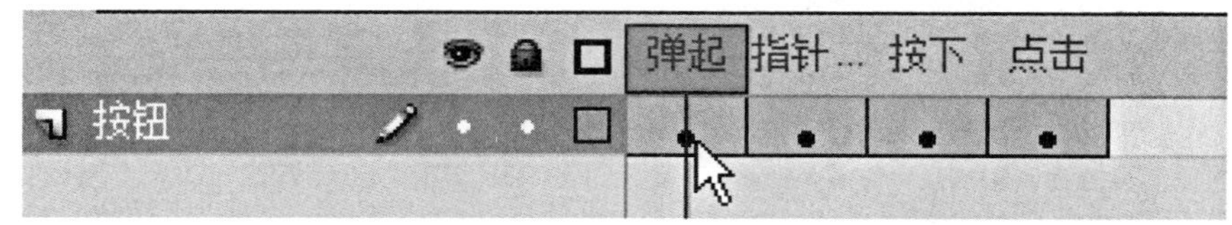

图6-77 按钮元件

创建按钮元件后，需要为按钮元件添加ActionScript才能实现互动。ActionScript是Flash系列软件的动作脚本语言，制作者通过在动作框中输入字节码，为动画添加指令动作。在最新版本ActionScript3.0中，需要制作者直接输入相应动作的字节码。对初学者而言，记住大量的程序语句并非易事，因此我们建议初学者在新建文档时，可以选择ActionScript2.0版本（见图6-78），它的动作弹出框里会有引导性的菜单栏，通过双击每个工作区对应的程序语句即可输入。下面我们以两个具体的实例来讲解运用的方法。

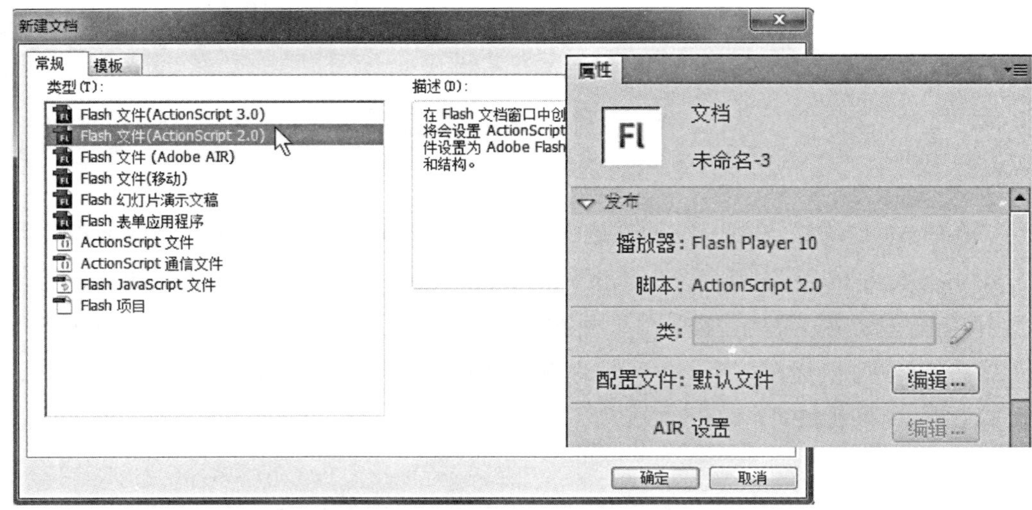

图6-78　新建ActionScript2.0版本Flash 文件

实例 1：鼠标滑过之鸟飞出

在这个例子中，我们希望当鼠标滑过场景画面时，伴随着声效会出现远处群鸟飞起的画面。

（1）如图6-79所示，打开第六章文件夹>6.6>实例1>鼠标滑过之鸟飞出素材.fla。舞台上有4个图层，分别是“遮丑框”“前层场景”“鸟”“背景”。

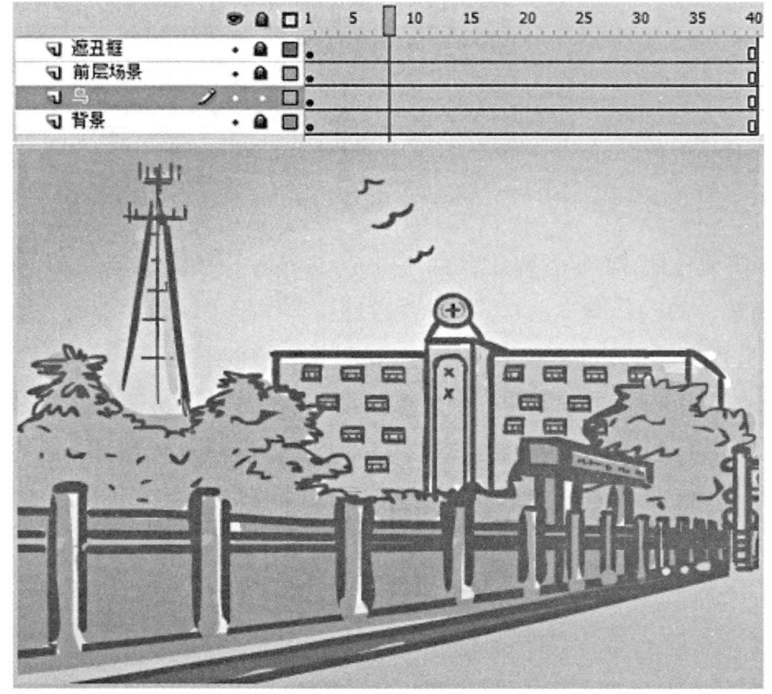

图6-79　打开素材文件

（2）当鼠标没有滑过画面时，我们希望停止在初始场景中，因此先新建“AS”① 图层，在时间轴的第1帧上右键选择“动作”。如图6-80所示，在动作输入框里输入“stop（ ）；”，或者直接双击左侧的“全局函数”>“时间轴控制”>“stop”，这是让画面停止在第1帧的脚本语言，此时时间轴的第1帧上出现一个小“a”字符，表示动作已经成功写入。

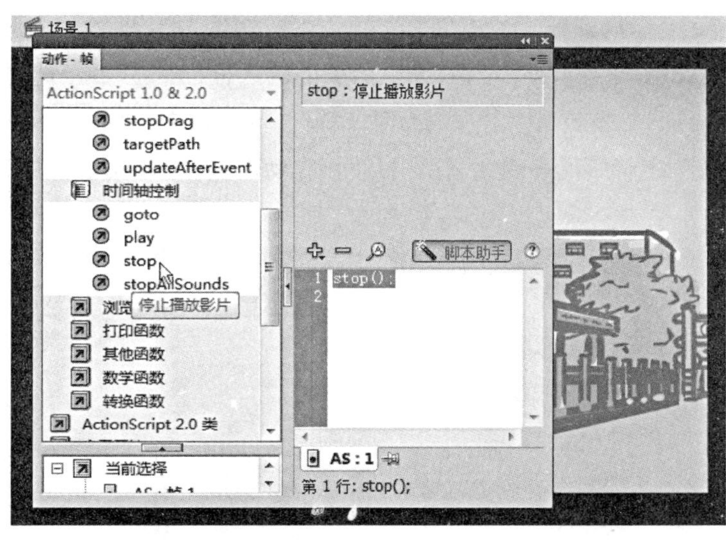

图6-80　添加“停止”动作

（3）如图6-81所示，将前层场景和背景一起复制到新建的“按钮”图层中，保留第1帧的画面，将第2帧创建为空白关键帧（因为将会设定动画从第2帧开始）。

图6-81　创建按钮

① AS，动作脚本语言的英文名称ActionScript的缩写，是一种在Flash内容和运行时实现交互、数据处理以及其他功能的编程语言。

（4）右键点击舞台上的“按钮”图形元件，选择“动作”，此时弹出“动作—按钮”框，双击左边的“全局函数”>“影片剪辑控制”>“on”，右上方出现8种类型的“事件”选项，点击事件前面的方框一次，会出现一个勾，再次单击，则去除勾选。此时软件默认为“释放”，单击“释放”前面的方框去除勾选，再单击勾选“滑过”，此时动作输入框的第一行出现“on （rollOver） {”的字符。

双击左边的“全局函数”>“时间轴控制”>“goto”，动作输入框的第二行自动出现“gotoAndPlay（1）；”字符，单击“帧”后面的输入框，输入“2”，此时字符变成了“otoAndPlay（2）；”，表示鼠标滑过画面时，动画自动从第2帧开始播放。随着练习次数的增多，记住每个字符所代表的意义后，可直接在动作输入框里输入所需“动作”的字符（见图6-82）。

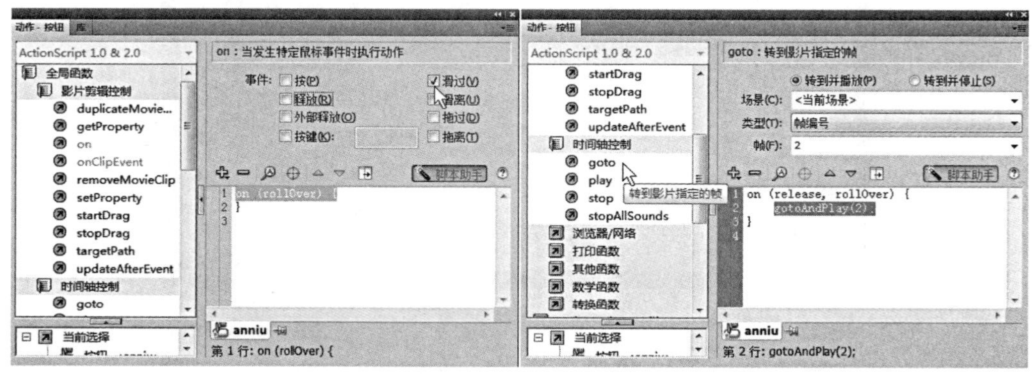

图6-82　为按钮添加动作脚本

（5）由于前层场景与鸟有遮挡关系，所以关闭前层场景显示，右键点击舞台上的“鸟”图形元件，将其转换为“影片剪辑”（见图6-83）。

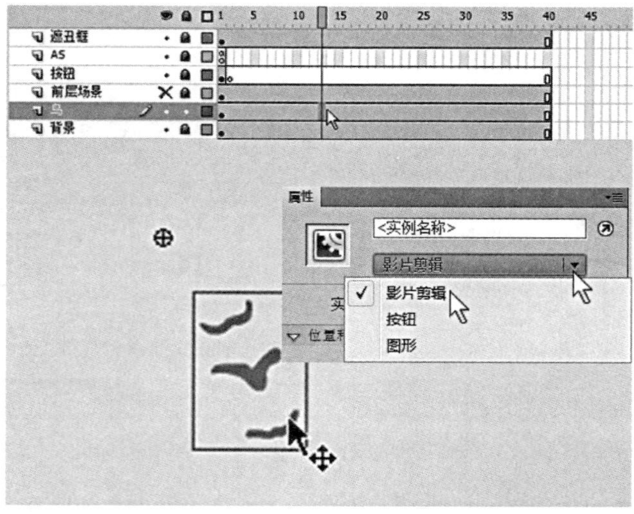

图6-83　图形元件转换为影片剪辑

（6）选择菜单栏中的“文件”>“导入”>“导入到库”，弹出“导入到库”对话框，打开“鸟飞声音.mp3”，双击影片剪辑“鸟”，进入元件内部，将库面板中的声效文件拖入新建的“鸟飞声音”图层中（见图6-84）。

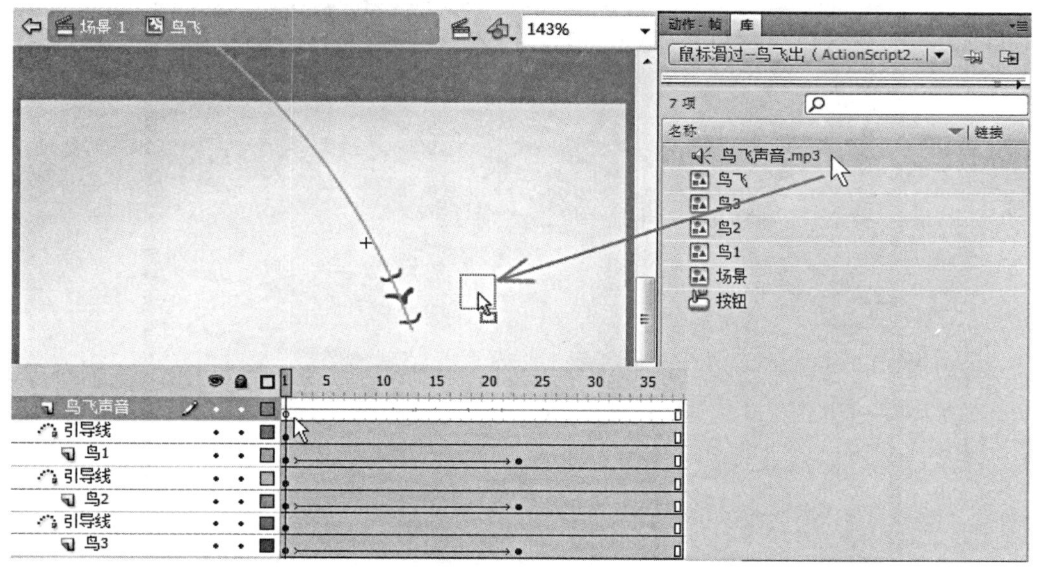

图6-84　为鸟群添加声效

（7）如图6-85所示，双击退出“鸟”元件内部，选择“前层场景”“鸟”“背景”的第1帧，按住鼠标左键不放，将其拖拽到第2帧，此时这3层的初始帧位于第2帧。

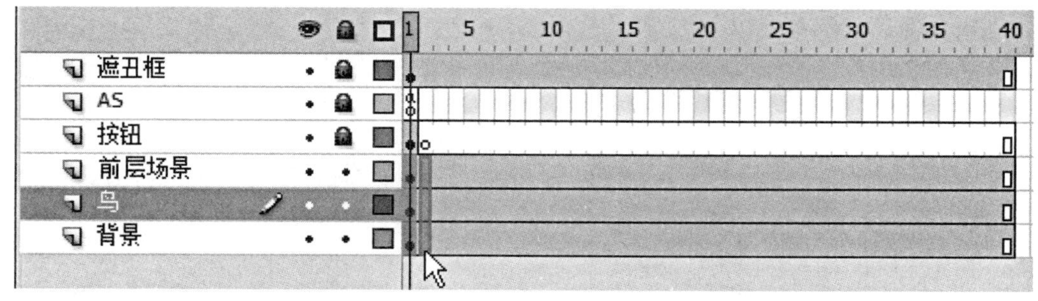

图6-85　空出第1帧

（8）按Ctrl + Enter键，导出SWF影片，将鼠标滑过画面，观看最终动画效果。

实例 2：　选择与返回之路标方向

这是一个有路标的街道场景，我们希望当鼠标指针点击“小镇”路牌时，会出现相应的情景动画，而动画播完后，可以再次利用按钮返回到刚开始的街道场景，并重新选择。

（1）如图6-86所示，打开第六章文件夹>6.6>实例2>选择与返回之路标方向素材.fla。

图6-86　初始文件

（2）将“小镇”路牌转换为按钮元件，双击进入其内部，在“指针经过”关键帧和“按下”关键帧处，调整画面的颜色和图形的位置，“弹起”关键帧和“点击”关键帧的画面保持一致（见图6-87）。

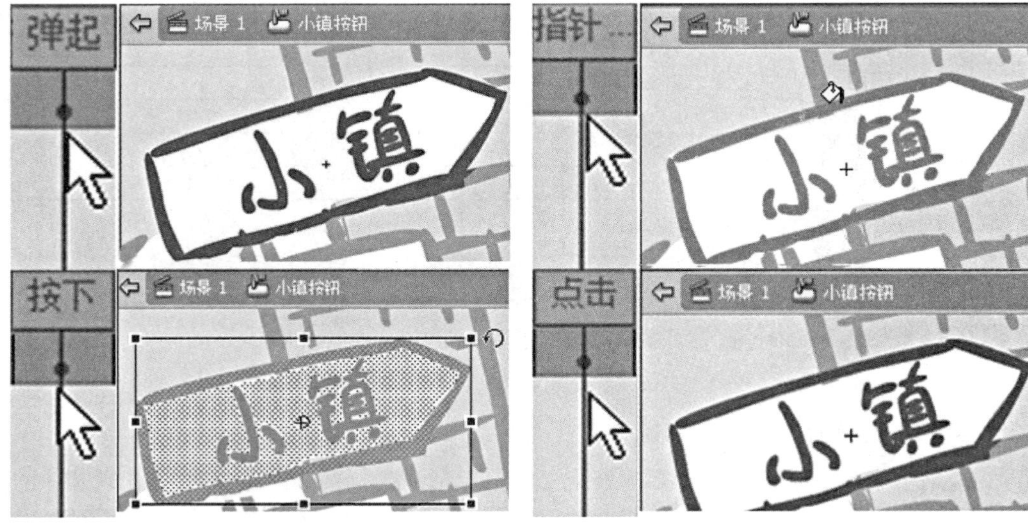

图6-87　设置小镇按钮内部的关键帧画面

（3）将“城市”路牌转换为按钮元件，双击进入“城市”路牌按钮元件的内部，按照上一个按钮的变化方式，为“指针经过”和“按下”关键帧调整颜色和位置（见图6-88）。

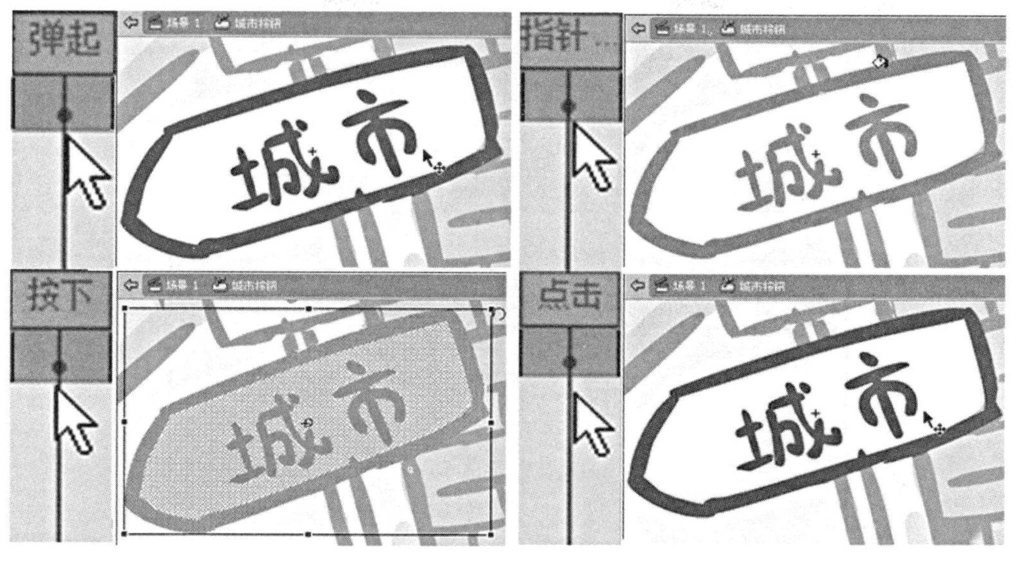

图6-88　设置城市按钮内部的关键帧画面

（4）新建图层并将其命名为“AS，”在它的第1帧处添加“stop（）；”动作脚本语言，将动画停在第1帧。选择“城市按钮”图层，右键点击舞台上的元件以选择动作，在动作输入框第1行中输入“on （release） {”，第2行输入“ gotoAndPlay（2）；”，这表示当鼠标指针点击释放后，画面转到第2帧开始播放（见图6-89）。

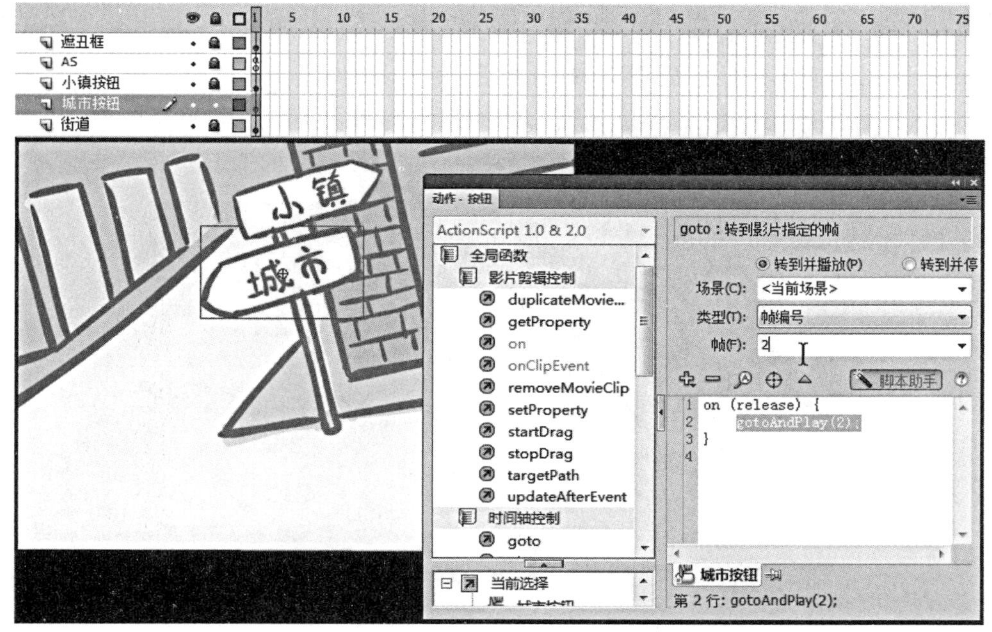

图6-89　添加动作

（5）新建“城市”图层，为城市按钮添加相应的动画情景，将之前已经准备好的动画复制到第2帧，动画持续时间为48帧，将第49帧转换为关键帧，同时右键点击时间轴的关键帧，打开动作对话框，并输入停止脚本语言“ stop（ ）；”（见图6-90）。

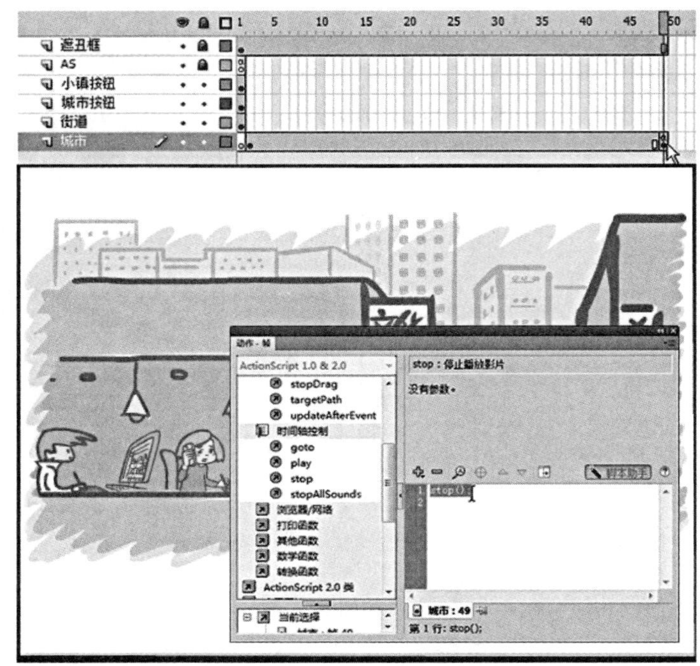

图6-90　新建“城市”图层并添加停止动作

（6）选择“小镇”按钮，右键点击舞台上的元件，打开“动作—按钮”对话框，在动作输入框的第1行中输入“on（release）{”，第2行输入“gotoAndPlay（50）；”，这表示当鼠标指针点击释放后，画面转到第50帧开始播放（见图6-91）。

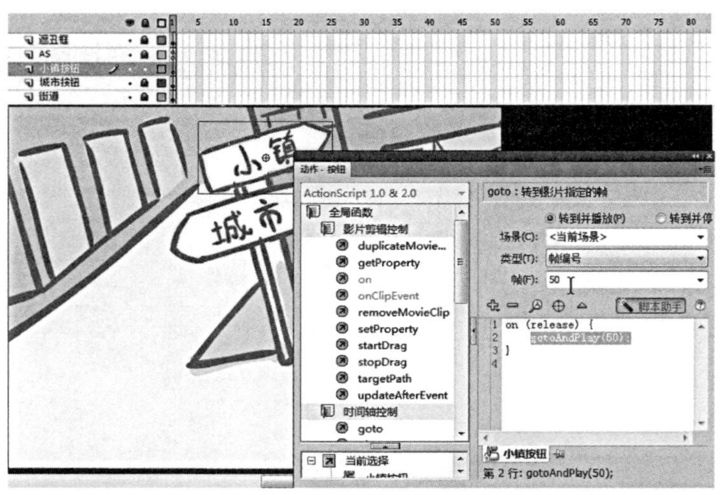

图6-91　为“小镇”按钮添加动作

（7）新建“小镇”图层，为小镇按钮添加相应的动画情景，将之前已经准备好的动画复制到第50帧，此时动画持续时间为44帧，将第93帧转换为关键帧，并为其添加停止脚本语言“ stop（ ）；”（见图6–92）。

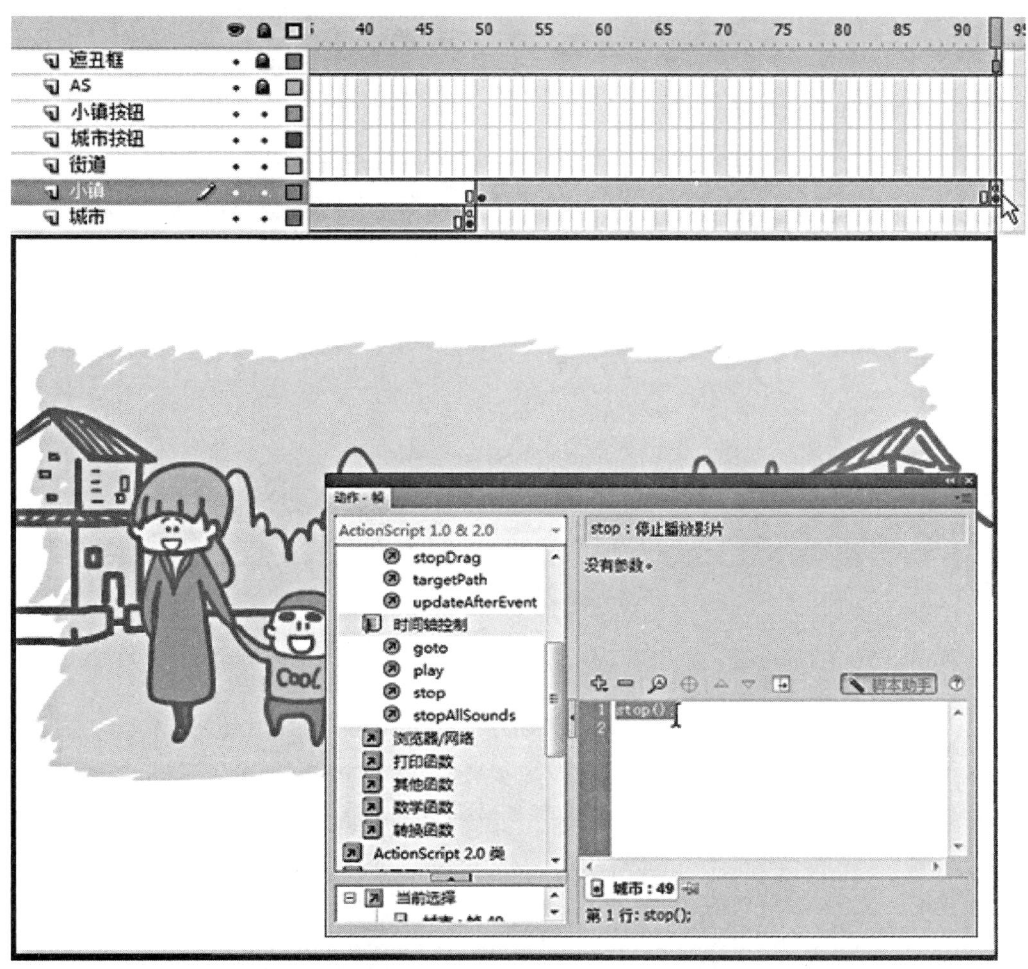

图6–92　新建“小镇”图层并添加停止动作

（8）新建“返回按钮”图层，利用刷子工具在舞台上画出返回标志，将标志转换为按钮元件。右键点击舞台上的元件，打开动作对话框，在动作输入框的第1行中输入“on（release）{”，第2行输入“ gotoAndPlay（1）；”，即当用鼠标点击返回按钮时，画面又会回到第1帧（见图6–93）。

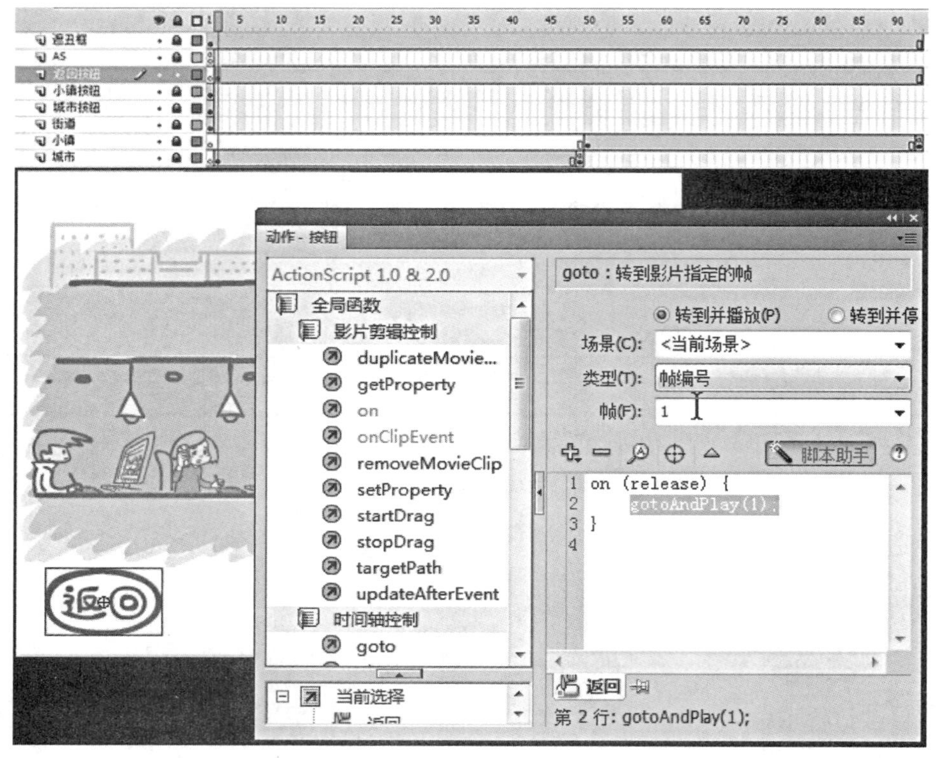

图6-93　创建返回按钮

(9) 按Ctrl + Enter键，导出SWF影片，将鼠标指针滑过画面并观看最终动画效果。

拓展阅读小贴士

本章介绍了利用元件和搭配使用其他工具灵活地制作出动画的方法。如果在角色设计完成后，及时将角色元件的中心点调到关节处，那么接下来为角色元件制作动画就会方便许多。如果制作片长超过5分钟的动画，通常为每个动画镜头保存一个项目文件，所有文件以“SC_XX.XX”形式命名。5分钟以下的动画可以尝试分段保存，画面设计和动画制作比较细腻复杂的，可以适当多分几段；简单的动画可以保存成两个项目文件，或者全片动画都在一个文件里。保存方式要根据动画镜头文件的大小而定。

思考与练习题

在前面的篇章里，我们已经学会了如何在Flash CS4里绘制角色、场景和动态故事板，初学者在动态故事板的指导下可以尝试制作一个镜头，即简短的动画。注意动画表演的趣味性，如果开始尝试用多个镜头表现一段完整的故事，那么要记得随时查看相邻镜头的动画表演是否连贯一致。

第七章 调整节奏——补充与删减

本章知识点

添加滤镜特效；淡入淡出；转场效果

学习目标

了解后期调整画面的方法；根据声音和故事再次调整画面的时间

当动画制作完成之后，随着声音和对白的添加，动画也需要做相应的调整。为了讲好故事、让镜头之间的承接比较自然，我们可以在Flash CS4里为完成的动画添加转场画面和特定的滤镜效果。

第一节　添加特效

关于Flash动画的合成，一般情况下，我们利用软件本身就可以完成简单的特效与合成工作。Flash8.0以后就有了滤镜功能，利用滤镜功能可以为动画添加常用的发光、模糊和投影等效果。需要注意的是，滤镜只能应用在文本、按钮和影片剪辑上。

如我们在制作下雨动画时，可以给伞面添加发光滤镜特效，远看就像雨点打在伞面上形成的雾气，由此让下雨效果更逼真。同样，也可以根据剧情的需要添加模糊滤镜，实现变焦的视觉效果。添加新的滤镜和删除滤镜都可以在属性栏的滤镜控制区直接操作（见图7-1至图7-9）。

图7-1　添加发光滤镜之前

图7-2　添加发光滤镜之后

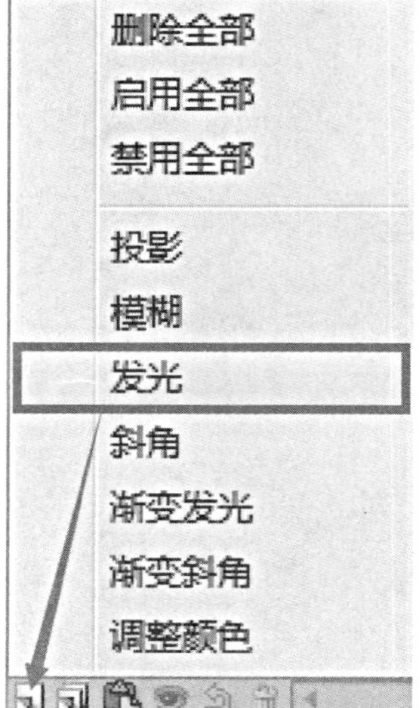

图7-3　添加发光滤镜

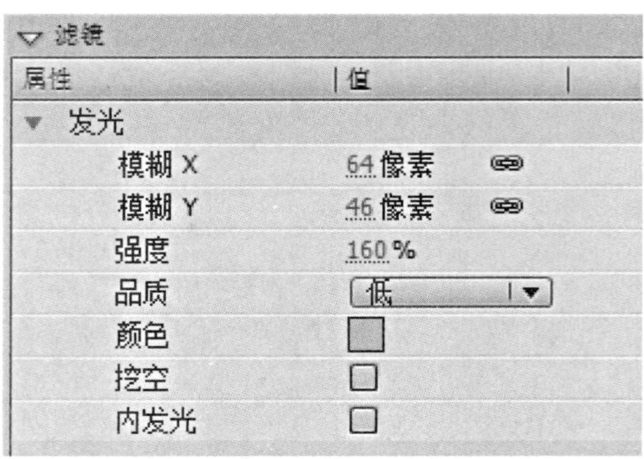

图7-4　设置发光滤镜属性

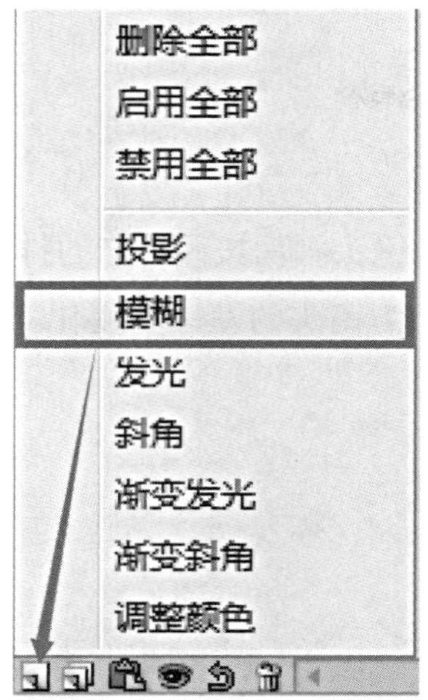

图7-5　添加模糊滤镜

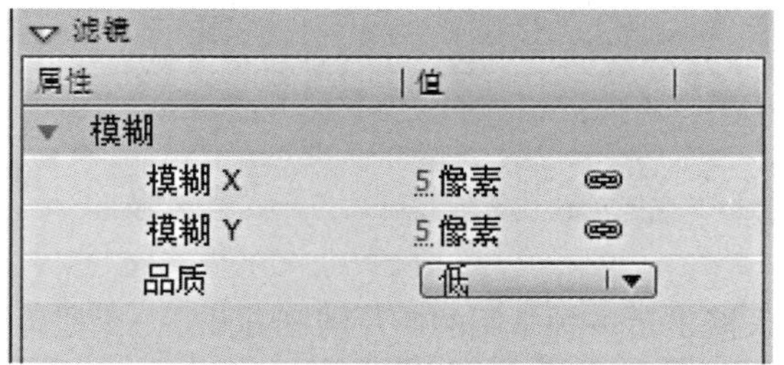

图7-6　设置模糊属性

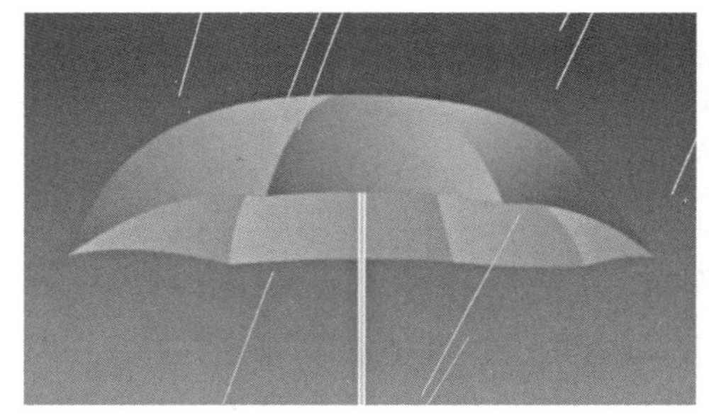

图7-7　添加模糊滤镜之前

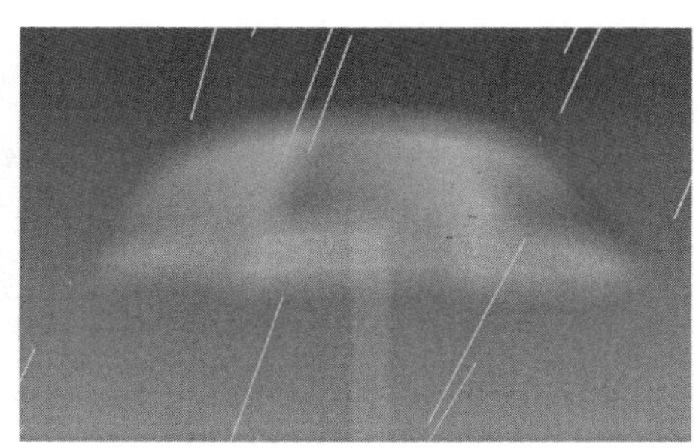

图7-8　添加模糊滤镜之后

图7-9　删除滤镜

第二节　转场方式

众所周知，无论是何种形式的影片，都是由一系列的镜头画面按照一定的排列次序组接起来的。这些画面能够流畅自然地衔接、过渡，是因为镜头的发展和变化服从了一定的规律。这些规律中就包含了各种转场方式。

一、淡入淡出

淡入淡出是一种常用的影片转场方式。一个段落开始时，第一个镜头的画面由暗至亮、逐渐变为正常的亮度，这种方式被称为淡入，也叫渐显。一个段落或一场戏结束时，最后一个镜头的画面逐渐隐去，直至黑场，这种方式被称为淡出，又叫渐隐。淡入淡出有快慢、长短之分，一般为2秒左右。在实际运用中，要根据影片的具体情节、节奏的要求来决定。

二、叠化

上个镜头消失之前，下个镜头已逐渐显露，两个镜头的画面有若干秒的重叠。叠化可以是前一画面叠加后一画面，也可以是主体画面内叠加其他画面，最后结束在主体画面上。

图7–10中的这个场景，描述的是原始社会以物换物的交易方式，就是用叠化这种转场方式来表现一系列相似的内容及动作的。

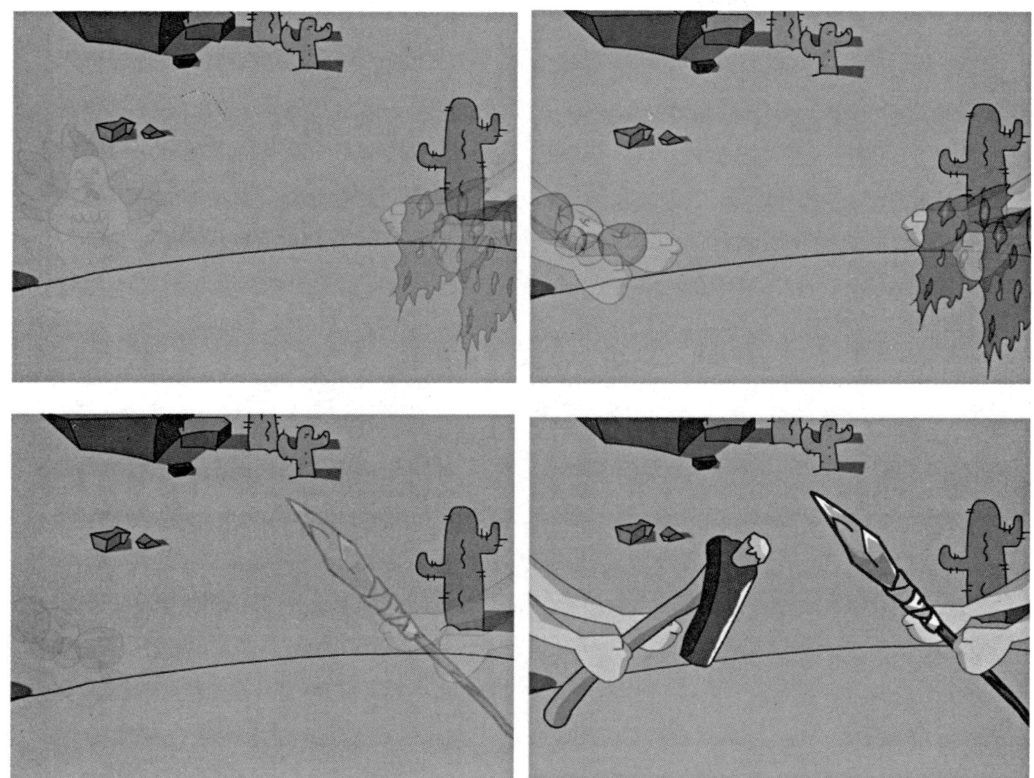

图7–10　叠化

三、用动画进行转场

动画片与实拍电影的一大区别是，前者的剪辑工作在影片开始制作之前就完成了，而后者则是在全部素材拍摄完毕之后进行的。也就是说，在动画片里，每一个镜头拍什么景别、怎么拍、上下镜头怎么衔接都必须事先设计好。利用前后镜头在内容或意义上的关联来进行转场，是动画中无技巧剪辑的常用手段。

如动画片《快乐心心》（见图7–11）中，在给小朋友解答疑惑时用的一个转场方式就是主角心心在答疑完毕后奔向镜头，镜头有一瞬间因为心心身体的遮挡而黑屏，紧接着出现的就是心心的身影奔向了下一个场景。这样就利用心心奔跑的动作完成了上下镜头的转场。

图7-11　《快乐心心》截图(1)

类似的利用动作转场的还有《我们的新房子》这一集中的一个情节：前一个主观镜头表现心心和棒棒用一块布蒙住了小熊兄弟捣捣和蛋蛋的眼睛，由此镜头变黑，当镜头再亮起来时是另一个主观镜头，即从捣捣和蛋蛋的视角看到的另一个场景。这样就利用蒙眼睛再睁眼睛的动作巧妙地完成了该处的转场，过渡自然，可以说是无缝衔接（见图7-12）。

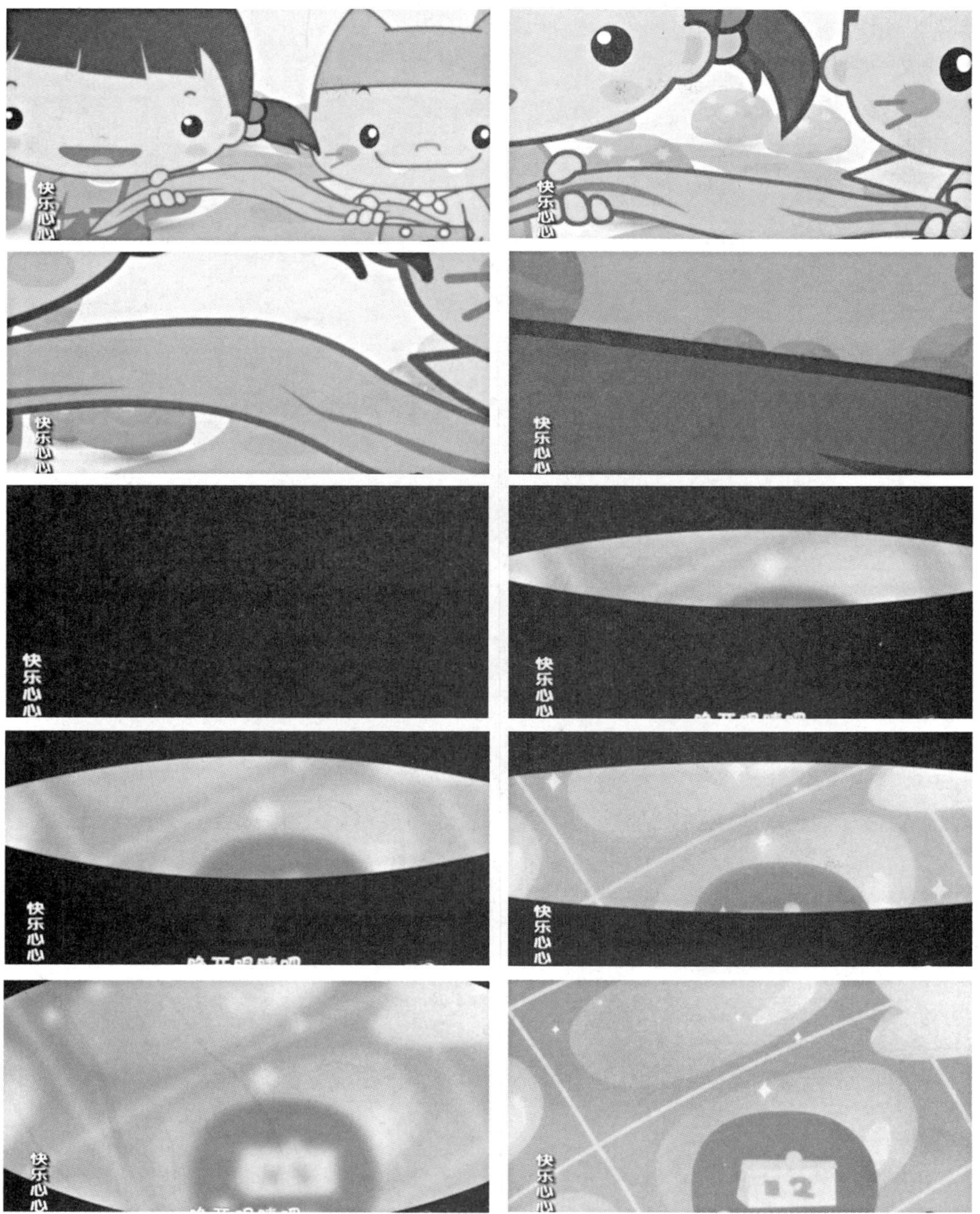

图7–12 《快乐心心》截图(2)

四、特殊转场

除了上述三种常见的转场方式以外，还有一些动画所特有的转场方式，比如利用花哨的动作特效来转场。如图7–13所示，这是两个快速移动的镜头，如果直接切换，观众

会觉得很突兀，所以在两个镜头中间加上移动的星星特效动画，再利用叠化，就很顺利地完成了镜头之间的转场。

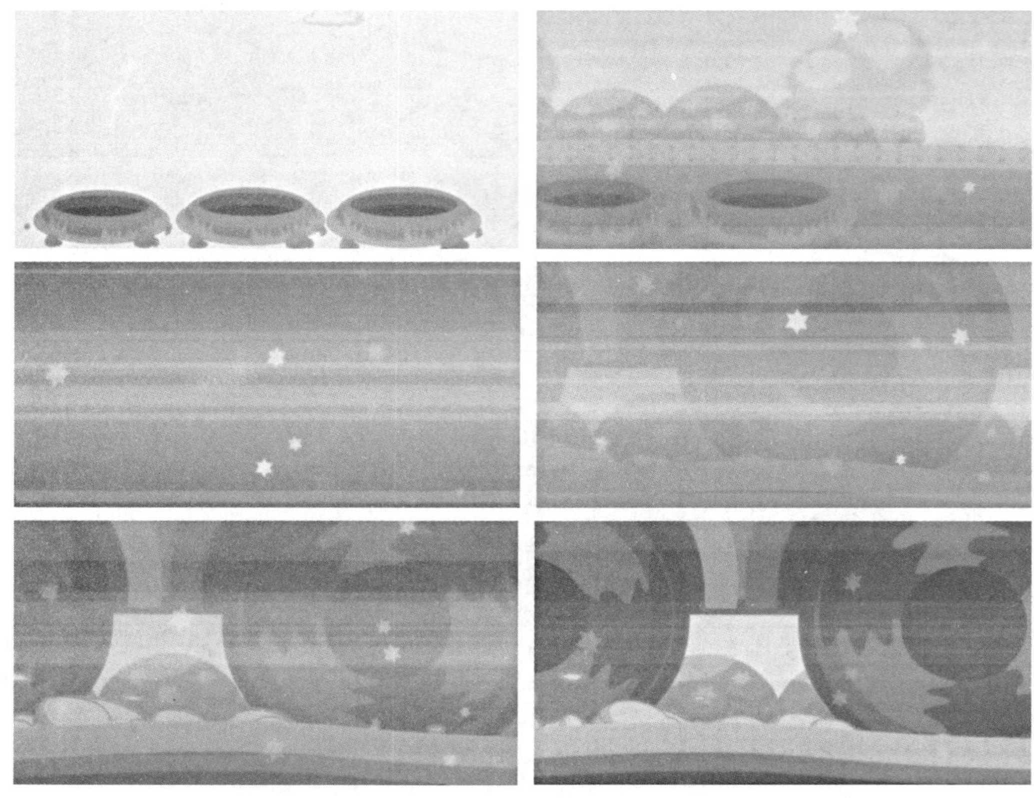

图7–13　《快乐心心》截图（3）

《快乐心心》中几乎每一集都有的爱心特效动画和泡泡特效动画使用的也是类似的转场方式，如图7–14、图7–15所示。

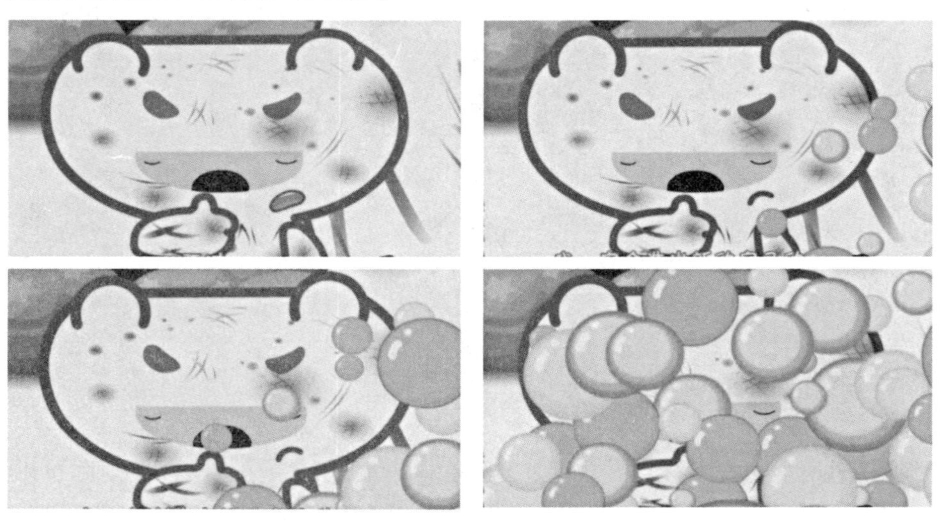

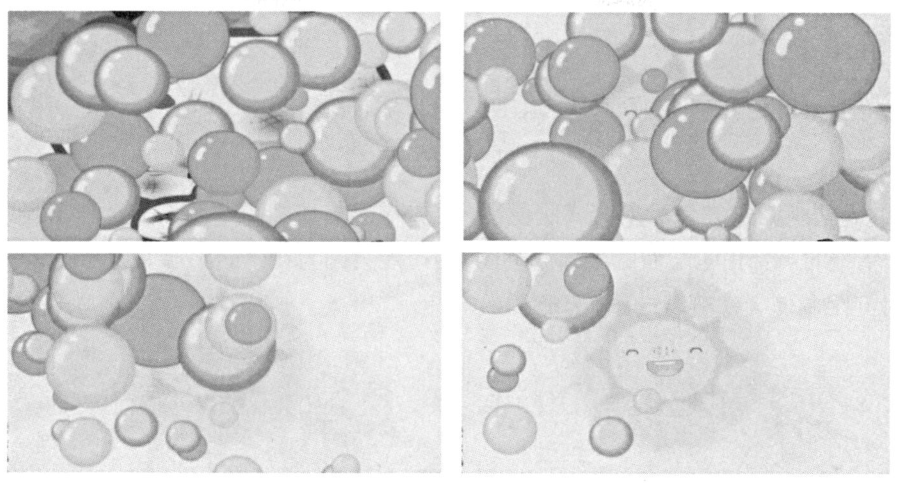

图7-14　利用泡泡特效动画转场（《快乐心心》截图）

图7-15　利用爱心特效动画转场（《快乐心心》截图）

第三节　调整节奏

Flash动画制作进入后期合成阶段后，需要根据整体故事情节调整动作节奏，或者为了与新添的声音相匹配而删减部分动画，也可能会因为在不同平台上或不同场合播放时有时间限制而大幅删减动画，等等。

一、添加声音

Flash动画的制作进行到后期阶段的声音合成时，主要工作是添加音效和对白。

Flash声音的添加分三部分：背景音乐、对白与音效。背景音乐一般在创作之初、制作动态故事板时就已经有了大概的规划，背景音乐多用MP3格式。添加、编辑的步骤以及一些具体的设置已经在本书第四章第三小节中进行过详细的介绍了，这里就不再赘述。

后期阶段以添加对白和音效为主，现在网络上有现成的庞大的音效资源库可以供我们使用。一般情况下，Flash动画中比较常用的声音特效都可以很方便地直接获取（见图7–16）。

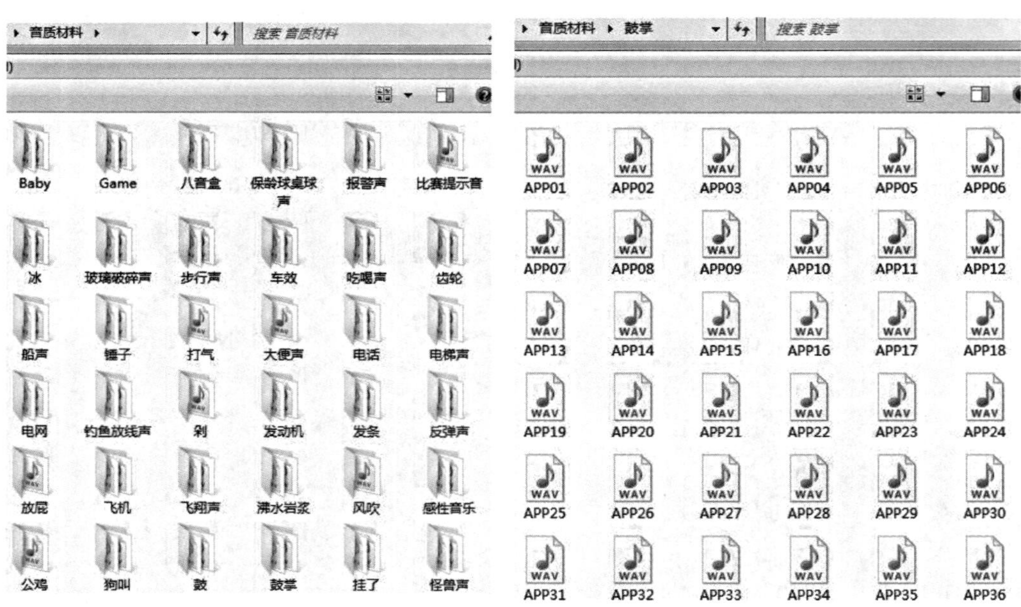

图7–16　各类声音素材

二、调整节奏

镜头合成时声音是优先的，要让画面匹配声音。每个镜头的长度、镜头之间的衔接、转场等都要将声音因素考虑进去。制作初期在综合众多因素的基础上进行镜头画面和节奏的设计，制作后期多次测试、处理声音素材，最终才能获得声画合一的出色效果。

部分动作或镜头的调整通过删除帧或者添加帧就可以完成。如果涉及大幅地删减动画，我们就要在不改变动画主题的情况下理性地做出选择。

拓展阅读小贴士

在后期制作阶段，对动画艺术质量有更高要求的人，可以结合其他软件做出更多画面效果，例如网络动画《泡芙小姐》利用Adobe After Effects进行后期调色，呈现出唯美梦幻的色调。

思考与练习题

掌握利用Flash CS4进行后期调整的方法，为制作完成的动画调整节奏、添加转场以及特效，完善故事的表达。

第八章

优化与发布

——最终输出

本章知识点

优化文档；无损保存；降低版本保存；导出GIF动图；为网络和电视发布动画

学习目标

了解优化文档的方法；掌握针对不同发布平台的导出方法

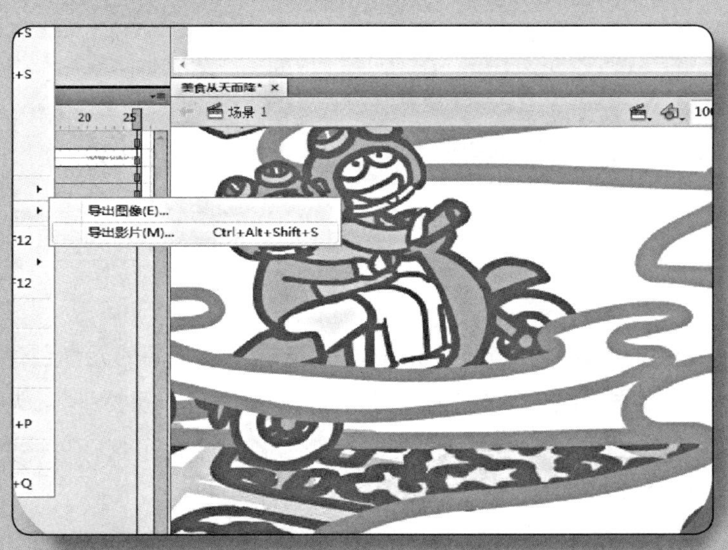

动画的传媒属性决定了它只有被观众看到，才能真正体现其创作的意义。当我们辛苦地完成动画制作和调整后，如何将它发表在某个播放平台上呢？本章通过介绍三大主流播放平台的发布流程，向初学者详细展示优化、发布以及存储的操作过程。

第一节　优化文档

优化文档是指在存储动画前，通过使用一些操作方法，尽可能缩小文档占用的空间。比如，在第六章中介绍元件动画时，我们强调将不需要做动画的部分单独分层，因为这样可以减少关键帧画面的内容。

如图8–1所示，以第六章文件夹>6.5>实例2>吸奶的婴儿动画.fla为例，怀抱着婴儿的母亲是静止不动的，于是我们将婴儿和母亲的线稿分层。在最终的动画完成时，母亲图层只有1个关键帧，而婴儿图层却有9个关键帧。假如这时发现母亲线稿需要修改，将第1帧修改后，其他帧也随之更改，分层处理不仅可以避免多次复制修改后的母亲线稿，而且缩小了文档的占用空间。

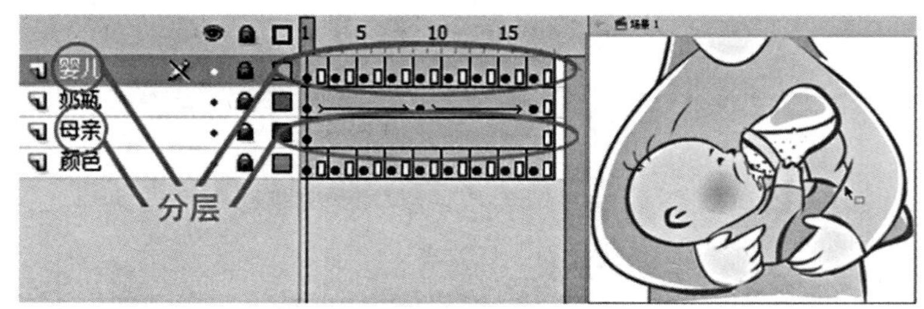

图8–1　分层可以缩小文档的占用空间

重复使用元件不会增加文档的占用空间，因此尽量将相同的元素创建为同一个元件。如图8–2所示，制作完成后，我们发现男孩和女孩的电动车虽然一样，却不是同一个元件，任选其一并点击右键，之后选择“交换元件”，在弹出框里选择另一个相同元件，单击“确定”，此时舞台上出现的电动车为同一个元件。

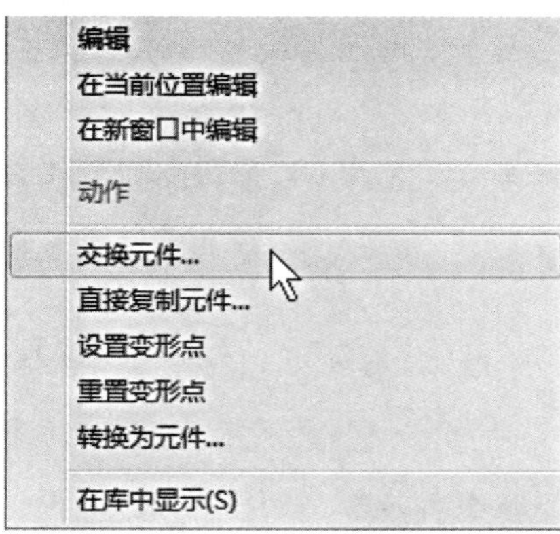

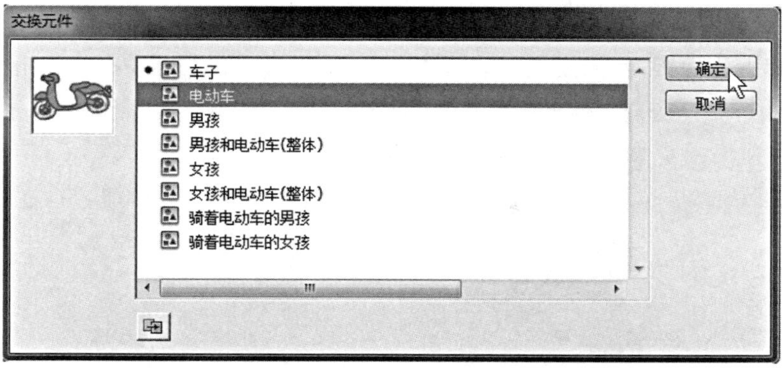

图8-2 利用交换元件将相同元素整合

当单帧的舞台上有许多元件时，会出现运行卡顿现象。如图8-3所示，在一段美食从天而降的动画里，舞台上唯一静止的部分是远景的田野，它由组件和分散的色块组成，可以将场景导出JPG图片，然后再导入放置在舞台原处，步骤如下：

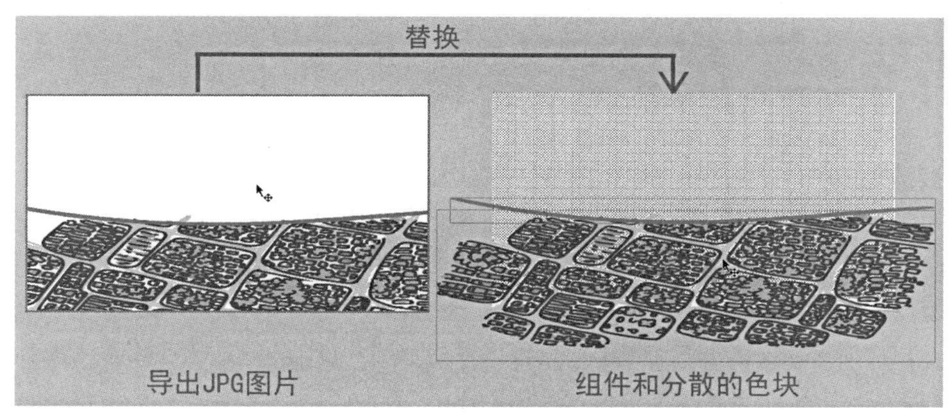

图8-3 导出JPG图片

（1）将田野场景单独分层，其他图层暂时转为引导层（引导层在导出图像时不可见）。选择菜单栏“文件”>“导出”>“图像”，将弹出框的保存类型选为JPG格式，因为相对于其他图片格式来说，JPG格式占用的空间最小。将导出的图像保存在指定文件夹里。

（2）再次选择菜单栏“文件”>“导入”>“导入到舞台”，在弹出框里找到之前保存的JPG图片，单击“打开”，图片自动导入到舞台和库里。

（3）在舞台上调整图片的位置和大小，删除之前用刷子绘制的田野组件和分散的色块。

在动画制作过程中，我们会不断修改和调整，这就产生了许多曾经使用过而现在不需要的元素，这些废弃的元素包括元件、位图和声音。库面板作为“存储仓库”，存储着整个制作过程中所有参与的元件，无用文件会增加软件运行的负担。删除废弃元素的步骤如下：

（1）打开库面板，点击右上方的属性选项按钮，在弹出的选项框里单击"选择未用项目"，此时库里的废弃文件自动被选中（见图8-4）。

图8-4　将无用项目删除

（2）再次点击右上方的属性选项按钮，在弹出的选项框里单击"删除"或者直接按Delete键，废弃的文件就被删除了。

第二节　存储动画文档

传统纸上动画完成后，会留存下一堆画稿，如果成品动画有错误，从纸上线稿到电脑上色都要修改，会花费大量的时间和金钱，因此这些画稿仅具有纪念价值，基本不能再次利用。而Flash动画的全部过程都在软件里进行，元件的使用使得动画是由许多独立元素组成的，每个独立的元素都可以单独拿出来使用，并与其他元素组成新的动画。因此，存储动画文档不仅有利于当前动画的修改，而且能够为其他动画提供素材。

一、无损保存

无论在Flash CS4中创建何种类型的文档，都自动以“未命名+数字”作为文档的名字，当添加完动画内容后，我们可以通过保存为动画文档重新命名。

（1）如图8–5所示，这是动画已经制作完成的文档，选择“文件”>“保存 ”,弹出另存为对话框。

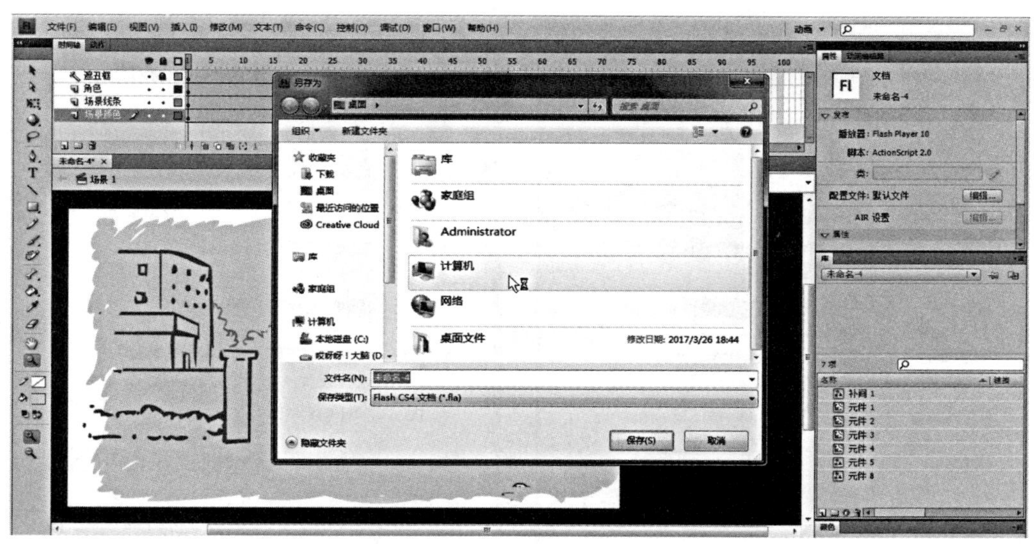

图8–5 打开另存为对话框

（2）双击文件夹图标，选择保存文档的目标文件夹。

（3）在文件名输入栏中输入“乡村医院门口”，保存类型为“Flash CS4文档”（见图8–6）；单击“保存”按钮，在目标文件夹中出现已保存的动画文档，如图8–7所示。

图8–6 输入文件名与保存类型

图8–7 动画文档

如果担心文档丢失，可以再次选择“文件”>“另存为”,在弹出的对话框中将文档保存在另一个目标文件夹里，这样就有备用的动画文档了。

二、压缩保存

当我们对动画的质量没有要求时，可以尝试将文档进行压缩保存，比如为了及时将自己的创意用动画的形式展示出来并快速将它发布在社交媒体上时，快速比高质量更加重要。

（1）打开“乡村医院门口 ”动画文档，选择“文件”>“保存并压缩 ”，则自动保存已经压缩的文档。

（2）此时可以将压缩后的文档与压缩前的文档做画质、占用空间大小对比，肉眼几乎察觉不出画质的区别，但压缩后文档的大小却是原文档的1/2（见图8-8）。

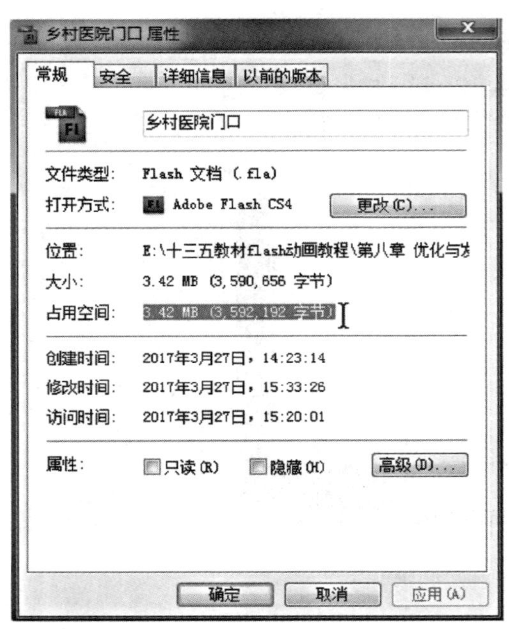

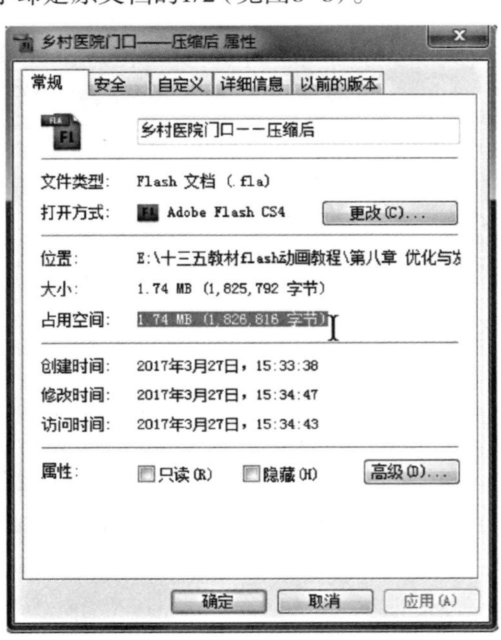

图8-8　压缩前与压缩后的占用空间大小对比

三、降低版本保存

在Flash CS4中，高版本软件创建的文档不能在低版本软件中打开，比如Flash CS4文档可以在Flash CS5中打开，却不可以在Flash CS3中打开。因此，如果想要在低版本中打开Flash CS4文档，可以将动画文档降低版本保存，这样有利于将高版本的动画内容导入低版本软件中。

（1）如图8-9所示，选择“文件”>“另存为”,弹出另存为对话框，选择保存类型为“Flash CS3文档（*.fla）”，单击“确定”。

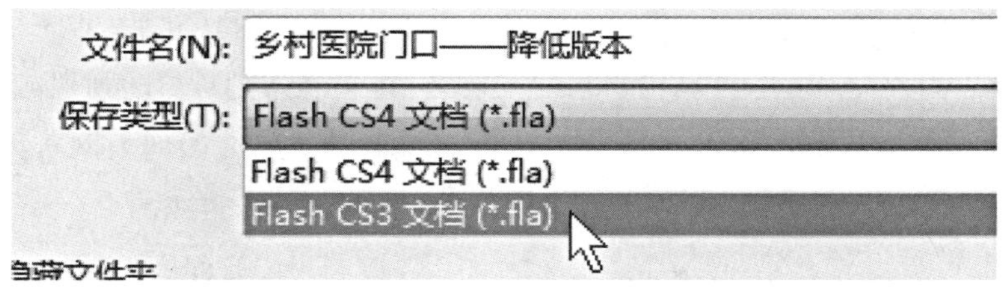

图8-9　降低版本保存

（2）此时弹出Flash CS3兼容性对话框，提醒我们注意事项，单击“另存为Flash CS3”按钮，则成功保存。找到目标文件夹，可以看到文档图标（见图8-10）。

图8-10　保存成功

第三节　为网络和电视发布动画

在Flash CS4的操作界面中，我们在制作时可以通过拖动时间轴上的播放头（红色指针），播放和查看动画内容，如果发现问题，可以及时修改，但这并不是发布。将制作的动画输出为可播放的视频文件，才是发布。

网络和电视发布因为观众的类型和观看习惯不同，对视频文件的要求也不一样。我们根据是否需要借助外力完成最终视频文件输出，将其划分为直接发布和间接发布，接下来让我们学习如何为网络和电视发布动画。

一、直接发布

在Flash CS4中直接输出播放文件的过程，被称为直接发布。在之前的章节中，我们已经介绍了一种直接发布的方法，即选择“控制”>“测试影片”，或者按Ctrl+Enter键，会自动弹出预览窗口，这是Flash软件的专用播放格式——SWF格式，制作者利用Dreamweaver等网站开发软件可以将它嵌入网页中。在闪客时代，网络传输系统不够完善，SWF格式因为占用空间小、传输速度快，而广受欢迎。如今随着网络的发展，微博

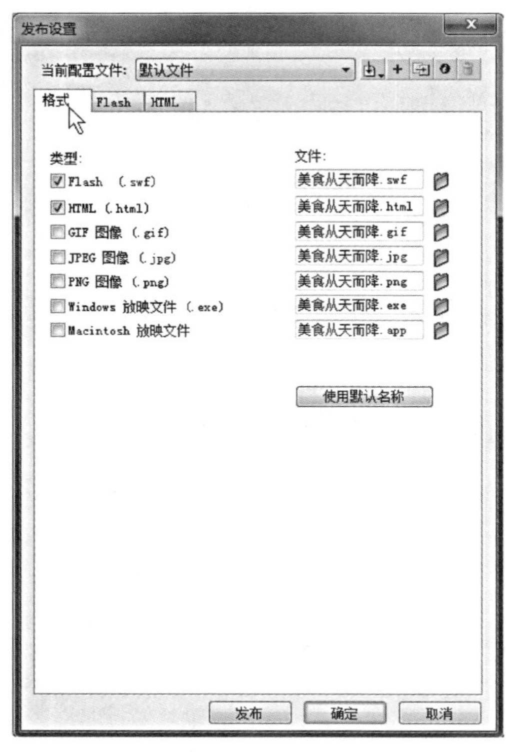

图8-11　打开发布设置

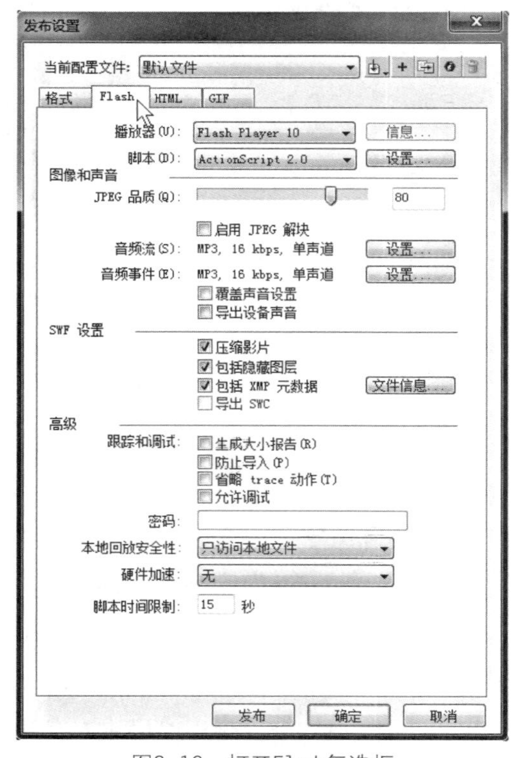

图8-13　打开Flash复选框

等社交媒体应用兴起后，GIF格式流行起来，它介于静态图片与动画视频之间，是一种动态图片。那么如何为网页发布SWF格式和GIF格式的文档呢？

（1）打开“美食从天而降”动画文档，选择菜单栏“文件”>“发布设置”，弹出发布设置对话框，如图8-11所示；软件默认勾选Flash类型和HTML类型，说明将会发布SWF格式和HTML格式，在网页开发时会用到这两种格式的文件。其中HTML格式会显示SWF文件在网页浏览器中的效果。

（2）单击勾选“GIF图像”前面的方框，出现GIF复选框，如图8-12所示。

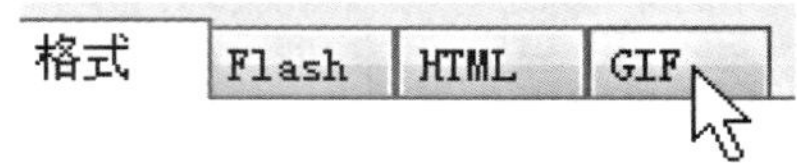

图8-12　GIF复选框

（3）接下来点击“发布设置”对话框中的Flash复选框，如图8-13所示。默认的设置基本可以满足发布需求，如果有其他要求可以单独勾选。例如，此时向右边拉动JPEG品质进度条的滑块，可以增加SWF格式的文档的画面质量；点击“跟踪和调试”>“防止导入”前的小方框，在密码输入框输入自己设置的数字或者英文字符，再次导入 Flash CS4时会要求输入密码，输入不正确则不能导入，这样可以保护输出的SWF文件不被其他人盗用。

（4）如图8-14所示，点击“发布设置”对话框中的HTML复选框，将“尺寸”选择为“匹配影片”，此时输出的影片与舞台尺寸相同；将“回放”选择为“循环”和“显示菜单”，影片将会和舞台大小相同，并在网页中循环播放，在网页上点击右键会出现菜单以供选择播放模式。

（5） 如图8-15所示，打开GIF设置对话框，尺寸勾选为“匹配影片”，回放选择“动画”和“不断循环”。

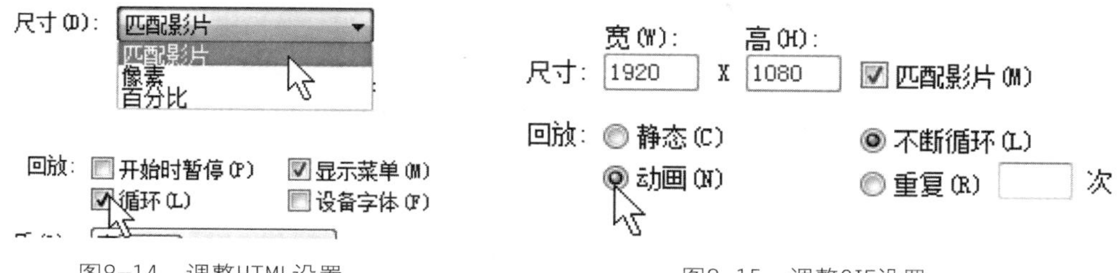

图8-14　调整HTML设置

图8-15　调整GIF设置

（6）单击“发布”，弹出“发布进度”对话框，完成后，点击“确定”，“发布进度”对话框被关闭。

（7）打开第八章>8.2文件夹，可以看到已经发布成功的SWF格式、HTML格式和GIF格式文件，双击每个文件可以打开观看效果，如图8-16所示。

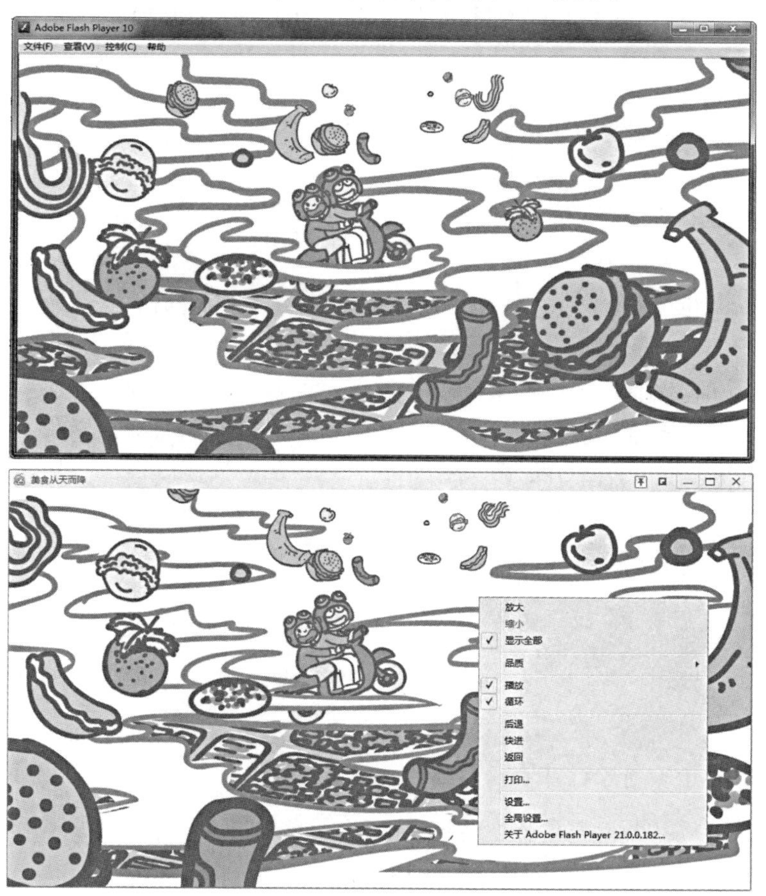

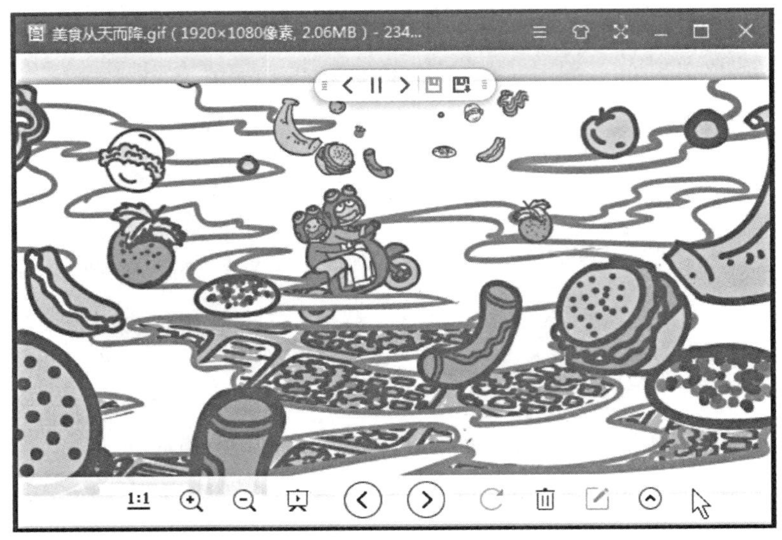

图8-16　打开SWF格式、HTML格式和GIF格式的文件

通过以上步骤发布的SWF格式文件，只能在安装了Adobe Flash Player播放器的电脑上打开。在没有安装Flash播放器的电脑上，如何发布SWF格式的文件呢?

(1) 打开发布设置，再次单击Flash、HTML和GIF前面的方框，取消勾选它们。

(2) 如图8-17所示，单击勾选Windows放映文件和Macintosh放映文件。

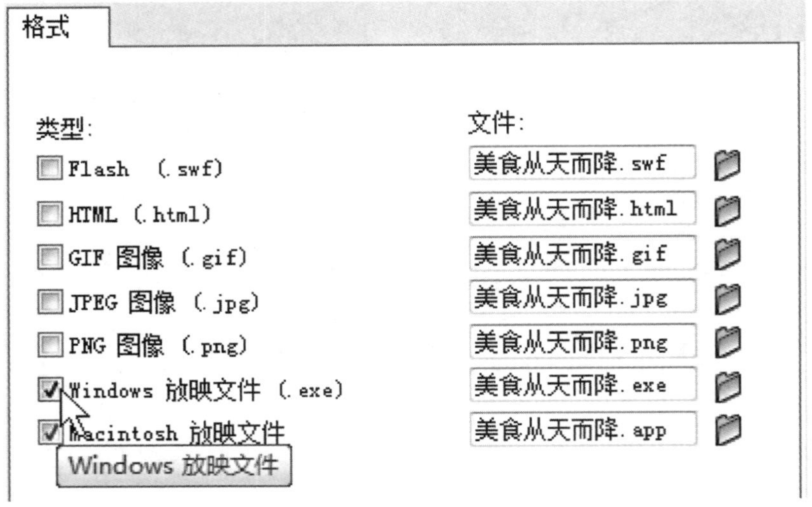

图8-17　选择windows放映文件

(3) 单击“发布”，弹出“发布进度”对话框，完成后，点击“确定”，“发布进度”对话框被关闭。

(4) 如图8-18所示，打开第八章>8.2文件夹，已经发布成功的文件都是自带Adobe Flash Player播放器的。“美食从天而降.exe”是为装有Windows系统的电脑准备的应用程序，双击它，即可播放；“ 美食从天而降.app”是针对Mac系统（苹果电脑）的放映文件，打开“美食从天而降.app文件夹”>“contents”>“Resources”，双击“movie.swf”文件，即可欣赏动画。

图8-18 Windows放映文件和Macintosh放映文件

当一些视频网站支持更常用的高清影片格式时，可以利用Flash CS4直接导出AVI或MOV格式影片。

（1）打开“美食从天而降”动画文档，选择菜单栏“文件”>“导出”>“导出影片”，此时弹出“导出影片”对话框。

（2）如图8-19所示，选择将文件保存在第八章>8.2文件夹，“保存类型”设置为“Windows AVI ”，单击“保存”，弹出设置对话框。

图8-19 导出影片对话框

（3）如图8-20所示，在尺寸框中输入“1920×1080”像素，单击“确定”，此时打开第八章>8.2文件夹，可以看见导出成功的AVI格式文件。

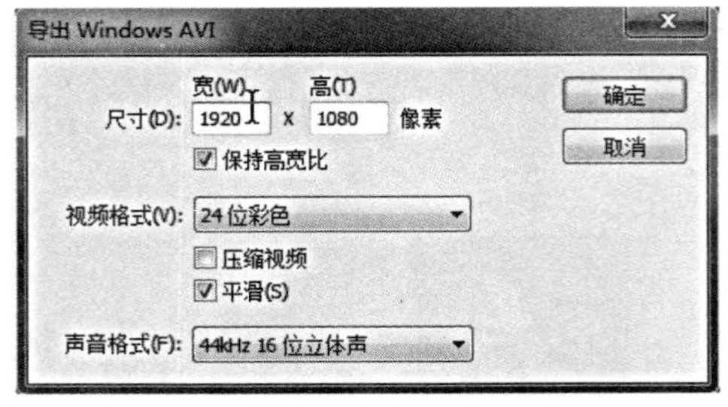

图8-20　导出Windows AVI的设置对话框

以上步骤只展现了导出AVI格式的过程，如果初学者在“导出影片”对话框中，将保存类型设置为“QuickTime(*.mov)”，点击“保存”，则弹出“QuickTime Export设置”对话框，再点击“导出”，即可得到MOV格式的文件。这是苹果公司开发的QuickTime影片格式，MOV也有很好的画质，并且于AVI格式相比，它占用的空间更小。

二、间接发布

电视动画和高质量网络动画一样，需要更好的视觉体验和画面质量，在商业Flash动画的制作过程中，经常会同时利用Flash CS4和其他后期软件，这样不仅可以为动画添加特效，还可以为后期合成导出最终的序列图片，这种间接发布的方法可以满足更高的需求。

（1）打开“美食从天而降”动画文档，选择菜单栏“文件”>“导出”>“导出影片”，此时弹出“导出影片”对话框。

（2）如图8-21所示，在第八章>8.2文件夹里新建文件夹，并命名为“影片序列图片”，将保存类型设置为“PNG序列（*.PNG）”，文件名为“美食从天而降”，双击“影片序列图片”文件夹，然后点击“确定”。

图8-21　导出影片对话框

（3）如图8-22所示，此时弹出“导出PNG”对话框，将尺寸改为舞台大小，即“1920×1080”像素，将包含设置为“完整文档大小”，完成后点击“确定”，画面将会出现时间进度条。

（4）如图8-23所示，随着导出的图片越来越多，进程越来越快，导出完成后，进度条窗口自动关闭。

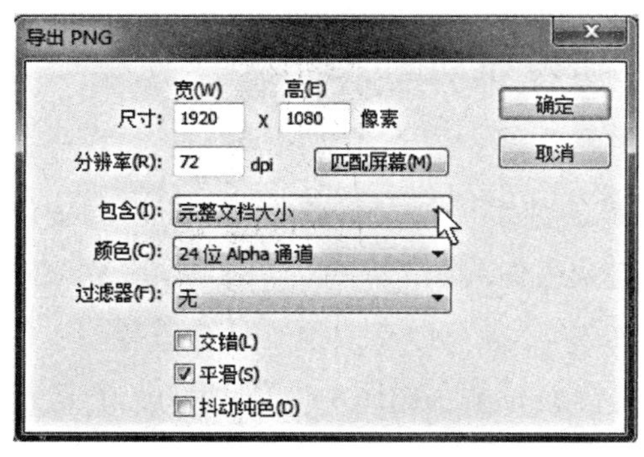

图8-22　设置“导出PNG”选项

图8-23　导出进度

（5）如图8-24所示，打开第八章>8.2>影片序列图片文件夹，此时可以看到这些以“美食从天而降+数字”命名的序列图片。至此，在Flash CS4中的输出阶段结束，接下来的工作便由后期软件“接棒”。

图8-24　影片序列图片

后期软件为了方便动画合成，皆设置了导入序列图片的快捷操作。如果未来需要加入特效，可以将序列图片导入Adobe After Effects中，这个软件可以为画面添加许多复杂而又精美的效果，但是操作相对复杂；如果我们只需要合成视频，则不需要利用它，可以将文件导入操作简单的后期软件中，例如Sony Vegas和Adobe Premiere等。假如这些后期软件依然不能满足格式需求，还可以通过格式工厂等软件转换视频格式。

第四节　为移动设备发布动画

手机、平板电脑和其他移动设备是目前主流的数字动画发布平台，Flash CS4中包含了为移动设备开发的Adobe Device Central CS4组件，制作者只需启动Adobe Device Central CS4组件，将预先设置的模板打开并添加内容，就可以直接预览最终效果。

（1）选择“文件”>“新建”，弹出新建文档对话框，如图8-25所示，点击选择“Flash移动文件”，单击“确定 ”。

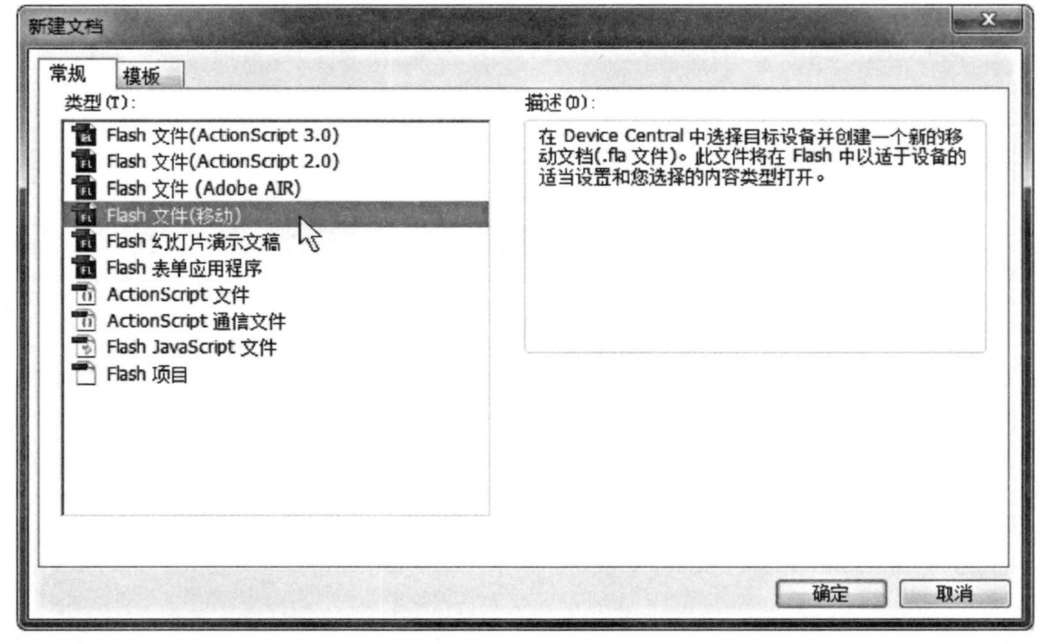

图8-25　创建Flash文件（移动设备）

（2）如图8-26所示，这是已经启动的Adobe Device Central CS4界面。首先让我们了解一下每个区域的功能：A字母区域是“设备组”面板，包含本地库和联机库的所有设备组，也可以在这里新建自己的设备组；B字母区域是“本地库”面板，储存着一组通用的基本设备组和联机库下载的移动设备型号；C字母区域是“联机库”面板，在网络连接的情况下（图片中没有连接网络），将会显示下载到本地库、设备组或移动项目的所有设备；D字母区域是新建文档选项卡，在Flash中创建移动文档时会自动出现，可以在这里选择播放器版本、ActionScript版本和尺寸等。

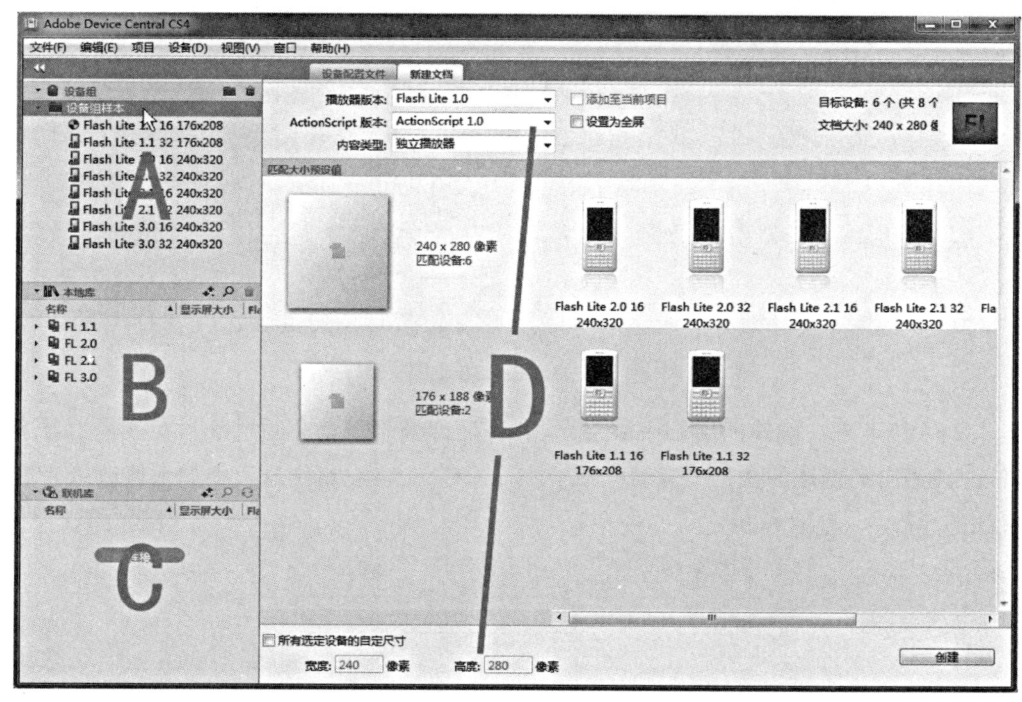

图8-26 Adobe Device Central CS4界面

（3）如图8-27所示，设置播放器版本为“Flash Lite 2.0”，ActionScript版本为“ActionScript2.0”，内容类型为“独立播放器”，勾选“设置为全屏”，最后点击界面右下角的“创建”按钮。

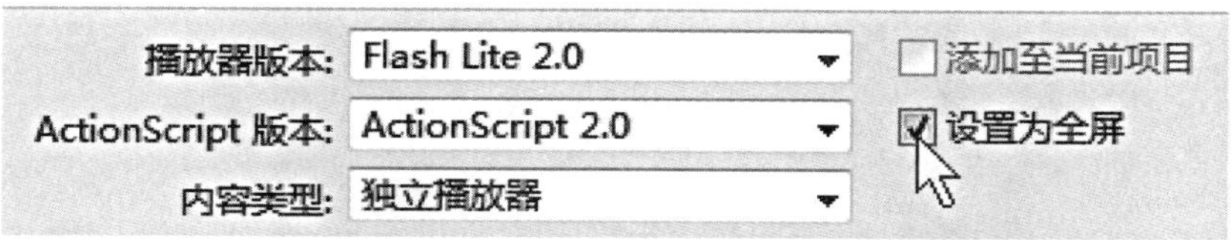

播放器版本: Flash Lite 2.0　添加至当前项目
ActionScript 版本: ActionScript 2.0　设置为全屏
内容类型: 独立播放器

图8-27 设置播放器和ActionScript版本

（4）此时界面自动回到Flash CS4中，如图8-28所示，在创建的移动文档中，播放器、脚本、帧率和尺寸都已设置好。

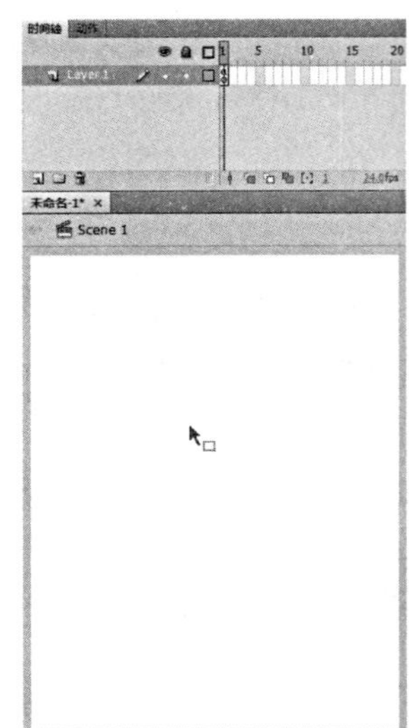

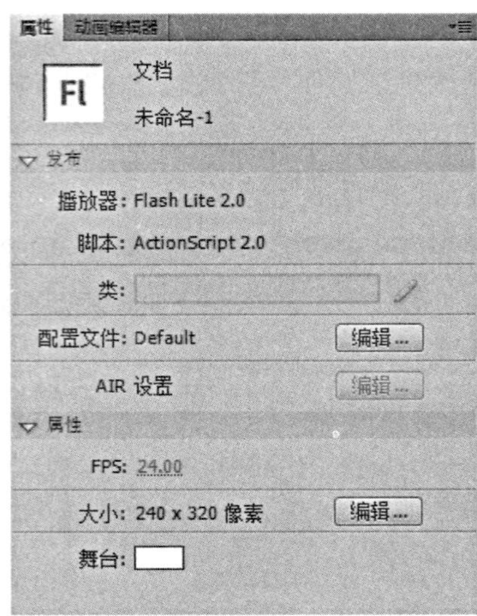

图8-28　自动生成的属性面板

（5）接下来在创建的文档中添加动画内容，即骑着电动车的男孩和女孩在山坡上骑行。注意自动创建的文档中有动作图层“Layer1”,在实际制作过程中如果修改或者删除都是允许的（见图8-29）。

图8-29　添加动画内容

（6）如图8-30所示，选择“控制”>“测试影片”，界面自动回到Adobe Device Central CS4，此时可以在移动设备上预览效果。这样播放动画，观众会有更加直观的体验。

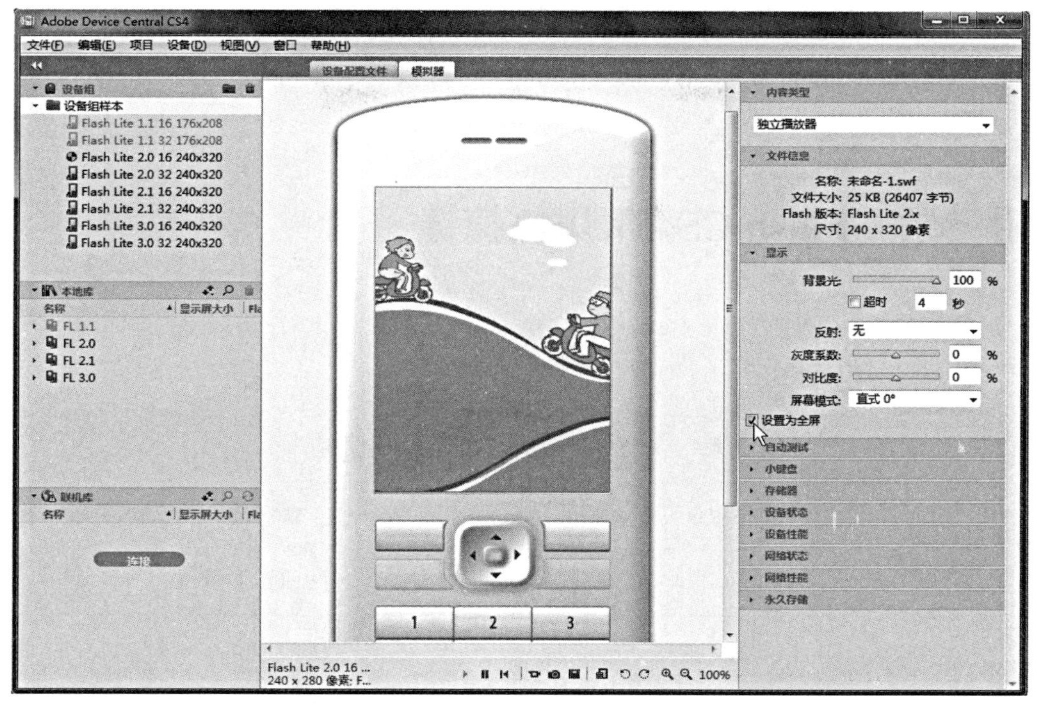

图8-30　测试影片

当Adobe Device Central CS4中呈现的动画符合预期时，返回Flash CS4界面，利用前面介绍过的方法为动画创建文件，存储并发布。

拓展阅读小贴士

本章介绍了为动画进行发布、存储的工具。播出平台不同，动画片上传的尺寸也不同：通常电视上播放的动画片的输出尺寸为“1920×1080像素”，而优酷、土豆等网络平台要求的尺寸相对较小，“960×720像素”或“1280×720像素”都可以在这些网络平台上呈现出不错的效果。随着快消费时代的来临，手机终端平台为了节省流量和吸引观众，对上传的视频像素没什么要求，但却对动画片占用的空间大小有规定，比如目前微信要求上传的GIF格式表情不能大于100kb。占用空间小的动画更方便传播。

思考与练习题

根据学到的Flash CS4操作技巧和二维数字动画创作流程，创作一段长度在一分钟以内的动画，完成之后将它发布到任何一个网络或手机平台，然后在评论区尽情地与你的观众进行互动。

附　录　Flash CS4 常用快捷键

表1　“文件”菜单命令及其快捷键

“文件”菜单命令	快捷键
新建	【Ctrl】+【N】
打开	【Ctrl】+【O】
在 Bridge 中浏览	【Ctrl】+【Alt】+【O】
关闭	【Ctrl】+【W】
全部关闭	【Ctrl】+【Alt】+【W】
保存	【Ctrl】+【S】
另存为	【Ctrl】+【Shift】+【S】
导入到舞台	【Ctrl】+【R】
打开外部库	【Ctrl】+【Shift】+【O】
导出影片	【Ctrl】+【Alt】+【Shift】+【S】
发布设置	【Ctrl】+【Shift】+【F12】
默认（D）——（HTML）	【F12】，【Ctrl】+【F12】
发布	【Shift】+【F12】
打印	【Ctrl】+【P】
退出	【Ctrl】+【Q】

表2　“编辑”菜单命令及其快捷键

“编辑”菜单命令	快捷键
撤销	【Ctrl】+【Z】
重做	【Ctrl】+【Y】
剪切	【Ctrl】+【X】
复制	【Ctrl】+【C】
粘贴到中心位置	【Ctrl】+【V】
粘贴到当前位置	【Ctrl】+【Shift】+【V】
清除	【Backspace】【Clear】，【Delete】
直接复制	【Ctrl】+【D】
全选	【Ctrl】+【A】
取消全选	【Ctrl】+【Shift】+【A】
查找和替换	【Ctrl】+【F】
查找下一个	【F3】
删除帧	【Shift】+【F5】
剪切帧	【Ctrl】+【Alt】+【X】
复制帧	【Ctrl】+【Alt】+【C】
粘贴帧	【Ctrl】+【Alt】+【V】
清除帧	【Alt】+【Backspace】
选择所有帧	【Ctrl】+【Alt】+【A】
编辑元件	【Ctrl】+【E】
首选参数	【Ctrl】+【U】

表3　“视图”菜单命令及其快捷键

“视图”菜单命令	快捷键
第一个	【Home】
前一个	【Page Up】
下一个	【Page Down】
最后一个	【End】
放大	【Ctrl】+【=】
缩小	【Ctrl】+【-】
显示帧	【Ctrl】+【2】
显示全部	【Ctrl】+【3】
轮廓	【Ctrl】+【Alt】+【Shift】+【O】
高速显示	【Ctrl】+【Alt】+【Shift】+【F】
消除锯齿	【Ctrl】+【Alt】+【Shift】+【A】
消除文字锯齿	【Ctrl】+【Alt】+【Shift】+【T】
粘贴板	【Ctrl】+【Shift】+【W】
标尺	【Ctrl】+【Alt】+【Shift】+【R】
显示网络	【Ctrl】+【’】
编辑网格	【Ctrl】+【Alt】+【G】
显示辅助线	【Ctrl】+【;】
锁定辅助线	【Ctrl】+【Alt】+【;】
编辑辅助线	【Ctrl】+【Alt】+【Shift】+【G】
贴紧至网络	【Ctrl】+【Shift】+【’】
贴紧至辅助线	【Ctrl】+【Shift】+【;】
贴紧至对象	【Ctrl】+【Shift】+【/】
编辑贴紧方式	【Ctrl】+【/】
隐藏边缘	【Ctrl】+【H】
显示形状提示	【Ctrl】+【Alt】+【H】

表4　“插入”菜单命令及其快捷键

“插入”菜单命令	快捷键
新建元件	【Ctrl】+【F8】
帧	【F5】

表5　“修改”菜单命令及其快捷键

“修改”菜单命令	快捷键
文档	【Ctrl】+【J】
转换为元件	【F8】
分离	【Ctrl】+【B】
高级平滑	【Ctrl】+【Alt】+【Shift】+【N】
高级伸直	【Ctrl】+【Alt】+【Shift】+【M】
优化	【Ctrl】+【Alt】+【Shift】+【C】
添加形状提示	【Ctrl】+【Shift】+【H】
分散到图层	【Ctrl】+【Shift】+【D】
转换为关键帧	【F6】
清除关键帧	【Shift】+【F6】
转换为空白关键帧	【F7】
缩放和旋转	【Ctrl】+【Alt】+【S】
顺时针旋转90度	【Ctrl】+【Shift】+【9】
逆时针旋转90度	【Ctrl】+【Shift】+【7】
取消变形	【Ctrl】+【Shift】+【Z】
移至顶层	【Ctrl】+【Shift】+【上箭头】
上移一层	【Ctrl】+【上箭头】
下移一层	【Ctrl】+【下箭头】
移至底层	【Ctrl】+【Shift】+【下箭头】
锁定	【Ctrl】+【Alt】+【Shift】+【L】
解除全部锁定	【Ctrl】+【Alt】+【1】
左对齐	【Ctrl】+【Alt】+【2】
水平居中	【Ctrl】+【Alt】+【3】

“修改”菜单命令	快捷键
右对齐	【Ctrl】+【Alt】+【4】
顶对齐	【Ctrl】+【Alt】+【5】
垂直居中	【Ctrl】+【Alt】+【6】
底对齐	【Ctrl】+【Alt】+【7】
按宽度均匀分布	【Ctrl】+【Alt】+【9】
按高度均匀分布	【Ctrl】+【Alt】+【Shift】+【7】
设为相同宽度	【Ctrl】+【Alt】+【Shift】+【9】
相对舞台分布	【Ctrl】+【Alt】+【8】
组合	【Ctrl】+【G】
取消组合	【Ctrl】+【Shift】+【下箭头】

表6 “文本”菜单命令及其快捷键

“文本”菜单命令	快捷键
粗体	【Ctrl】+【Shift】+【B】
斜体	【Ctrl】+【Shift】+【I】
左对齐	【Ctrl】+【Shift】+【L】
居中对齐	【Ctrl】+【Shift】+【C】
右对齐	【Ctrl】+【Shift】+【R】
两端对齐	【Ctrl】+【Shift】+【J】
增加字母间距	【Ctrl】+【Alt】+【右箭头】
减小字母间距	【Ctrl】+【Alt】+【左箭头】
重置字母间距	【Ctrl】+【Alt】+【上箭头】

表7 “控制”菜单命令及其快捷键

“控制”菜单命令	快捷键
播放	【Enter】
后退	【Shift】+【,】，【Ctrl】+【Alt】+【R】
转到结尾	【Shift】+【.】
前进一帧	【.】
后退一帧	【,】

续表

"控制"菜单命令	快捷键
测试影片	【Ctrl】+【Enter】
测试场景	【Ctrl】+【Alt】+【Enter】
启用简单帧动作	【Ctrl】+【Alt】+【F】
启用简单按钮	【Ctrl】+【Alt】+【B】
静音	【Ctrl】+【Alt】+【M】

表8 "调试"菜单命令及其快捷键

"调试"菜单命令	快捷键
调试影片	【Ctrl】+【Shift】+【Enter】
继续	【Alt】+【F5】
结束调试会话	【Alt】+【F12】
跳入	【Alt】+【F6】
跳过	【Alt】+【F7】
跳出	【Alt】+【F8】

表9 "窗口"菜单命令及其快捷键

"窗口"菜单命令	快捷键
直接复制窗口	【Ctrl】+【Alt】+【K】
时间轴	【Ctrl】+【Alt】+【T】
工具	【Ctrl】+【F2】
属性	【Ctrl】+【F3】
库	【Ctrl】+【L】，【F11】
动作	【F9】
行为	【Shift】+【F3】
编译器错误	【Alt】+【F2】
ActionScript 2.0 调试器	【Shift】+【F4】
影片浏览器	【Alt】+【F3】
输出	【F2】

续表

“窗口”菜单命令	快捷键
对齐	【Ctrl】+【K】
颜色	【Shift】+【F9】
信息	【Ctrl】+【I】
样本	【Ctrl】+【F9】
变形	【Ctrl】+【T】
组件	【Ctrl】+【F7】
组件检查器	【Shift】+【F7】
辅助功能	【Shift】+【F10】
历史记录	【Ctrl】+【F7】
场景	【Shift】+【F2】
字符串	【Ctrl】+【F11】
Web服务	【Ctrl】+【Shift】+【F10】
隐藏面板	【F4】

主要参考文献

付一君，李勇，秦海玉，等. Flash影视动画短片设计与制作[M]. 北京：清华大学出版社. 2010.

马丹，何焱，李立功. Flash动画制作[M]. 北京：人民邮电出版社. 2011.

李智勇. 二维数字动画[M]，北京：高等教育出版社，2012.

杰克逊. Flash动画电影制作技巧[M].上海：上海人民美术出版社，2013.

皮三. FLASH：技术还是艺术[M]. 北京：中国人民出版社，2005.

黄艳. 中国皮影制作技法[M]. 杭州：中国美术学院出版社，2013.

Adobe 公司. Adobe Flash CS4 中文版经典教程[M]. 北京：人民邮电出版社，2009.

声　明

为了便于初学者了解商业Flash动画，更好地学以致用，本书示范操作的部分实例来自于已经发行的商业动画，作者通过官方联系电话、微信和官方微博等方式与书中多数案例的版权所属公司取得了联系，并在其同意后进行刊载。部分成品著作权归属如下：

实例	动画片	制作公司
第三章“红色小兵”绘制实例	《七色战记》	奥飞影业投资（北京）有限公司
第四章 “动态故事板”绘制实例 1、3	《棒棒兔与火尾狐》	宁波莱彼特动漫发展有限公司
第四章 “动态故事板”绘制实例 2、4	《智子心理诊疗室》	上海贺禧微动漫有限公司
第五章“空间透视“实例组	《欢乐树的朋友们》	Mondo Mini Show（盟国媒体）
第六章“逐帧动画“实例 1	《松鼠医生》	安徽玩瞳文化传媒有限公司

在此非常感谢以上公司的实例支持。遗憾的是，仍有未取得联系的相关机构和公司，版权方如有异议，欢迎随时联系我们（联系邮箱为3085507248@qq.com），我们会及时作出订正。我们希望通过清晰的步骤，真实地还原制作过程，使本书成为您学习Flash动画的最佳工具书。

Mondo Mini Show（盟国媒体）　　官方网址https://mondomedia.com

宁波莱彼特动漫发展有限公司　　官方网址http://www.rabbit-media.com